高等院校计算机应用系列教材

MySQL数据库技术与应用

卫 琳 马建红 主编

清华大学出版社
北京

内 容 简 介

本书全面讲述了 MySQL 关系数据库管理系统的基本原理和技术。全书共分为 14 章，深入介绍了 MySQL 数据库管理系统的基本特点、安装和配置技术、Transact-SQL 语言、安全性管理、数据库和数据库对象管理，以及索引、数据操纵、备份和恢复、数据完整性、PHP 与 MySQL 数据库编程、MySQL 数据库发展历程与展望等内容。

本书内容丰富、结构合理、思路清晰、语言简练流畅、示例翔实。本书主要面向数据库初学者，适合作为高等院校相关专业的教材及数据库应用程序开发人员的参考书。

本书配套的电子课件、习题答案和实例源文件可以到 http://www.tupwk.com.cn/downpage 网站下载，也可以扫描前言中的二维码获取。

本书封面贴有清华大学出版社防伪标签，无标签者不得销售。
版权所有，侵权必究。举报：010-62782989，beiqinquan@tup.tsinghua.edu.cn。

图书在版编目(CIP)数据

MySQL 数据库技术与应用 / 卫琳，马建红主编 . —北京：清华大学出版社，2024.6
高等院校计算机应用系列教材
ISBN 978-7-302-66416-1

Ⅰ. ①M… Ⅱ. ①卫… ②马… Ⅲ. ①SQL 语言—数据库管理系统—高等学校—教材 Ⅳ. ①TP311.132.3

中国国家版本馆 CIP 数据核字 (2024) 第 111689 号

责任编辑：胡辰浩
封面设计：高娟妮
版式设计：艻博文化
责任校对：孔祥亮
责任印制：刘海龙

出版发行：清华大学出版社
网　　址：https://www.tup.com.cn, https://www.wqxuetang.com
地　　址：北京清华大学学研大厦 A 座　　邮　编：100084
社 总 机：010-83470000　　邮　购：010-62786544
投稿与读者服务：010-62776969，c-service@tup.tsinghua.edu.cn
质 量 反 馈：010-62772015，zhiliang@tup.tsinghua.edu.cn

印 装 者：三河市龙大印装有限公司
经　　销：全国新华书店
开　　本：185mm×260mm　　印　张：19.25　　字　数：457 千字
版　　次：2024 年 8 月第 1 版　　印　次：2024 年 8 月第 1 次印刷
定　　价：79.00 元

产品编号：102145-01

前言

近几年，随着数字化转型深入推进和数据量的爆炸式增长，行业应用对数据库的需求变化极大地推动了数据库技术加速创新，其中以MySQL数据库为代表的开源数据库发展迅速。此开源数据库目前共有268款，占全部数据库的40.9%。MySQL数据库由于低成本、高可靠性等优势，成长为目前流行的开源数据库之一。我国紧跟MySQL数据库主流技术，基于MySQL技术路线的数据库持续发展与完善，应用场景不断丰富，已经深入到银行、电信、电力、铁路、气象、民航、制造、教育等许多行业和领域。MySQL为用户提供了完整的数据库解决方案，可以帮助各种用户建立自己的商务体系，增强用户对外界变化的敏捷反应能力，提高用户的竞争力。

本书从MySQL的基本概念出发，由浅入深地详细讲述了该系统的安装过程、服务器的配置技术、Transact-SQL语言、安全性技术、数据库管理、各种数据库对象管理，以及索引技术、数据操纵技术、数据完整性技术、数据备份技术、数据恢复技术、PHP与MySQL数据库编程等内容。本书在讲述MySQL的各种技术时，运用了丰富的实例，注重培养读者解决实际问题的能力并快速掌握MySQL的基本操作技术。

本书内容丰富、结构合理、思路清晰、语言简练流畅、示例翔实。在每一章的正文中，结合所讲述的关键技术和难点，穿插了大量极富实用价值的示例。每一章末尾都安排了有针对性的思考题和练习题，思考题有助于读者巩固所学的基本概念，练习题有助于培养读者的实际动手能力。

本书主要面向数据库初学者，适合作为高等院校相关专业的教材及数据库应用程序开发人员的参考书。

除封面署名的作者外，参加本书编写的人员还有刘鹍元、郝泽涛、郭辉、李金阳、雷富、李秋实、马晓岩、张涛、王亚辉、靳岩等。此外，本书的编写还得到了北京万里开源软件有限公司刘俊锋先生的大力支持，刘俊锋曾主导开发了网络舆情监测软件、分布式内存数据库集群软件和分布式关系数据库集群软件等产品，对大数据、数据库、数据治理与数据安全有深刻的研究；曾参与公安部可信身份认证平台、国家海洋局大数据平台、国税总局电子发票服务平台、光大银行与建设银行国产数据库选型、中国移动自主可控OLTP数据库联合创新项目等项目的建设工作。

在编写本书的过程中参考了相关文献，在此向这些文献的作者深表感谢。由于作者水平有限，书中难免有不足之处，恳请专家和广大读者批评指正。我们的电话是010-62796045，邮箱是992116@qq.com。

本书配套的电子课件、习题答案和实例源文件可以到http://www.tupwk.com.cn/downpage网站下载，也可以扫描下方的二维码获取。

配套资源

扫描下载

作　者

2023年11月

目 录

第1章 数据库基础 ……………………… 1
- 1.1 数据模型 ……………………………… 1
  - 1.1.1 概念模型 ……………………… 1
  - 1.1.2 逻辑模型 ……………………… 3
  - 1.1.3 数据库物理模型 ……………… 6
- 1.2 数据库系统 …………………………… 7
  - 1.2.1 数据库 ………………………… 7
  - 1.2.2 数据库管理系统(DBMS) ……… 7
  - 1.2.3 数据库应用系统(DBAS) ……… 8
  - 1.2.4 数据库系统的组成和特点 …… 9
- 1.3 思考和练习 ………………………… 11

第2章 MySQL的安装、运行和工具 ……………… 128
- 2.1 MySQL简介 ………………………… 13
- 2.2 MySQL 8.0的安装与运行 ………… 14
- 2.3 在macOS 系统中安装MySQL …… 20
  - 2.3.1 安装和配置MySQL Server …… 20
  - 2.3.2 安装和配置MySQL Workbench … 26
- 2.4 在Microsoft Windows系统中安装MySQL ……………………………… 27
- 2.5 思考和练习 ………………………… 38

第3章 数据类型 ……………………… 39
- 3.1 为何设置数据类型 ………………… 39
  - 3.1.1 数据验证 ……………………… 39
  - 3.1.2 文档 …………………………… 41
  - 3.1.3 优化存储 ……………………… 41
  - 3.1.4 性能 …………………………… 42
  - 3.1.5 正确排序 ……………………… 42
- 3.2 MySQL的数据类型 ………………… 42
  - 3.2.1 数值类型 ……………………… 43
  - 3.2.2 日期和时间类型 ……………… 44
  - 3.2.3 字符串与二进制类型 ………… 45
  - 3.2.4 JSON数据类型 ………………… 47
  - 3.2.5 空间数据类型 ………………… 48
  - 3.2.6 混合数据类型 ………………… 48
- 3.3 不同数据类型的性能 ……………… 50
- 3.4 应该选择何种数据类型 …………… 50
- 3.5 思考和练习 ………………………… 52

第4章 创建和管理表与关系 ……… 54
- 4.1 打开和保存文件 …………………… 54
- 4.2 创建表和视图 ……………………… 56
  - 4.2.1 添加表 ………………………… 57
  - 4.2.2 添加列 ………………………… 58
  - 4.2.3 添加索引 ……………………… 61
  - 4.2.4 添加外键 ……………………… 63
  - 4.2.5 创建视图 ……………………… 65
  - 4.2.6 创建例程 ……………………… 66
- 4.3 创建关系 …………………………… 67
- 4.4 思考和练习 ………………………… 71

第5章 编辑数据 ……………………… 72
- 5.1 连接到Edit Data …………………… 72
- 5.2 插入数据 …………………………… 76
- 5.3 更新数据 …………………………… 80
- 5.4 删除数据 …………………………… 82
- 5.5 多数据编辑 ………………………… 84
- 5.6 思考和练习 ………………………… 86

第6章 查询 87

6.1 查询概述 87
- 6.1.1 查询与表的区别 88
- 6.1.2 查询的功能 88
- 6.1.3 查询的类型 89

6.2 数据库查询 90
- 6.2.1 SELECT语句对列的查询 90
- 6.2.2 SELECT语句对行的选择 93
- 6.2.3 对查询结果进行排序 100
- 6.2.4 对查询结果进行统计 101
- 6.2.5 对查询结果生成新表 104

6.3 连接查询 105
- 6.3.1 交叉连接 105
- 6.3.2 内连接 106
- 6.3.3 外连接 109

6.4 嵌套查询 111
- 6.4.1 带有IN谓词的子查询 112
- 6.4.2 带有比较运算符的子查询 113
- 6.4.3 带有ANY、SOME或ALL关键字的子查询 114
- 6.4.4 带有EXISTS谓词的子查询 115

6.5 联合查询 118
- 6.5.1 UNION操作符 118
- 6.5.2 INTERSECT操作符 119
- 6.5.3 EXCEPT操作符 120

6.6 使用排序函数 121
- 6.6.1 ROW_NUMBER()函数 121
- 6.6.2 RANK()函数 122
- 6.6.3 DENSE_RANK()函数 123
- 6.6.4 NTILE()函数 124

6.7 动态查询 125
6.8 思考和练习 127

第7章 运算符、表达式和系统函数 128

7.1 Transact-SQL概述 128
- 7.1.1 Transact-SQL语法约定 129
- 7.1.2 多部分名称 129
- 7.1.3 如何命名标识符 130
- 7.1.4 系统保留字 131
- 7.1.5 通配符 133

7.2 常量 133
7.3 变量 134
7.4 运算符和表达式 135
- 7.4.1 运算符 135
- 7.4.2 表达式 137

7.5 MySQL函数简介 139
- 7.5.1 字符串函数 139
- 7.5.2 数学函数 145
- 7.5.3 日期时间函数 149
- 7.5.4 类型转换函数 156
- 7.5.5 JSON函数 159
- 7.5.6 空间数据处理函数 163
- 7.5.7 窗口函数 168
- 7.5.8 其他函数 171

7.6 思考和练习 173

第8章 视图 174

8.1 概述 174
- 8.1.1 视图的创建与使用 175
- 8.1.2 视图的优点和用途 175
- 8.1.3 视图的限制和注意事项 176

8.2 创建视图 176
- 8.2.1 创建单表视图 177
- 8.2.2 创建多表联合视图 178
- 8.2.3 基于视图创建视图 179

8.3 查看视图 180
- 8.3.1 查看数据库的表对象和视图对象 181
- 8.3.2 使用DESCRIBE | DESC命令查看视图的结构信息 181
- 8.3.3 使用SHOW TABLE STATUS LIKE语句查看视图的属性信息 182
- 8.3.4 使用SHOW CREATE VIEW语句查看视图的定义信息 184
- 8.3.5 通过系统表查看视图信息 185
- 8.3.6 查看视图中的数据 186

8.4 修改视图 187
- 8.4.1 使用 CREATE OR REPLACE VIEW语句修改视图 188

8.4.2　使用ALTER语句修改视图 ………… 188
8.5　更新视图 …………………………………… 189
8.6　删除视图 …………………………………… 193
8.7　思考和练习 ………………………………… 194

第9章　触发器 ……………………………… 195

9.1　概述 ………………………………………… 195
　　9.1.1　为什么使用触发器 ………………… 196
　　9.1.2　触发器的优缺点 …………………… 197
　　9.1.3　触发器的种类 ……………………… 197
9.2　创建触发器 ………………………………… 199
　　9.2.1　创建基本表 ………………………… 199
　　9.2.2　创建只有一个执行语句的
　　　　　　触发器 ………………………………… 200
　　9.2.3　创建有多个执行语句的触发器 …… 204
9.3　查看触发器 ………………………………… 206
　　9.3.1　利用SHOW TRIGGERS语句查看
　　　　　　触发器信息 …………………………… 206
　　9.3.2　在TRIGGERS表中查看触发器
　　　　　　信息 …………………………………… 207
9.4　删除触发器 ………………………………… 209
9.5　思考和练习 ………………………………… 210

第10章　存储过程和存储函数 ……… 211

10.1　概述 ………………………………………… 211
　　10.1.1　为什么要使用存储过程和存储
　　　　　　函数 …………………………………… 212
　　10.1.2　使用存储过程和存储函数的
　　　　　　缺点 …………………………………… 212
10.2　创建存储过程和存储函数 ………………… 213
　　10.2.1　创建存储过程 ……………………… 213
　　10.2.2　创建存储函数 ……………………… 216
10.3　存储过程体和存储函数体 ………………… 217
　　10.3.1　系统变量 …………………………… 217
　　10.3.2　用户变量 …………………………… 218
　　10.3.3　分支结构IF ………………………… 220
　　10.3.4　分支结构之CASE ………………… 220
　　10.3.5　循环结构之LOOP ………………… 221
　　10.3.6　循环结构之WHILE ……………… 222
　　10.3.7　循环结构之REPEAT …………… 223

10.4　查看存储过程和存储函数 ………………… 223
10.5　修改存储过程和存储函数 ………………… 225
10.6　删除存储过程和存储函数 ………………… 226
10.7　思考和练习 ………………………………… 226

第11章　访问控制与安全管理 ……… 227

11.1　用户账户管理 ……………………………… 227
　　11.1.1　用户与角色 ………………………… 228
　　11.1.2　账户类别 …………………………… 229
　　11.1.3　账户管理 …………………………… 231
　　11.1.4　账户管理示例 ……………………… 232
11.2　账户权限管理 ……………………………… 234
　　11.2.1　MySQL提供的权限 ……………… 234
　　11.2.2　静态权限 …………………………… 235
　　11.2.3　动态权限 …………………………… 236
11.3　思考和练习 ………………………………… 239

第12章　备份与恢复 ……………………… 240

12.1　MySQL数据库备份与恢复方法 ………… 240
　　12.1.1　数据库备份 ………………………… 241
　　12.1.2　完全备份 …………………………… 245
　　12.1.3　数据恢复 …………………………… 246
　　12.1.4　第三方数据库备份工具 …………… 247
12.2　MySQL日志文件 ………………………… 248
　　12.2.1　二进制日志 ………………………… 248
　　12.2.2　重做日志 …………………………… 250
　　12.2.3　查询日志 …………………………… 251
　　12.2.4　慢查询日志 ………………………… 252
　　12.2.5　错误日志 …………………………… 253
12.3　思考和练习 ………………………………… 254

第13章　PHP与MySQL数据库编程 … 255

13.1　PHP编程基础 …………………………… 255
　　13.1.1　PHP标记符 ………………………… 256
　　13.1.2　PHP注释 …………………………… 257
　　13.1.3　PHP语句和语句块 ………………… 258
　　13.1.4　PHP的数据类型 …………………… 259
　　13.1.5　PHP数据的输出 …………………… 261
　　13.1.6　PHP编码规范 ……………………… 262

13.2 PHP函数 ………………………… 263
13.2.1 PHP内建函数 ………………… 263
13.2.2 PHP用户定义函数 …………… 264
13.3 数组的使用 …………………… 265
13.3.1 数组定义语法 ………………… 266
13.3.2 数组特点 …………………… 267
13.3.3 多维数组 …………………… 267
13.3.4 数组的遍历 ………………… 268
13.3.5 数组操作的相关函数 ………… 269
13.3.6 PHP数组操作案例 …………… 270
13.4 PHP面向对象程序设计 ………… 271
13.4.1 面向对象编程的特点 ………… 272
13.4.2 类 ………………………… 272
13.4.3 对象 ……………………… 273
13.4.4 PHP中的继承与接口 ………… 273
13.4.5 魔术方法 …………………… 276
13.5 在PHP中访问MySQL数据库 …… 279
13.5.1 PHP操作MySQL数据库的方法 … 279
13.5.2 管理MySQL数据库中的数据 … 281
13.5.3 预处理语句 ………………… 283
13.5.4 PHP访问MySQL数据库案例 … 284
13.6 思考和练习 …………………… 286

第14章 MySQL数据库发展历程与展望 ……………… 287

14.1 MySQL数据库发展过程 ………… 287
14.2 MySQL数据库的特点 …………… 288
14.2.1 MySQL是目前流行的开源数据库 ……………………… 288
14.2.2 MySQL数据库全面赋能产业优化升级 …………………… 289
14.2.3 MySQL数据库开源风险不断加剧 ……………………… 289
14.2.4 MySQL赋能国产开源数据库快速演进 …………………… 290
14.3 GreatSQL开源数据库技术增强功能 ……………………… 291
14.3.1 组复制技术增强 …………… 291
14.3.2 双活架构实现数据库高可用 … 291
14.3.3 GreatSQL数据库优化突破性能瓶颈 …………………… 291
14.3.4 GreatSQL数据库增强安全功能 ……………………… 292
14.3.5 GreatSQL助力MySQL数据库上云 …………………… 292
14.4 国内MySQL数据库产业应用现状 ……………………… 293
14.4.1 金融行业 …………………… 293
14.4.2 电信行业 …………………… 294
14.4.3 能源行业 …………………… 294
14.5 MySQL 5.7停服迁移升级方案 …… 294
14.6 国内开源数据库的发展与展望 … 295
14.6.1 国产开源数据库社区发展趋势 ……………………… 295
14.6.2 国内开源数据库产业发展展望 ……………………… 295
14.7 思考和练习 …………………… 296

参考文献 ……………………………… 297

第 1 章

数据库基础

为了让读者更好地理解MySQL，首先介绍数据库的基本概念。如果读者学习过数据库原理，那么可将本章数据库原理部分作为参考内容。

本章的主要内容：
- 数据库系统的概念
- 数据库模型的概念及种类
- 概念模型及ER图
- 逻辑数据模型
- 数据库系统的组成
- 数据库系统的特点
- 数据库管理系统的概念、功能及组成
- 数据库应用系统

1.1 数据模型

1.1.1 概念模型

概念模型是对客观事物及其联系的抽象，用于信息世界的建模。这类模型简单、清晰、易于被用户理解，是用户和数据库设计人员之间进行交流的语言。这种信息结构并不依赖于具体的计算机系统，不是某一个数据库管理系统(Database Management System，DBMS)支持的数据模型，而是概念级的模型。

概念模型主要用来描述世界的概念化结构，它使数据库的设计人员在设计的初始阶段，摆脱计算机系统及DBMS的具体技术问题，集中精力分析数据以及数据之间的联系等，与具体的数据管理系统无关。概念数据模型必须换成逻辑数据模型，才能在DBMS中实现。

在概念模型中主要有以下几个基本术语。

1. 实体与实体集

实体是现实世界中可区别于其他对象的"事件"或物体。实体可以是人,也可以是物;可以指实际的对象,也可以指某些概念;还可以指事物与事物间的联系。例如,学生就是一个实体。

实体集是具有相同类型及共享相同性质(属性)的实体集合。如全班学生就是一个实体集。实体集不必互不相交,例如,可以定义学校所有学生的实体集students和所有教师的实体集teachers,而一个person实体可以是students实体,也可以是teachers实体,也可以都不是。

2. 属性

实体通过一组属性来描述。属性是实体集中每个成员所具有的描述性性质。将一个属性赋予某实体集表明数据库为实体集中每个实体存储相似信息,但每个实体在每个属性上都有各自的值。一个实体可以由若干属性来刻画,如学生实体有学号、姓名、年龄、性别和班级等属性。

每个实体的每个属性都有一个值,例如,某个特定的student实体,其学号是201206304F2,姓名是邱舒娅,年龄是13,性别是女。

3. 关键字和域

若实体的某一属性或属性组合的值能唯一标识出该实体,则该属性或属性组合称为关键字,也称码。如学号是学生实体集的关键字,由于姓名有相同的可能,故姓名不应作为关键字。

每个属性都有一个可取值的集合,称为该属性的域,或者该属性的值集。如姓名的域为字符串集合,性别的域为"男"和"女"。

4. 联系

现实世界的事物之间总是存在某种联系,这种联系可以在信息世界中加以反映。一般存在两种类型的联系:一是实体内部的联系,如组成实体的属性之间的联系;二是实体与实体之间的联系。

两个实体之间的联系又可以分为如下3类。

- 一对一联系(1:1):例如,一个班级有一个班主任,而每个班主任只能在一个班任职。这样班级和班主任之间就具有一对一的联系。
- 一对多联系(1:N):例如,一个班有多个学生,而每个学生只可以属于一个班,因此,在班级和学生之间就形成了一对多的联系。
- 多对多的联系(M:N):例如,学校中的学生与课程之间就存在着多对多的联系。每个学生可以选修多门课程,而每门课程也可以供多个学生选修。这种联系可以有很多种处理方法。

概念模型的表示方法很多,其中最著名的是E-R方法(Entity-Relations,即实体-联系方法),常用E-R图来描述现实世界的概念模型。E-R图的主要成分是实体、联系和属性。E-R

图通用的表现规则如下。

- 矩形：表示实体集。
- 椭圆：表示属性。
- 菱形：用菱形表示实体间的联系，菱形框内写上联系名。用无向边分别把菱形与有关实体相连接，在无向边旁标上联系的类型。如果实体之间的联系也具有属性，则把属性和菱形也用无向边连上。
- 线段：将属性连接到实体集或将实体集连接到联系集。
- 双椭圆：表示多值属性。
- 虚椭圆：表示派生属性。
- 双线：表示一个实体全部参与到联系集中。
- 双矩形：表示弱实体集。

E-R方法是抽象和描述现实世界的有力工具。用E-R图表示的概念模型与具体的DBMS所支持的数据模型无关，是各种数据模型的共同基础，因而比数据模型更一般、更抽象，更接近现实世界。

例如，画出某个学校学生选课系统的E-R图。学校每学期开设若干课程供学生选择，每门课程可接受多个学生选修，每个学生可以选修多门课程，每门课程有一个教师讲授，每个教师可以讲授多门课程。

首先，确定实体集和联系。在本例中，可以将课程、学生和教师定义为实体，学生和课程之间是"选修"关系，教师和课程之间是"讲授"关系。

首先，确定实体集和联系。在本例中，可以将课程、学生和教师定义为实体，学生和课程之间是"学"关系，教师和课程之间是"教"关系。

接着，确定每个实体集的属性："课程"实体的属性有课程号、课名、学时和学分；"教师"实体的属性有教工号、姓名、性别、职称、职务；"学生"实体的属性有学号、姓名、性别、系、年级、成绩。在联系中反映出教师讲授的课程信息。最终得到的E-R图如图1-1所示。

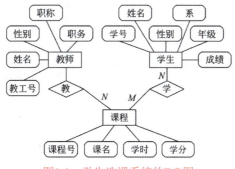

图1-1　学生选课系统的E-R图

1.1.2 逻辑模型

数据库中的数据是结构化的，是按某种数据模型来组织的。当前流行的逻辑数据模型有3类：层次模型、网状模型和关系模型。它们之间的根本区别在于数据之间的联系的表示方式不同。层次模型用树结构来表示数据之间的联系；网状模型用图结构来表示数据之间的联系；关系模型用二维表来表示数据之间的联系。

层次模型和网状模型是早期的数据模型。通常把它们统称为格式化数据模型，因为它们属于以"图论"为基础的表示方法。

按照这3类数据模型设计和实现的DBMS分别称为层次DBMS、网状DBMS和关系DBMS，相应地存在层次(数据库)系统、网状(数据库)系统和关系(数据库)系统等简称。下面分别对这3种数据模型做一个简单的介绍。

1. 层次模型

层次模型是数据库系统最早使用的一种模型，它的数据结构是一棵有向树。层次结构模型具有如下特征。

- 有且仅有一个节点没有双亲，该节点是根节点。
- 其他节点有且仅有一个双亲。

在层次模型中，每个节点描述一个实体型，称为记录类型。一个记录类型可有许多记录值，简称记录。节点间的有向边表示记录之间的联系。如果要存取某一记录类型的记录，可以从根节点起，按照有向树层次逐层向下查找。查找路径就是存取路径。

层次模型结构清晰，各节点之间联系简单，只要知道每个节点的(除根节点以外)双亲节点，就可以得到整个模型结构，因此，画层次模型时可用无向边代替有向边。用层次模型模拟现实世界具有层次结构的事物及其之间的联系是很自然的选择方式，如表示"行政层次结构""家族关系"等是很方便的。

层次模型的缺点是不能表示两个以上实体型之间的复杂联系和实体型之间的多对多联系。

美国IBM公司1968年研制成功的IMS数据库管理系统就是这种模型的典型代表。

图1-2所示为按层次模型组织的数据示例。

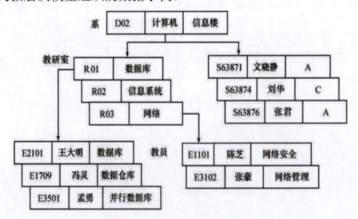

图1-2　层次模型数据示例

2. 网状模型

如果取消层次模型的两个限制，即两个或两个以上的节点都可以有多个双亲，则"有向树"就变成了"有向图"。"有向图"结构描述了网状模型。网状模型具有如下特征。

- 可有一个以上的节点没有双亲。
- 至少有一个节点可以有多于一个双亲。

网状模型和层次模型在本质上是一样的。从逻辑上看，它们都是用节点表示实体，用有向边(箭头)表示实体间的联系；从物理上看，它们的每一个节点都是一个存储记录，用链接指针来实现记录间的联系。当存储数据时这些指针就固定下来了，数据检索时必须考虑存取路径问题；数据更新时，因涉及链接指针的调整，故缺乏灵活性，系统扩充相当麻烦。网状模型中的指针纵横交错，从而使数据结构更加复杂。

网状模型用连接指令或指针来确定数据间的网状连接关系，是联系类型为多对多的数据的组织方式。图1-3所示为按网状模型组织的数据示例。

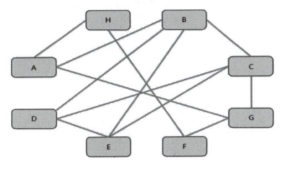

图1-3 网状模型数据示例

网状模型能明确而方便地表示数据间的复杂关系，数据冗余小。但网状结构比较复杂，增加了用户查询和定位的困难；需要存储数据间联系的指针，使得数据量增大，数据的修改不方便。

3. 关系模型

关系模型(Relational Model)是用二维表格结构来表示实体及实体之间联系的数据模型。关系模型的数据结构是一个由"二维表框架"组成的集合，每个二维表又可称为关系，因此可以说，关系模型是由"关系框架"组成的集合。

关系模型是使用最广泛的数据模型，目前大多数数据库管理系统都是关系型的，本书要介绍的MySQL就是一种关系数据库管理系统。

例如，对于某校学生、课程和成绩的管理，需要使用如表1-1至表1-3所示的几个表格。如果要找到学生"邱舒娅"的"高等数学"成绩，首先需在学生信息表中找到"姓名"为"邱舒娅"的记录，记下她的学号201020202，如表1-1所示。

表1-1 学生信息表

学号	姓名	性别	年龄	院系ID	联系电话
982111056	葛冰	女	29	9001	13831705804
201400021	赵智暄	女	13	9002	15910806516
201021112	栾鹏	男	35	7482	13681187162
201020202	邱舒娅	女	22	1801	—
201231008	王兴宇	男	30	7012	13582107162

再到课程表中找到"课程名称"为"高等数学"的"课程号"：1003，如表1-2所示。

表1-2 课程表

课程号	课程名称	学分	教师ID
1001	经济学原理	3	91001
1002	社会心理学	4	61001
1003	高等数学	6	81002

接着到成绩表中查找"课程号"为1003,"学号"为201020202的对应成绩值,如表1-3所示。

表1-3 学生成绩表

课程号	学号	成绩
1001	982111056	91
1003	201020202	94
1003	944114044	52
1001	981000021	82

通过上面的例子可以看出,关系模型中数据的逻辑结构就是一张二维表,它由行和列组成。一张二维表对应了一个关系,表中的一行即为一条记录,表中的一列即为记录的一个属性。

关系模型的优点是:结构特别灵活,满足所有布尔逻辑运算和数学运算规则形成的查询要求;能搜索、组合和比较不同类型的数据;增加和删除数据非常方便。

其缺点是:当数据库较大时,查找满足特定关系的数据较费时;无法表达空间关系。

目前比较流行的关系模型数据库管理系统有Oracle、MySQL、PostgreSQL、Access等。本书重点介绍MySQL。

1.1.3 数据库物理模型

数据库物理模型是数据库管理系统的基础,是数据库实现概念模型的结构。它涉及数据存储、数据结构、存储空间、数据完整性、数据操作等,构成了真正的数据库。

(1) 数据存储:数据库物理模型需要安排合理的数据存储设备,如磁盘、磁带等,以及数据存储空间、数据组织方式等。

(2) 数据结构:数据库物理模型是基于数据模型而发展起来的,它涉及数据类型、数据层次结构、索引结构、联合结构等。

(3) 存储空间:是指将数据存储在磁盘上的实际空间,它涉及磁盘的空间分配、空闲盘空间管理等。

(4) 数据完整性:是指数据在存储和使用过程中,不出现偏差,实现数据一致性,保证数据可靠性。

(5) 数据操作:是指数据库物理模型需要提供的数据操作技术、服务技术等。这些技术主要是为了正确执行数据的访问、查询、更新、删除等操作。

总的来说,数据库物理模型是数据库系统的最底层模型,它主要解决的是如何存储和管理数据的问题。

1.2 数据库系统

1.2.1 数据库

数据库是按照数据结构来组织、存储和管理数据的仓库,是一个可以长期存储在计算机内的有组织、可共享、统一管理的大量数据的集合。

互联网世界充斥着大量的数据。就网上商城而言,其包含商品分类信息、商品信息、商品供货商信息、购买商品的用户信息、订单支付信息、订单项信息、商品快递信息等。这些信息包含各种数据类型,如字符、数值、时间、逻辑、集合、枚举、JSON数据、地理位置、二进制数据等。二进制数据可用于表示图像、音频、视频等。

1.2.2 数据库管理系统(DBMS)

数据库系统是计算机化的记录保持系统,它的目的是存储和产生所需要的有用信息。数据库管理系统是数据库系统的核心组成部分,主要完成数据库的操作与管理,实现数据库对象的创建,数据库存储数据的查询、添加、修改与删除操作,以及数据库的用户管理、权限管理等。简单地说,DBMS就是管理数据库的系统(软件)。数据库管理员通过DBMS对数据库进行管理。

数据库管理系统是位于用户和数据库之间的一个数据管理软件,它的主要任务是对数据库的建立、运行和维护进行统一管理、统一控制,即用户不能直接接触数据库,而只能通过DBMS来操纵数据库。

1. DBMS概述

数据库管理系统负责对数据库的存储进行管理、维护和使用,因此,DBMS是一种非常复杂的、综合性的、在数据库系统中对数据进行管理的大型系统软件,它是数据库系统的核心组成部分,在操作系统(OS)支持下工作。用户在数据库系统中的一切操作,包括数据定义、查询、更新及各种操作,都是通过DBMS完成的。

DBMS是数据库系统的核心部分,它把所有应用程序中使用的数据汇集在一起,并以记录为单位存储起来,便于应用程序查询和使用,如图1-4所示。

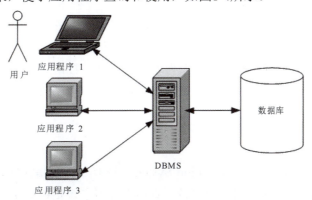

图1-4 DBMS、数据库与用户之间的关系

常见的DBMS有Access、Oracle、SQL Server、DB2、Sybase和MySQL等。不同的数据库管理系统有不同的特点。

2. DBMS的功能

由于DBMS缺乏统一的标准，其性能、功能等许多方面随系统而异。通常情况下，DBMS提供了以下几个方面的功能。

- 数据库定义功能：DBMS提供相应数据定义语言来定义数据库结构，它们是刻画数据库的框架，并被保存在数据字典中。数据字典是DBMS存取和管理数据的基本依据。
- 数据存取功能：DBMS提供数据操纵语言实现对数据库数据的检索、插入、修改和删除等基本存取操作。
- 数据库运行管理功能：DBMS提供数据控制功能，即数据的安全性、完整性和并发控制等，从而对数据库运行进行有效的控制和管理，以确保数据库数据正确有效和数据库系统的有效运行。
- 数据库的建立和维护功能：包括数据库初始数据的装入，以及数据库的转储、恢复、重组织、系统性能监视、分析等功能。这些功能大都由DBMS的实用程序来完成。
- 数据通信功能：DBMS提供数据的传输功能，实现用户程序与DBMS之间的通信，这通常与操作系统协调完成。

3. DBMS的组成

DBMS大多是由许多系统程序组成的一个集合。每个程序都有各自的功能，一个或几个程序一起协调完成DBMS的一件或几件工作任务。各种DBMS的组成因系统而异，一般来说，它由以下几部分组成。

- 语言编译处理程序：主要包括数据描述语言翻译程序、数据操作语言处理程序、终端命令解释程序、数据库控制命令解释程序等。
- 系统运行控制程序：主要包括系统总控程序、存取控制程序、并发控制程序、完整性控制程序、保密性控制程序、数据存取与更新程序、通信控制程序等。
- 系统建立、维护程序：主要包括数据装入程序、数据库重组织程序、数据库系统恢复程序和性能监督程序等。
- 事务运行管理：提供事务运行管理及运行日志，事务运行的安全性监控和数据完整性检查，事务的并发控制及系统恢复等功能。
- 数据字典：数据字典通常是一系列表，它存储着数据库中有关信息的当前描述。数据字典能帮助用户、数据库管理员和数据库管理系统本身使用和管理数据库。

1.2.3 数据库应用系统(DBAS)

数据库应用系统(Database Application System，DBAS)，是指在DBMS的基础上，针对一个实际问题开发出来的面向用户的系统。数据库应用系统是由数据库系统、应用程序系统和用户组成的，具体包括数据库、数据库管理系统、数据库管理员、硬件平台、软件平台、应用软件和应用界面。数据库应用系统的7个部分以一定的逻辑层次结构方式组成一个有机的整体。如以数据库为基础的电子银行系统就是一个数据库应用系统，无论是面向内部业务和管理的管理信息系统，还是面向外部提供信息服务的开放式网上银行系统，从实现技术角度而言，都是以数据库为基础和核心的计算机应用系统。

1.2.4 数据库系统的组成和特点

数据库系统一般由数据库(Database，DB)、数据库管理系统(DBMS)、应用程序、数据库管理员(DBA)和用户构成，如图1-5所示。DBMS是数据库系统的基础和核心。

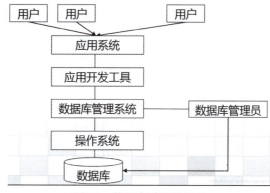

图1-5 数据库系统的构成

1. 数据库系统的组成

通常，一个数据库系统包括以下4个主要部分：数据、用户、硬件和软件。

1) 数据

数据是数据库系统的工作对象。为了区别输入、输出或中间数据，常把数据库数据称为存储数据、工作数据或操作数据。它们是某特定应用环境中进行管理和决策所必需的信息。特定的应用环境，可以指一家公司、一家银行、一所医院和一所学校等。在这些应用环境中，各种不同的应用可通过访问其数据库获得必要的信息，以辅助进行决策，决策完成后，再将决策结果存储在数据库中。

数据库中的存储数据是"集成的"和"共享的"。"集成"是指把某特定应用环境中的各种应用关联的数据及其数据间的联系全部集中地按照一定的结构形式进行存储，也就是把数据库看成若干个性质不同的数据文件的联合和统一的数据整体，并且在文件之间局部或全部消除了冗余，这使得数据库系统具有整体数据结构化和数据冗余小的特点；"共享"是指数据库中的一块块数据可为多个不同的用户所共享，即多个不同的用户，使用多种不同的语言，为了不同的应用目的，而同时存取数据库的信息，甚至同时存取同一数据块。共享实际上基于数据库的集成。

2) 用户

用户是指存储、维护和检索数据库中数据的人员。数据库系统中主要有3类用户：终端用户、应用程序员和数据库管理员(DBA)。

- 终端用户：也称为最终用户，是指从计算机联机终端存取数据库的人员，也可以称为联机用户。这类用户使用数据库系统提供的终端命令语言、表格语言或菜单驱动等交互式对话方式来存取数据库中的数据。终端用户一般是不精通计算机和程序设计的各级管理人员、工程技术人员和各类科研人员。
- 应用程序员：也称为系统开发员，是指负责设计和编制应用程序的人员。这类用户通常使用Access、SQL Server或Oracle等数据库语言来设计和编写应用程序，以对数据库进行存取和维护操作。
- 数据库管理员(DBA)：是指全面负责数据库系统的"管理、维护和正常使用"的人员，可以是一个人或一组人。DBA对于大型数据库系统尤为重要，通常设置有DBA办公室，应用程序员是DBA手下的工作人员。DBA不仅要具有较高的技术专长，而且还要具备较深的资历，并具有了解和阐明管理要求的能力。DBA的主要职责包括参与数据库设计的全过程；与用户、应用程序员、系统分析员紧密结合，设计数据库的结构和内容；决定数据库的存储和存取策略，使数据的存储空间利用率和存取效率均较优；定义数据的安全性和完整性；监督控制数据库的使用和运行，及时处理运行程序中出现的问题；改进和重新构建数据库系统等。

3) 硬件

硬件是指存储数据库和运行数据库管理系统(DBMS)的硬件资源，包括物理存储数据库的磁盘、磁带或其他外存储器及其附属设备、控制器、I/O通道、内存、CPU以及外部设备等。数据库服务器的处理能力、存储能力、可靠性直接关系到整个系统的性能优劣，因此对服务器端硬件资源也有着较高的要求，应选用高可靠性、高可用性、高性价比的服务器。通常要求考虑以下问题。

- 具有足够大的内存，用于存放操作系统、DBMS的核心模块、数据缓冲区和应用程序。
- 具有高速大容量的直接存取设备。一般数据库系统的数据量和数据的访问量都很大，因此需要容量大、速度快的存储系统存放数据，如采用高速大缓存硬盘，或者应用光纤通道外接到外置的专用磁盘系统。
- 具有高速度CPU，以拥有较短的系统响应时间。数据库服务器必须应对大量的查询并做出适当的应答，因此需要处理能力强的CPU以满足较高的服务器处理速度和对客户的响应速率的要求。
- 有较高的数据传输能力，以提高数据传输率，保证足够的系统吞吐能力，否则，系统性能将形成瓶颈。
- 有足够的外存来进行数据备份，常配备磁盘阵列、磁带机或光盘机等存储设备。
- 高稳定性的系统，即数据库系统能够持续稳定运行，能提供长时间可靠稳定的服务。

4) 软件

软件是指负责数据库存取、维护和管理的软件系统，通常叫作数据库管理系统(DBMS)。数据库系统的各类用户对数据库的各种操作请求，都是由DBMS来完成的，它是数据库系统的核心软件。DBMS提供一种超出硬件层之上的对数据库管理的功能，使数据库用户不受硬件层细节的影响。DBMS是在操作系统支持下工作的。

2. 数据库系统的特点

数据库系统具有如下特点。

(1) 数据低冗余、共享性高。数据不再是面向某个应用程序而是面向整个系统。当前所有用户可同时存取库中的数据,从而减少了数据冗余,节约存储空间,同时也避免了数据之间的不相容性和不一致性。

(2) 数据独立性提高。数据的独立性包括逻辑独立性和物理独立性。

- 数据的逻辑独立性是指当数据的总体逻辑结构改变时,数据的局部逻辑结构不变,由于应用程序是依据数据的局部逻辑结构编写的,因此,应用程序可不必修改,从而保证了数据与程序间的逻辑独立性。例如,在原有的记录类型之间增加新的联系,或在某些记录类型中增加新的数据项时,均可确保数据的逻辑独立性。

- 数据的物理独立性是指当数据的存储结构改变时,数据的逻辑结构不变,从而应用程序也不必改变。例如,改变存储设备和增加新的存储设备,或改变数据的存储组织方式,均可确保数据的物理独立性。

(3) 有统一的数据控制功能。数据库可以被多个用户所共享,当多个用户同时存取数据库中的数据时,为保证数据库中数据的正确性和有效性,数据库系统提供了以下4个方面的数据控制功能。

- 数据安全性(security)控制:可防止不合法使用数据造成数据的泄漏和破坏,保证数据的安全和机密。例如,系统提供口令检查或其他手段来验证用户身份,以防止非法用户使用系统;也可以对数据的存取权限进行限制,只有通过检查后才能执行相应的操作。

- 数据完整性(integrity)控制:系统通过设置一些完整性规则,以确保数据的正确性、有效性和相容性。正确性是指数据的合法性,如代表年龄的整型数据,只能包含数字,不能包含字母或特殊符号;有效性是指数据是否在其定义的有效范围内,如月份只能用1~12的数字来表示;相容性是指表示同一事实的两个数据应相同,否则就不相容,例如,一个人的性别不能既是男又是女。

- 并发(concurrency)控制:多个用户同时存取或修改数据库时,防止因相互干扰而提供给用户不正确的数据,并使数据库受到破坏的情况发生。

- 数据恢复(recovery):当数据库被破坏或数据不可靠时,系统有能力将数据库从错误状态恢复到最近某一时刻的正确状态。

1.3 思考和练习

1. 试述数据库、数据库管理系统的概念。
2. 试述数据库系统的特点。
3. 什么是概念模型?试述概念模型的作用。

4. 逻辑数据模型都包含哪几类？
5. 试述层次模型的概念，举出三个层次模型的实例。
6. 试述网状模型的概念，举出三个网状模型的实例。
7. 试述关系模型的概念。
8. 试述数据库系统的组成。

第 2 章

MySQL 的安装、运行和工具

MySQL是一种常用的开源关系数据库管理系统，被广泛应用于各种Web应用和服务器端的数据存储与管理。本文将详细介绍MySQL的安装方法和步骤，以及MySQL的运行和工具。

本章的主要内容：
- MySQL简介
- MySQL 8.0的安装与运行
- 在macOS系统中安装MySQL
- 在Microsoft Windows系统中安装MySQL

2.1 MySQL简介

MySQL是由瑞典MySQL AB公司开发的数据库管理系统，除了具有开放的源代码，更重要的是结构简单、使用方便，在中小规模的数据库市场受到推崇。

2008年1月，MySQL AB公司被Sun收购。2009年，Sun又被Oracle(甲骨文)收购，投入在MySQL升级开发上的资源越来越多，MySQL自身的功能也随之变得越来越强大。2017年，Oracle发布了MySQL 8.0，功能和性能上了一个大台阶，可谓MySQL发展史上的一个里程碑。MySQL有下列几个不同用途的版本。

(1) MySQL Community Server(社区版)，包含基本功能，开源免费，但不提供官方技术支持。

(2) MySQL Enterprise Edition(企业版)，包含完整功能，须付费，可以试用30天。

(3) MySQL Cluster(集群版)，在一组计算机上安装，封装成一个Server，空间既可并行使用，提高可靠性，又可串行使用，扩展空间，开源免费。

(4) MySQL Cluster CGE(高级集群版)，须付费。

2.2 MySQL 8.0的安装与运行

MySQL 8.0的安装包括安装包方式安装和压缩包方式安装。这里只简要介绍安装包方式安装。

1. 安装和配置MySQL Server

通过使用一个完整的包名或者包名的一部分子字符串来搜索一个软件包。在官方网站下载MySQL 8.0安装包，然后根据界面信息一步一步进行安装。

在大多数情况下，软件包需要和与其有依赖关系的其他软件包放在同一个路径下才能安装。Add/Remove Software实用工具可以帮助我们找到所有有依赖关系的包，并逐一安装所选择的这些包。图2-1展示了包的可滚动列表。

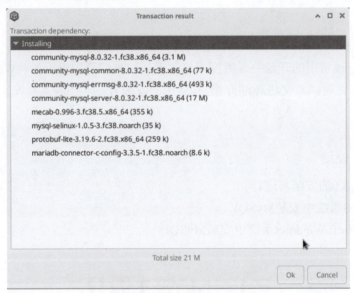

图2-1　包列表

只要启动了PackageKit的Add/Remove Software实用工具的用户在wheel组(即sudoer的管理员组，一个以具有类似超级用户这类权限进行工作的用户们所组成的组)中，就可以继续进行安装和配置。查看下面的"在Linux上配置sudoer"提示来获得关于如何配置sudoer特权的指示。如图2-2所示，会提示输入root用户的密码。

图2-2　提示输入密码

在Linux中配置sudoer

应该授予配置MySQL Server和MySQL Workbench的用户sudoer权限。以下6个步骤可以使用户拥有sudoer权限。

(1) 单击 Applications菜单，打开其下拉菜单，单击Other菜单项会启动一个相关的浮动菜单。

(2) 浮动菜单会在右边展开，在列表的底部单击Users and Groups菜单项。

(3) 此时会提示账户验证信息。输入密码，单击OK按钮。

(4) 确认完密码后，就会打开User Manager对话框。单击需要安装的那个单独用户，即your_user_name。单击Properties按钮，改变所分配给用户的组。

(5) 打开User Properties对话框后，显示出默认的User Data选项卡。单击Groups选项卡，将用户添加到wheel组作为该用户的属性。

(6) 向下滚动组列表，选中wheel组复选框。然后单击OK按钮，将组分配给用户。

安装完包后(这可能需要几分钟)，就会看到一些复选框被激活的选项。安装过程中没有进度条显示，这会让我们判断起来有些困难，请耐心等待。在这一步完成后，就可以安装其他包或者抛开该工具了。

安装完MySQL包后，还需要完成一些手动的配置步骤。这些步骤可用于修改MySQL配置文件。

通过对/etc目录中的my.cnf文件进行编辑来修改该文件。默认的my.cnf文件会带有一个如下的标准套接字配置：

```
[mysqld]
# Settings user and group are ignored when systemd is used.
# If you need to run mysqld under different user or group,
# customize your systemd unit file for mysqld according to the
# instructions in http://fedoraproject.org/wiki/Systemd
datadir=/var/lib/mysql
socket=/var/lib/mysql/mysql.sock
# Disabling symbolic-links is recommended to prevent assorted security # risks
symbolic-links=0

[mysqld_safe]
log-error=/var/log/mysqld.log
pid-file=/var/run/mysqld/mysqld.pid
```

对my.cnf文件进行编辑，并用下面的内容替换除[mysqld_safe]那部分外的所有内容：

```
[mysqld]
# Settings user and group are ignored when systemd is used.
# If you need to run mysqld under different user or group,
# customize your systemd unit file for mysqld according to
# the instructions in http://fedoraproject.org/wiki/Systemd
```

```
# Default directory.
datadir=/var/lib/mysql

# The TCP/IP Port the MySQL Server listens on.
port=3306
bind-address=127.0.0.1

# The Linux Socket the MySQL Server uses when not using a
# listener.
# socket=/var/lib/mysql/mysql.sock

# Disabling symbolic-links is recommended to prevent assorted
# security risks
symbolic-links=0

# The default storage engine that will be used when creating
# new tables.
default-storage-engine=INNODB

# Set the SQL mode to strict.
sql-mode="STRICT_TRANS_TABLES,NO_AUTO_CREATE_USER,NO_ENGINE_SUBSTITUTION"

# Set the maximum number of connections.
max_connections=100

# Set the number of open tables for all threads.
table_cache=256

# Set the maximum size for internal (in-memory) temporary tables.
tmp_table_size=26M

# Set how many threads should be kept in a cache for reuse.
thread_cache_size=8

# MyISAM configuration.
myisam_max_sort_file_size=100G
myisam_sort_buffer_size=52M
key_buffer_size=36M
read_rnd_buffer_size=256K
sort_buffer_size=256K

# InnoDB configuration.
innodb_data_home_dir=/var/lib/mysql
innodb_additional_mem_pool_size=2M
innodb_flush_log_at_trx_commit=1
```

```
innodb_log_buffer_size=1M
innodb_buffer_pool_size=25M
innodb_log_file_size=5M
innodb_thread_concurrency=8

[mysqld_safe]
log-error=/var/log/mysqld.log
pid-file=/var/run/mysqld/mysqld.pid
```

接下来，启动MySQL服务，这可由在sudoers列表中被授权的任何一个用户通过命令行来实现。

Fedora的语法为：

```
[username@hostname ~]$ sudo service mysqld start
```

Ubuntu或Debian的提示和语法为：

```
username@hostname:~$ sudo /etc/init.d/mysqld start
```

检查最新版本

root超级用户可通过运行以下命令来确保所安装的包是最新版本：

```
yum install mysql mysql-server
```

如果返回的内容如下所示(当然，随着时间的推移，包的数量会增加)，就表示已经准备好启动服务和安装数据库了：

```
Loaded plugins: langpacks, presto, refresh-packagekit
Setting up Install Process
Package mysql-5.5.18-1.fc16.x86_64 already installed and latest version
Package mysql-server-5.5.18-1.fc16.x86_64 already installed and latest
version
Nothing to do
```

启动服务后，需要对MySQL Server进行一些安全加固。这可以是一个人工任务，也可以简单地运行所提供的脚本文件来对安装版进行安全加固，该脚本文件位于/usr/bin目录下：

```
[username@hostname ~]$ mysql_secure_installation
```

这个脚本需要交互性地回应几个提示。第一个提示要求输入root密码，该密码最初是空的。这意味着按回车键即可。下一个问题询问是否要设置root用户的密码。按Y键和回车键，脚本将提示输入两次root用户的密码。

然后询问是否要删除匿名用户，这是一个必做的项目。按Y键和回车键。下一个问题是是否不允许root登录。如果这是一个开发机器，那么就应该按Y键和回车键来限制root登录到本地主机，因为这样做更安全。

接着脚本会询问是否想要删除test数据库，是否删除它并不重要，但是建议删除。按Y键和回车键删除test数据库。最后一个问题是是否要重载权限表，按Y键和回车键。这将清除现有的安全特权，并重新载入它们，这些重新载入的特权中带有任何在连接MySQL数据库时产生的变化。经过重载后需要断开连接，关闭并重启MySQL实例。

加固数据库后，应创建一个student用户和studentdb数据库。如果需要帮助的话，可参阅下面的"创建默认的MySQL用户"提示来寻求指导。

创建默认的MySQL用户

示例代码依赖于创建一个student MySQL用户和studentdb数据库。想要授予student用户在studentdb数据库中工作的所有权限。以root超级用户身份，使用如下语法连接到MySQL Monitor命令行：

```
mysql –uroot –pyour_root_password
```

用户或者其数据库管理员(DBA)可以以root用户的身份使用如下语法创建一个student用户：

```
CREATE USER 'student'@'%' IDENTIFIED BY 'student';
```

此时该账户没有任何访问权限。用户能做的事情仅仅是从任何地方连接到数据库。localhost限制对同一台机器和同一个IP地址的访问；域或子域则限制访问一个或者一组TCP/IP地址。%可以使用户从任何地方进行连接。拥有这些权限的用户，通过下面的命令仅仅可以看到INFORMATION_SCHEMA数据库：

```
SHOW DATABASES;
```

INFORMATION_SCHEMA数据库是MySQL数据库实例的一个快照。任何有权访问INFORMATION_SCHEMA数据库的用户，都可以查询和发现使用SHOW DATABASES;命令所看不到的有关数据库的信息。这在Oracle MySQL 5.6中似乎是一个安全漏洞，当然，Oracle在后续的发行版本中已修复这个漏洞。

创建完用户后，还应创建一个studentdb数据库，所使用的语法是：

```
CREATE DATABASE studentdb;
```

或者，管理员可以创建一个SCHEMA来代替DATABASE。这两个词是可以互换的，因为截止到MySQL 8.0版本，SCHEMA是DATABASE的同义词。

下面的GRANT命令授予student用户在studentdb上的所有权限：

```
GRANT ALL ON studentdb.* TO 'student'@'%';
```

GRANT命令使得student用户能够使用studentdb数据库。连接数据库后，student用户必须告诉MySQL要使用哪个数据库，因为连接本身并不能将用户连接到一个工作区域。这可以使用以下命令来完成：

```
USE studentdb
```

> 应该注意到，USE命令并不需要分号，类似于Oracle Database 11g中的SQL*Plus命令。
>
> 可以在任何时间改变数据库，但是当想要更改用户时，必须断开连接，再重新连接。相比于Oracle的解决方案来说，这不是很方便，Oracle解决方案允许以另一个用户连接而无须离开SQL*Plus环境。

现在已经成功地配置了MySQL实例。下面需要下载并安装MySQL Workbench。

2. 安装和配置MySQL Workbench

循着与MySQL Server一样的路径下载、安装和配置MySQL Workbench。在PackageKit的Add/Remove Software工具中搜索一个字符串，它就会为Fedora进行搜索并且找到相匹配的包。

搜索MySQL Workbench的最佳字符串是mysql-workbench，因为它只返回一个包。单击复选框，在打开的盒子图标上会添加一个加号，这表示一个包。单击对话框屏幕右下角的Apply按钮。YUM会识别所有相关联的包，并显示一个补充的对话框，要求确认是否要安装额外的软件。单击对话框底部右侧的Continue按钮。

单击Continue按钮后，会提示输入root密码来安装这些软件包。输入密码，单击Authenticate按钮。与安装MySQL Server时一样，这需要花几分钟。如果一切进行顺利，就会看到MySQL Workbench的Run new application对话框，如图2-3所示。

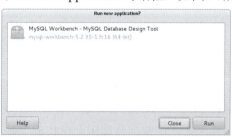

图2-3　Run new application对话框

单击白框内的MySQL Workbench，然后单击Run按钮来安装，可以看到图2-4所示的屏幕。

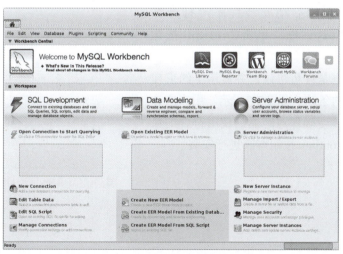

图2-4　MySQL Workbench的屏幕

祝贺你！这代表安装成功了。关闭MySQL Workbench后，如何再打开呢？这很简单，因为MySQL Workbench已被添加到菜单中了。我们可以通过单击Application | Programming | MySQL Workbench打开它。

2.3 在macOS系统中安装MySQL

Mac OS X是基于Mach内核和BSD(伯克利软件发行版本)的一个UNIX发行版本。这个操作系统的原始版本是面向对象的操作系统NeXTSTEP，是由NeXT公司使用Objective-C开发的。它的第二代产品的名称是OPENSTEP。苹果公司在1997年收购了NeXT公司，并给软件添加了GUI的外观和感觉组件，从而开发出了Mac OS X，后来改名为macOS。

macOS和Linux之间的差异是很大的，但是大部分UNIX族系的方法仍被保留在文件结构和操作系统命令中。macOS大多数的操作可以通过GUI界面来成功执行，并且macOS使用Apple Disk Image(.dmg)文件来安装软件。

Apple Disk Image(.dmg)文件更常用的名称是DMG文件，它们管理安装软件很简单，就像微软的MSI文件一样。DMG文件用于处理软件包管理和配置组件。

安装的第一步是要下载软件。macOS的方法是使用浏览器下载。下载完DMG文件后，就可以启动应用程序了。

接下来介绍如何安装和配置MySQL Server和MySQL Workbench。

2.3.1 安装和配置MySQL Server

本节介绍安装和配置MySQL Server的过程。这里使用的都是实际安装过程的截图。当然，可能会与未来的安装屏幕不同，这些屏幕截图会给你的安装和配置提供帮助。

下载MySQL Server社区版本软件后，第一步就是从Downloads区域启动它。双击MySQL DMG文件后会看到图2-5所示的内容。

双击软件包图标启动安装程序，打开如图2-6所示的介绍对话框，单击Continue按钮继续。

下一个对话框是许可协议，并显示了约束使用MySQL Server的条款，如图2-7所示。用户应该阅读许可协议，以便确保对产品的使用符合约束条件。然后单击Continue按钮继续进行安装。

图2-5 双击MySQL DMG文件后的结果

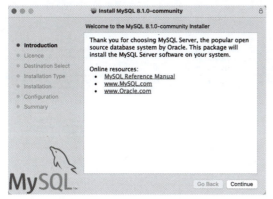
图2-6　介绍对话框

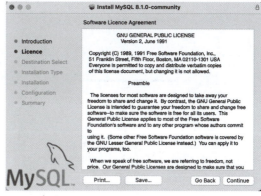
图2-7　约束使用MySQL Server的条款

此时弹出如图2-8所示的对话框，单击Agree按钮。

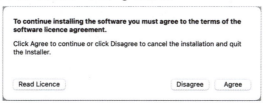
图2-8　单击Agree按钮

在弹出的如图2-9所示的对话框中可以改变安装位置，但不建议改变，因为MySQL通常只是macOS之上的一个开发工具。单击Install按钮继续。

下一个对话框要求验证root用户的账户，如图2-10所示。输入root用户名和密码，单击Install Software按钮继续。

图2-9　可选择更改安装位置

图2-10　验证用户账户

图2-11所示是一个安装进度对话框，需要几分钟来完成安装。Continue按钮会呈灰色直到安装完成为止。

图2-12所示是密码选择对话框，用户可以在强密码加密和旧密码加密两种策略中做一个选择。

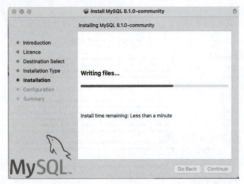
图2-11　安装进度对话框

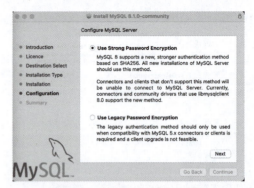
图2-12　密码策略选择对话框

图2-13所示的对话框会在软件包安装完成后出现，单击Close按钮完成安装。

成功安装本产品后，还需要安装MySQL启动包，这是DMG文件中的第二个打开的盒子图标。双击它启动安装程序，将会出现图2-14所示的对话框，单击Continue按钮继续安装。

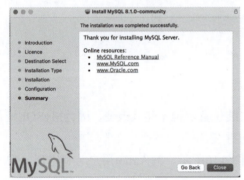
图2-13　安装成功

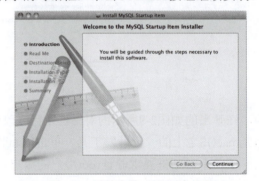
图2-14　开始安装MySQL启动包

然后打开Read Me对话框，如图2-15所示。找出来自开发团队的任何最新的指示是一个好主意。看完指示后，单击Continue按钮。

该软件包没有许可证书，因为它只是一个可以让用户访问MySQL Server的安装软件。也可以将软件安装在其他地方而不是默认的位置，但是这样做比安装在为MySQL Server指定的位置更没有意义。此处建议接受默认位置，单击Install按钮，如图2-16所示。

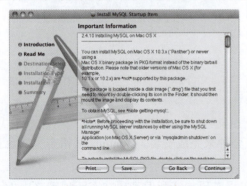
图2-15　Read Me对话框

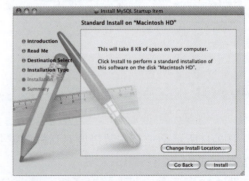
图2-16　单击Install按钮

在安装之前，macOS必须确认用户是在sudoers组中并且已被授权。图2-17所示的对话框需要输入root用户密码才能继续进行。输入密码，单击OK按钮继续。

安装成功后会出现如图2-18所示的对话框，告知该产品安装成功。

图2-17　输入密码

图2-18　安装成功

接下来通过运行System Preferences来启动MySQL Server。System Preferences图标放在System Preferences对话框底部的Other分类中。

针对所安装的产品，可使用一些手动的步骤来定制用户的macOS体验。这些步骤需要启动一个终端会话。运行mysql_secure_installation脚本文件本来是很容易的，像Fedora一样。但遗憾的是，在写作本书时，该脚本无法在macOS操作系统上自然地运行。与其试图教会你如何编写脚本文件，倒不如带领你遍历各配置步骤，这也为帮助你配置其环境提供了一个机会。

如果接受了MySQL启动过程中系统固化好的设置，并且确实存在一个.bash_login文件的话，那么可以直接将所需的指令复制到该文件中。但这个文件需要提前创建，macOS是不会自动创建这个文件的。如果还没有该文件，可以用下面的语法创建一个：

```
touch .bash_login
```

可以使用vi编辑器或者文本编辑器打开.bash_login文件。MySQL 8.0将可执行文件(打开.bash_login文件后看到的mysql.exe文件)转发到/usr/local/mysql-version中。可以将下边的内容复制到MySQL 8.0发行版的mysql.exe文件中，但是很可能需要将版本信息更新为最新。

```
# Set the MySQL Home environment variable to point to the root
# directory of the MySQL installation.
export set MYSQL_HOME=/usr/local/mysql-5.5.16-osx10.6-x86_64

# Add the /bin directory from the MYSQL_HOME location into
# your $PATH environment variable.
export set PATH=$PATH:$MYSQL_HOME/bin

# Create aliases that make it easier for you to manually
# start and stop the MySQL Daemon.
alias mysqlstart="/Library/StartupItems/MySQLCOM/MySQLCOM start"
alias mysqlstop="/Library/StartupItems/MySQLCOM/MySQLCOM stop"
```

需要保存并关闭该文件,然后重启一个新的终端会话来使这些环境变量生效。也可以在不关闭文件和重启终端的情况下,运行下面的命令来使它们生效:

. ./.bash_login

以上命令将环境文件放到了内存中,所以需要对环境进行配置。重新启动shell后,可以通过运行下面这个命令来确认新的环境:

which -a mysql

它会返回:

/usr/local/mysql-5.5.16-osx10.6-x86_64/bin/mysql

mysql_secure_installation脚本所存在的问题,使得手动加固数据库安全或修改脚本文件成为必要。正如前面所提到的,我们会手动加固数据库的安全,因为这是一个一次性的任务并且最好能彻底理解它。

用户需要以特权用户、root用户的身份连接到数据库。这很简单,因为安装没有设置任何密码。用户必须打开另一个终端会话来进行修改,或者可以安装MyPHPAdmin或MySQL Workbench。这些工具也适用于修复大多数问题。

可以通过使用上述别名或直接使用命令来启动mysqld后台进程,即MySQL Server,命令的语法如下:

/Library/StartupItems/MySQLCOM/MySQLCOM start

成功启动mysqld后台进程后,可以使用下边的语法进行连接。这是因为对于root超级用户,在macOS操作系统上安装MySQL不需要密码。

mysql -uroot

一旦作为root用户连接到数据库后,就可以确认没有设置密码,而且一个不安全的匿名账户已经配置过了。确认的方法是连接到mysql数据库,这是MySQL的数据库目录,然后运行下面的命令:

USE msql;

可以通过下边的查询语句查询结果集:

SELECT USER, password, host FROM USER\G

此时可以看到如下的输出和在MacPro.local(或者iMac.local)本地主机名字之前的用户的名字:

```
*************************** 1. row ***************************
    user: root
password:
    host: localhost
```

```
*************************** 2. row ***************************
    user: root
password:
    host: MacPro.local
*************************** 3. row ***************************
    user: root
password:
    host: 127.0.0.1
*************************** 4. row ***************************
    user: root
password:
    host: ::1
*************************** 5. row ***************************
    user:
password:
    host: localhost
*************************** 6. row ***************************
    user:
password:
    host: MacPro.local
```

现在需要更改root用户的密码。这里建议使用SQL命令更改而不是直接更新数据字典表。修改root用户密码的语法需要输入用户名、一个@符号和完整的主机名字，如下所示：

```
SET PASSWORD FOR 'root'@'localhost' = password('cangetin');
SET PASSWORD FOR 'root'@'MacPro.local' = password('cangetin');
SET PASSWORD FOR 'root'@'127.0.0.1' = password('cangetin');
SET PASSWORD FOR 'root'@'::1' = password('cangetin');
```

使用下面的语法能够去掉两个匿名用户行，但是可能会遇到问题，可尝试在最初的命令后进行修复：

```
DROP USER ''@'localhost';
DROP USER ''@'MacPro.local';
```

如果两个匿名账户中有任何一个仍然在user表中，则可以手动地从数据库目录中去掉它。下面这个语法将删除它们：

```
DELETE FROM USER WHERE LENGTH(USER) = 0;
```

现在已经完成了配置，可以输入quit;退出MySQL Monitor。同时，不要忘了使用一个真正的密码。这里展示的密码不是很强，很容易被人破解，应使用别人难以猜测的密码。

要重新进行连接，需要一个密码，如下所示：

```
mysql -uroot -pcangetin
```

可以用以下命令手动启动数据库服务器,这个命令在.bash_login shell脚本中被定义为别名。一旦启动成功,它就会作为一个进程一直处于开启和活跃状态,直到手动关闭它为止。macOS的自然睡眠(或休眠)周期不会关闭这个数据库。

> mysqlstart start

关闭它也很简单,如下所示:

> mysqlstop stop

下一节介绍如何安装和配置MySQL Workbench。

2.3.2 安装和配置MySQL Workbench

循着与MySQL一样的路径下载、安装和配置MySQL Workbench。使用浏览器从服务器上下载,并在浏览器的Downloads区域打开它,如图2-19所示。

图2-19　使用浏览器下载

双击MySQL Workbench DMG文件会出现一个不同类型的界面,被称为拖放对话框。单击并按住按钮,或者右击DRAG THE ICON框中的MySQL Workbench图标,并将它拖到Applications文件夹图标上,如图2-20所示。

图2-20　拖到Applications文件夹图标上

将MySQL Workbench图标拖到Applications文件夹图标上面后,会出现一个对话框,如图2-21所示,要求确认通过互联网下载文件的风险。单击Open按钮启动MySQL Workbench应用程序。

启动应用程序后,显示所有平台都会有的初始屏幕,如图2-22所示。MySQL Workbench提供了3个选项,即SQL Development、Data Modeling和Server Administration。

第 2 章　MySQL 的安装、运行和工具

图2-21　确认风险

图2-22　MySQL Workbench初始屏幕

这就完成了在macOS平台上安装和配置MySQL Server及Workbench的过程。

2.4　在Microsoft Windows系统中安装MySQL

对于大多数用户来说，在Microsoft Windows系统下进行安装是相当简单的，因为用户可以通过Web浏览器下载软件，即微软软件安装程序(.msi)文件，然后从下载窗口里启动它。习惯上简单地称为MSI文件而不是.msi文件，贯穿本书我们使用这一习惯称呼。

> ❖ **注意：**
>
> 本书所有的测试都是在Windows 7上进行的。

在Windows安装过程中，有两点需注意：一个是MySQL是作为Windows服务运行的，另一个是MySQL Workbench依赖于.NET的可再发行库。

Windows服务是后台进程，当操作系统启动时自动启动或者由Administrative用户手动

27

启动。在安装并配置了该产品后，我们现在回来讨论可用的Windows服务选项。在下面的"Windows服务"提示中可以找到更多内容。

> **Windows服务**
>
> 在Windows操作系统中，所有的后台进程是作为Windows服务来运行的。这些服务就像是Linux和macOS系统上的守护进程(daemon)。
>
> Windows的每个版本都有一套自己的导航步骤来打开"服务"窗口。快捷方式是单击Start | Run，然后输入下面的命令：
>
> services.msc
>
> 这样便打开了"服务"窗口，如图2-23所示。

图2-23　"服务"窗口

可以选择停止、暂停或者重启运行中的服务。如果已经停止了服务，就只能选择重启它了。右击MySQL的名称，会出现一个上下文菜单。选择Properties命令会弹出对话框，用于配置MySQL服务。最常见的配置选项是选择服务在操作系统启动时自动启动还是手动启动，如图2-24所示。

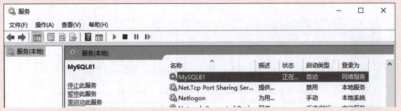

图2-24　配置MySQL服务

也可以在命令行中启动或者停止Windows服务。使用下面的语法可以启动服务：

C:\> NET START mysql

停止服务的语法如下：

C:\> NET STOP mysql

将自动服务转换为手动服务的最常见的原因是操作系统的资源被其他活动所占用。在开发人员的机器上这是最常见的情况，这些机器也要支持其他的开发工具、数据库和应用程序，如微软办公软件。

MySQL Workbench对.NET可再发行库的依赖，意味着很多用户将需要执行预安装步骤。预安装步骤就是安装Microsoft Visual C++ 2010可再发行库和Microsoft .NET 4可再发行库。从Oracle的MySQL网站下载MySQL Server社区版本的MSI文件。

❖ **注意：**

在未来的某个时候，下载可能迁移到Oracle的核心服务器，在旧的MySQL网站上或许不能再下载了。

下面分别讨论如何安装和配置MySQL Server和MySQL Workbench。

1. 安装和配置MySQL Server

本节引导用户了解在Windows平台上安装和配置MySQL Server的全过程。这里使用写作本书时一个实际安装过程的屏幕截图。当然，你可能会看到该安装过程和以后安装该产品时出现不同画面的情况。这里只是让你对于自己在安装和配置过程中会遇到什么样的选项有个预期。

跳过展示运行MSI文件的对话框，直接进入MySQL Server安装的第一个对话框，如图2-25所示。单击Next按钮继续安装。

下一个对话框是许可证书，如图2-26所示。选中复选框来接受许可协议的条款，然后单击Next按钮继续安装。

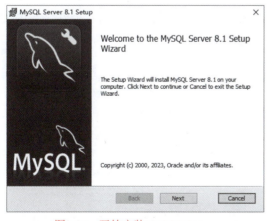

图2-25 开始安装MySQL Server

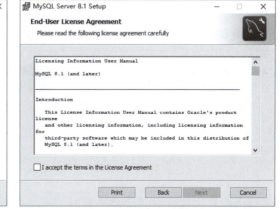

图2-26 许可证书

图2-27所示的对话框询问想要安装一个典型的、自定义的，还是完整的产品版本。如果只打算在机器上有一个安装版的话，那么一个完整的安装是最简单的。自定义安装可以让用户在不同目录中安装MySQL Server的多个副本。典型的安装会进行一些通常会遇到

的假设，建议进行自定义或完全安装。

我们以自定义版本进行演示操作，单击Custom按钮，这会使Next按钮变为可用，单击它继续。

应该注意，在自定义安装中，Development Components是灰显的。单击Development Components选项，在弹出的对话框中选择第一个选项This feature will be installed on local hard drive。

激活Development Components选项后，会出现如图2-28所示的对话框。单击MySQL Server选项，再单击Browse按钮选择自定义安装目录。

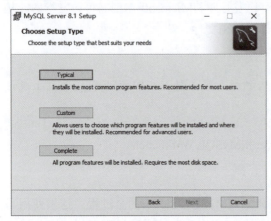 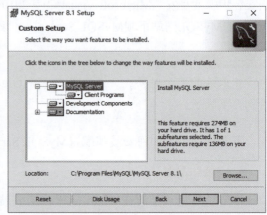

图2-27　选择安装类型　　　　　　　图2-28　激活的Development Components项

通过在Folder name文本框中输入一个完整的文件夹路径，便改变了除服务器数据文件外的所有文件的目标文件夹，比如在输入路径中将MySQL文件夹改为MySQL8100(代表产品的版本)，如图2-29所示。输入完整的文件夹路径后，单击OK按钮。

回到原来的对话框，但应该注意到，Location的值显示的是新的目标文件夹，如图2-30所示。这改变了可执行文件的目标文件夹，而不是服务器数据文件的。这个目标文件夹中的文件是MyISAM文件。它们包括mysql、information_schema和performance_schema数据库的信息。所有其他的数据库默认作为InnoDB引擎文件来创建，并且存储在之后的安装中指定的一个位置上。单击Source/build information选项。

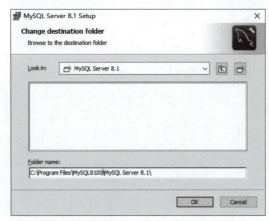 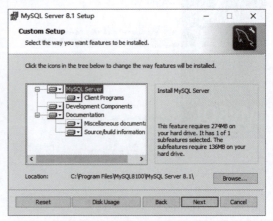

图2-29　修改文件夹路径　　　　　　　图2-30　显示新的目标文件夹

如图2-31所示，高亮显示Source/build information选项类别，单击Browse按钮。

单击Browse按钮后会打开Change destination folder对话框，如图2-32所示。在这里做相同的更改，即将Folder name文本框中的MySQL替换为MySQL8100。更改完后单击OK按钮。

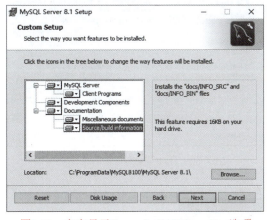
图2-31　高亮显示Source/build information选项

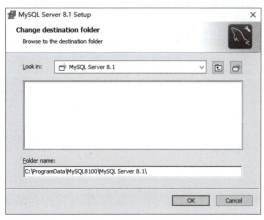
图2-32　更改文件夹名称

这会返回到Custom Setup对话框，注意，现在Location字段包含着一个特定于版本的文件夹路径，如图2-33所示。完成了该对话框的设置后，可以单击Next按钮继续安装。

这时，就到了真正安装MySQL Server的对话框了，如图2-34所示。单击Install按钮继续安装。

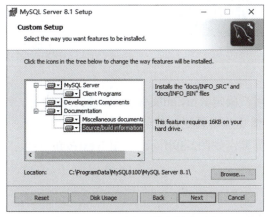
图2-33　显示更改后的文件夹路径

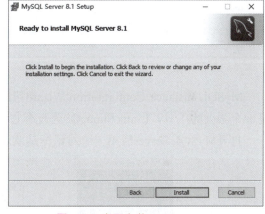
图2-34　真正安装MySQL Server

接下来是一个进度条对话框，如图2-35所示。完成后，单击Next按钮继续。

接着是一个有关商务的对话框，显示关于MySQL企业版的订购，如图2-36所示。单击Next按钮继续。

图2-37是第二个商务对话框，显示有关MySQL Enterprise Monitor Service的信息，它通常被用在生产数据库上。单击Next按钮继续。

接下来是MySQL Server安装的最后一个对话框，如图2-38所示。使用MySQL Instance Configuration Wizard是配置新安装的MySQL Server的最简单方法。单击Finish按钮，结束MySQL Server的安装，然后开始配置它。

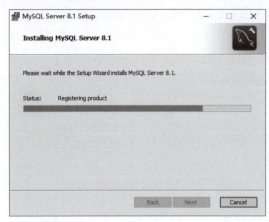

图2-35　进度条对话框

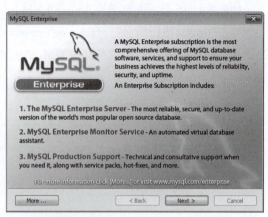

图2-36　关于MySQL企业版的订购

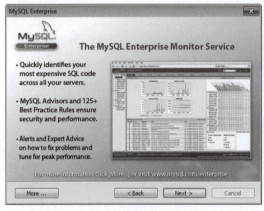

图2-37　关于MySQL Enterprise Monitor Service

图2-38　完成安装

MySQL Instance Configuration Wizard帮助用户确定其my.ini文件中应该包含的内容。这是一个强大的工具，Linux和macOS因没有它而使那些安装更加复杂。

打开MySQL Server后第一个对话框是欢迎屏幕，如图2-39所示。单击Next按钮继续。

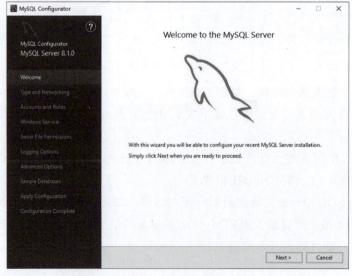

图2-39　欢迎屏幕

然后选择配置类型，如图2-40所示。如果你是新手，那么选择Standard Configuration是最简单的方法，这里我们选择Detailed Configuration路线。选中Detailed Configuration单选按钮，然后单击Next按钮继续。

打开类型和网络选择的对话框，如图2-41所示。

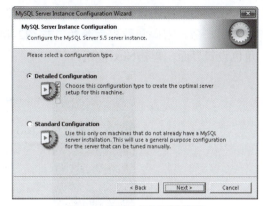

图2-40　选择安装配置类型

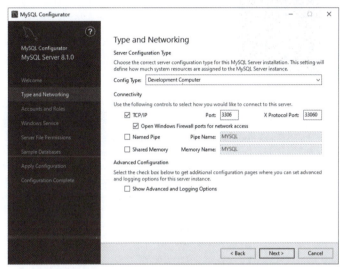

图2-41　类型和网络选择

在Config Type下拉列表中选择安装版本，其中第一种安装版本是开发版，这里选择使用开发版安装，如图2-42所示。然后单击Next按钮继续。

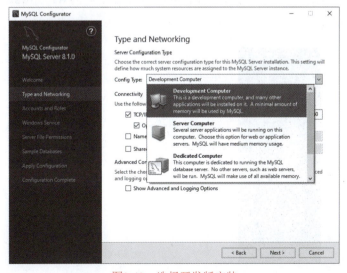

图2-42　选择开发版安装

在新的界面中设置账户和角色，如图2-43所示。单击Add user按钮，在打开的对话框中指定用户名、密码和数据库角色，如图2-44所示。设置完成后，单击OK按钮，返回账户和角色设置界面，单击Next按钮。

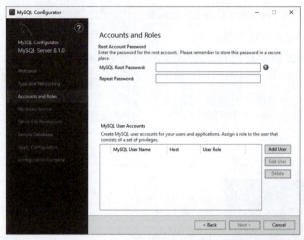

图2-43　设置账户和角色

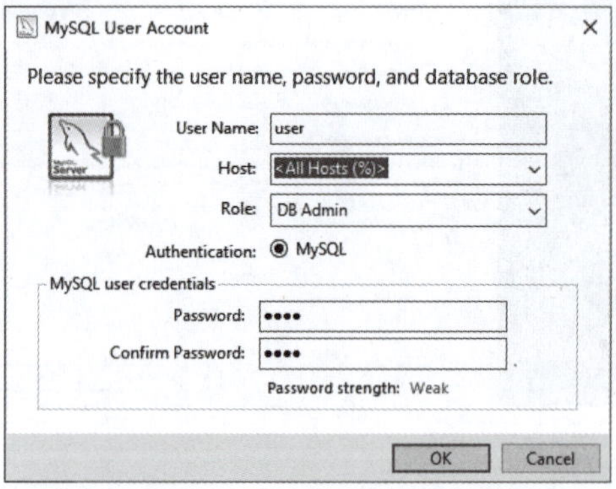

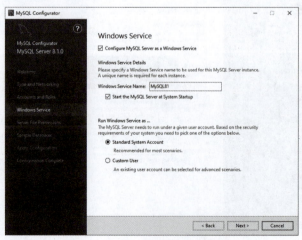

图2-44　指定用户名、密码和数据库角色

打开Windows Service设置界面，将MySQL服务器配置为Windows服务，如图2-45所示。单击Next按钮继续。

图2-45　配置为Windows服务

打开Server File Permissions设置界面，设置MySQL Configurator是否更新服务器文件权限，如图2-46所示。

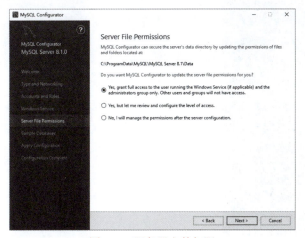

图2-46　服务器文件权限

接下来一步一步进行设置，如示例数据库的设置，如图2-47所示；应用配置的设置，如图2-48所示。

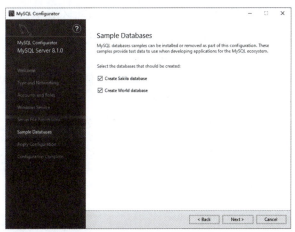

图2-47　示例数据库设置

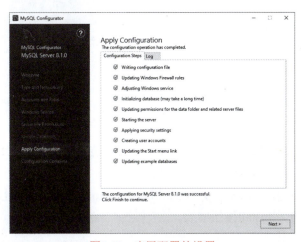

图2-48　应用配置的设置

配置完成后的界面，如图2-49所示。

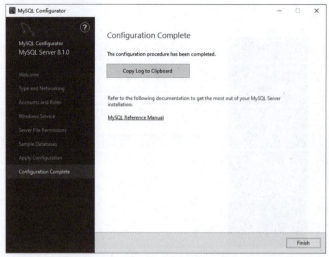

图2-49　配置完成界面

2. 安装和配置MySQL Workbench

像前面那样下载、安装和配置MySQL Workbench社区版本。如果跳过了Visual C++ 2010可再发行包和.NET 4框架的安装，则必须在安装MySQL Workbench前安装它们。没有这个先决条件，MySQL Workbench的安装就会失败。

同样，我们会跳过展示运行MSI文件的对话框，直接从MySQL Workbench安装的欢迎对话框开始，如图2-50所示。单击Next按钮继续。

下一个对话框给出了改变MySQL Workbench目标文件夹的选项，如图2-51所示。建议简单地将它安装在默认的位置即可。单击Next按钮继续。

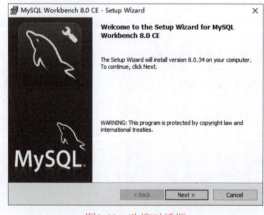 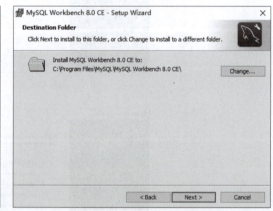

图2-50　欢迎对话框　　　　　　　　　图2-51　可选择改变目标文件夹

接下来的对话框让用户选择是完全安装还是只安装某些特性，如图2-52所示。建议选中Complete单选按钮。单击Next按钮继续安装。

图2-53所示的对话框确认Setup Type和Destination Folder，并且询问是否想要安装MySQL Workbench。单击Install按钮继续。

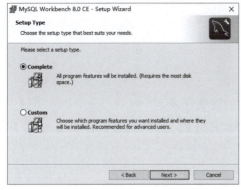
图2-52　选择安装类型

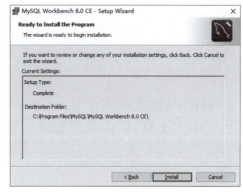
图2-53　确认当前设置

下一个对话框显示进度条，如图2-54所示。这并不需要很长时间就会完成。完成后单击Next按钮继续安装MySQL Workbench。

最后一个对话框让用户选择是否启动MySQL Workbench，如图2-55所示，此时选中该复选框，并单击Finish按钮。

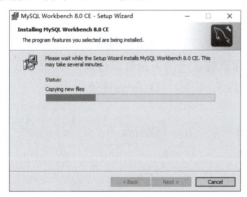
图2-54　显示进度条

图2-55　选择启动MySQL Workbench

启动MySQL Workbench后，会出现图2-56所示的MySQL Workbench初始对话框。至此，就完成了MySQL产品的安装部分。

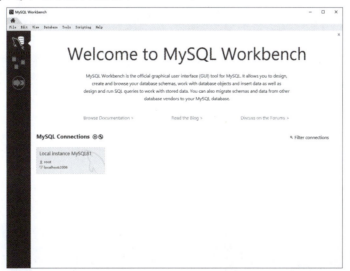
图2-56　MySQL Workbench初始对话框

2.5 思考和练习

一、判断题

1. 在MySQL配置文件中，basedir表示MySQL的安装目录。（   ）
2. "\G"是MySQL客户端可以使用的结束符的一种，用于将显示结果纵向排列。（   ）

二、选择题

1. MySQL配置文件的文件名是(   )。
   A. my.ini　　　　B. mysql.ini　　　　C. mysql.bat　　　　D. my.bat
2. 在MYSQL配置文件中，(   )用于指定数据库文件的保存目录。
   A. Datadir　　　　　　　　　　B. default-character-set
   C. port　　　　　　　　　　　　D. basedir
3. 下面的(   )命令表示初始化数据库。
   A. Install　　　　B. initialize　　　　C. netstart　　　　D. insecure
4. 在MySQL的安装文件中，(   )文件夹下存放的是一些可执行文件。
   A. docs目录　　　　B. bin目录　　　　C. lib目录　　　　D. share目录
5. MySQL默认提供的用户是(   )。
   A. Admin　　　　B. user　　　　C. test　　　　D. root
6. 下列(   )命令可以退出MySQL。(多选题)
   A. Quit　　　　B. e　　　　C. Exit　　　　D. q

第 3 章 数据类型

在MySQL中创建表时,需要为每列指定数据类型。那么,为何不将所有内容都存储为字符串呢?比如,将表的所有列都定义为varchar(255)字符串类型。虽然统一用字符串的做法有它的优点,但是我们也发现,对不同类型的值使用不同的数据类型会带来更多的好处。本章将概述MySQL所支持的所有数据类型,并讨论数据类型如何影响查询性能,以及如何为列选择合适的数据类型。

本章的主要内容:
- 数据类型的概念
- MySQL的数据类型
- 不同数据类型有着不同的性能特征
- 如何选择数据类型

3.1 为何设置数据类型

列的数据类型定义了可存储何种类型的值,以及如何存储。另外,也可能存在与数据类型关联的一些元属性,如大小(例如用于数字的字节数,字符串中包含的最大字符数量等),以及用于字符串的字符集和排序规则等。尽管数据类型属性似乎不是什么必要的限制,但它们也自有好处,比如在数据验证、文档、优化存储、性能、正确排序方面,接下来将对其展开说明。

3.1.1 数据验证

数据类型概念的核心,就是定义所允许的值类型。定义为整数类型的列,只能存储整数值。这样也是一种保障措施。如果用户将某个值存储到某一列中,而该值的类型与该列的类型不同,则可以拒绝该值,或者对值进行转换。

> **💡 提示：**
>
> 将错误的数据类型的值分配给列，是会导致错误还是对数据类型进行转换，取决于是否启用了STRICT_TRANS_TABLES(对于事务性存储引擎)和STRICT_ALL_TABLES(对于所有存储引擎)SQL模式，也取决于转换数据类型是否安全。当然有些数据类型的转换会始终被认为是安全的，如将'42'转换为42，反之亦然。建议始终启用严格模式，该模式会在尝试进行不安全的转换或数据截断时，让DML操作失败。

当确定存储在表中的数据始终具有预期的数据类型时，会给工作带来方便。比如，某一列的数据类型被设置为整数，在查询该列时就会知道该列是可以进行算术运算的。同样，如果该列数据类型被设置为字符串，则可进行字符串操作。当然，还需要预先进行一些规划，只要设置好以后，就很容易管理该列数据。

关于数据类型和数据验证还要考虑其他因素。通常，要注意与数据类型相关联的属性。例如，需要考虑某种数据类型的最大容量。例如，整数的容量可以是1、2、3、4或8字节；容量的大小直接影响可存储值的范围。此外，整数还可以是有符号或无符号的。再比如字符串，它的长短会限制存储多少位的文本，还需要用字符集来定义数据的编码方式，需要排序规则来定义数据的排序方式。

代码清单3-1列举一个MySQL根据数据类型对数据进行验证的示例。

代码清单3-1　基于数据类型的数据验证示例

```
mysql> SELECT @@sql_mode\G
*************************** 1. row ***************************
@@sql_mode: ONLY_FULL_GROUP_BY,STRICT_TRANS_TABLES,NO_ZERO_IN_DATE,
NO_ZERO_DATE,ERROR_FOR_DIVISION_BY_ZERO,NO_ENGINE_SUBSTITUTION
1 row in set (0.0003 sec)
mysql> SHOW CREATE TABLE t1\G
*************************** 1. row ***************************
       Table: t1
Create Table: CREATE TABLE `t1` (
  `id` int(10) unsigned NOT NULL AUTO_INCREMENT,
  `val1` int(10) unsigned DEFAULT NULL,
  `val2` varchar(5) DEFAULT NULL,
  PRIMARY KEY (`id`)
) ENGINE=InnoDB DEFAULT CHARSET=utf8mb4 COLLATE=utf8mb4_0900_ai_ci
1 row in set (0.0011 sec)
mysql> INSERT INTO t1 (val1) VALUES ('abc');
ERROR: 1366: Incorrect integer value: 'abc' for column 'val1' at row 1
mysql> INSERT INTO t1 (val1) VALUES (-5);
ERROR: 1264: Out of range value for column 'val1' at row 1
mysql> INSERT INTO t1 (val2) VALUES ('abcdef');
ERROR: 1406: Data too long for column 'val2' at row 1
mysql> INSERT INTO t1 (val1, val2) VALUES ('42', 42);
Query OK, 1 row affected (0.0825 sec)
```

这里的SQL模式设置为默认值，其中包括STRICT_TRANS_TABLES。上例中的表中，有一列是无符号整数，还有一列是varchar(5)，这意味着它最多可以存储5个字符。无论什么时候尝试在val1列中插入字符串或负整数，该值都将被拒绝。因为它们都无法安全地被转换为无符号整数。同样，尝试将包含6个字符的字符串存储到val2列中也会失败。但将字符串'42'存储到val1列中，将整数42存储到val2中则被认为是安全的，因而也是允许的。

3.1.2 文档

在设计表时，你往往知道该表的预期用途是什么。但当你或其他人以后使用这张表时，可能忘了其用途。因此，MySQL提供了数种用来记录列的方法：使用可描述值的列名、COMMENT列子句、CHECK约束以及数据类型。

这并不是记录列信息的最详细方法，但是数据类型确实有助于描述你所期望的数据类型。如果选择date列而不是datetime列，那么显然你打算只存储日期部分。同样，使用tinyint而非int，则表明你更期望使用较小的值。这些都有助于你或者他人了解预期的数据类型，从而更好地理解数据，在需要优化查询时进行更好的调整。因此，从某种意义上，这可以间接地帮助优化查询。

> ❖ 提示：
>
> 在表中提供文档的最好方法是使用COMMENT子句和CHECK约束。但这些通常是在表上不可见的。因而，纯粹就表而言，数据类型确实有助于更好地了解预期的数据类型。

从性能考虑，明确选择数据类型也是有好处的，这与值的存储方式有关。

3.1.3 优化存储

MySQL当然不会以相同的方式来存储所有数据。选择给定数据类型的存储格式，应该使其尽可能紧凑，以便减少存储空间。例如，考虑一下值123 456。如果将其存储为字符串，则将至少需要6字节，然后加上1字节来存储字符串的长度。如果改为整型，则只需要3字节(对于整数而言，所有的值都使用相同长度的字节数，具体取决于列所允许的最大存储长度)。此外，从存储中读取整数时，不必对值做任何解释。严格来说，这种说法是不正确的。但解释也是基于较低的级别，例如使用的字节序；而对于字符串，则需要使用字符集对其进行解码。

选择正确的列最大容量，可减少所需的存储空间。如果你需要存储整数，且知道永远不需要多于4字节的存储空间，则可使用int数据类型，而非使用8字节的bigint。这样存储空间就可以减少一半。更甚者，如果在大数据环境下，则这样的存储(和内存)节省量可能就更可观了。但注意不要过度优化。很多情况下，更改数据类型或列的大小需要重建整张表。如果表很大，这就是一项代价昂贵的操作。如果是这样，最好现在就使用更多空间，以便减少以后的工作。

> ❖ 提示：
>
> 对于某些类型的优化，注意不要过度优化。另外，当前较小的存储设置，可能会在以后带来一些麻烦。

数据的存储方式也会影响性能。

3.1.4 性能

并非所有数据类型在创建时成本都相同。整数类型的值在计算和比较操作中成本很低，而需要使用字符集对存储的字节进行解码的字符串则相对昂贵一些。通过选择正确的数据类型，就可显著提升查询性能。尤其是，如果要比较两列中的值(可能在不同的表中)，需要确保它们具有相同的数据类型，包括字符集和字符串排序规则。否则，需要先对其中一列进行数据类型转换，然后进行比较。

虽然很容易理解为什么整数比字符串表现更好，但一种数据类型比另一种更好或更差的确切原因则相对复杂。这取决于数据类型的实现方式(存储在磁盘上)。因此，对性能的进一步探讨将推迟到3.3节。

这里要讨论的最后一个好处是排序。

3.1.5 正确排序

日期类型对值的排序方式具有重大影响。虽然人脑可以很直观地理解数据，但计算机则需要一些帮助才能理解两个值之间是如何进行比较的。因此，数据类型和如何对比字符串将是用于确保数据能正确排序的关键属性。

为什么排序很重要？原因有如下两点。

- 正确的排序要求知道两个值是否相等，或者一个值是否在给定范围内。这对于使WHERE子句和连接条件能按预期进行工作至关重要。
- 创建索引时，排序能确保MySQL快速找到你想要的值(MySQL中有数种不同的索引，其实现方式也有很大的不同。此外，并非所有索引都使用排序操作。最著名的哈希索引，会计算出值的哈希)。下一章将详细介绍索引。

考虑一下，8和10如何排序？如果将其视为整数，则8在10前面。而若将其视作字符串，则'10' (ASCII码：0x3130)在'8' (ASCII码：0x38)之前。如何选择两者之一，取决于你的应用。

现在已经探讨了显式数据类型的好处是什么，该看看MySQL支持哪些数据类型了。

3.2 MySQL的数据类型

MySQL支持30多种不同的数据类型，其中有几种可在大小、精度以及是否接受带符号值等方面进行微调。乍一看，这似乎有点让人不知所措。但如果将数据类型进行分组，就可逐步为数据选择正确的数据类型。

MySQL中的数据类型可分为如下几类。

- 数值类型(Numeric)：这包括整数、固定精度的十进制类型、近似精度的浮点类型，以及位(bit)类型。
- 日期和时间类型(Temporal)：这包括年、日期、时间、日期和时间以及时间戳。
- 字符串与二进制类型(Strings)：包括二进制对象和带有字符集的字符串。
- JSON类型(JSON)：用于存储JSON文档。
- 空间数据类型(Spatial)：用于存储描述坐标系统中的一个或多个点的值。
- 混合数据类型(Hybrid)：MySQL中有两种数据类型，既可作为整数类型，也可作为字符串类型。

> **提示：**
> MySQL参考手册https://dev.mysql.com/doc/refman/8.0/en/data-types.html中的数据类型及其参考部分对这些内容进行了全面探讨，以供参考。

下面将介绍MySQL中的数据类型及其详细信息。

3.2.1 数值类型

数值类型是MySQL支持的最简单的数据类型。设置数值类型时，可在整数、固定精度的十进制以及近似浮点型之间进行选择。

表3-1总结了MySQL中的数值类型，说明了它们的存储需求(以字节为单位)以及支持的值的范围。对于整数而言，可以选择值是有符号还是无符号的，这会影响支持的值的范围。对于支持的值，其起始值和结束值都包含在所允许的值范围内。

表3-1 数值类型(整型、定点和浮点)

数据类型	存储字节	范围
tinyint	1	有符号：-128～127
		无符号：0～255
smallint	2	有符号：-32 768～32 767
		无符号：0～65 535
mediumint	3	有符号：-8 388 608～8 388 607
		无符号：0～16 777 215
int	4	有符号：-2 147 483 648～2 147 483 647
		无符号：0～4 294 967 295
bigint	8	有符号：-2^{63}～$2^{63}-1$
		无符号：0～$2^{64}-1$
decimal(M,N)	1～29	取决于M和N
float	4	可变
double	8	可变
bit(M)	1～8	

具有固定存储要求和固定范围的整数类型是最简单的。tinyint的同义词是bool(布尔类型的值)。

十进制(decimal)数据类型带有两个参数M和N，它们定义了值的精度和小数位数。如果使用了decimal(5,2)，则该值最多包含5位数字，其中两位是小数，这就意味着-999.99和999.99之间的值是允许的。该类型最多支持65位数字。十进制数值的存储需求取决于位数，每9位数字使用4字节，其余位数使用0～4字节。

float和double类型存储近似值，它们分别使用4字节和8字节进行存储。这些类型对于数值计算非常有用，但代价是它们的值存在不确定性。

❖ 提示：

> 切勿使用浮点类型来存储精确数据，如金额等，建议采用具有准确精度的十进制数据类型。对于近似浮点数据类型，则永远不要使用等号(=)和不等号(<>)运算符，因为比较两个近似值通常不会用等号处理，即便它们本来是相等的。

最后一个数值类型是bit类型，可在一个值中存储 1～64位。bit类型可以用于位掩码，所需的存储量取决于位数(M的值)。它可以近似为FLOOR((M+7)/8)字节。

3.2.2 日期和时间类型

日期和时间类型的数据定义了一个时间点，精度范围从1年到1微秒。除年数据类型外，值均以字符串形式输入，不过内部则使用优化的数据格式，并且这些值将根据其所表示的时间点进行正确排序。

表3-2列出MySQL支持的日期和时间数据类型，说明了每种类型使用的字节存储量，以及支持的值范围。

表3-2 日期和时间数据类型

数据类型	存储的字节数	范围
year	1	1901～2155
date	3～6	'1000-01-01'到 '9999-12-31'
datetime	5～8	'1000-01-01 00:00:00.000000'到'9999-12-31 23:59:59.999999'
timestamp	4～7	'1970-01-01 00:00:00.000000'到'2038-01-19 03:14:07.999999'
time	3～6	'38:59:59.000000'到'838:59:59.000000'

datetime、timestamp以及time类型都支持小数秒(即1秒的几分之一)，甚至可达微秒级。存储小数秒需要1～3字节，具体则取决于位数(每两位数占1字节)。

datetime和timestamp之间存在一些细微差别。当将一个值存储在datetime列中时，MySQL将按指定的值进行存储。另一方面，对于timestamp列，则通过@@session.time_zone变量(默认为系统时区)将使用MySQL配置的时区的值转换为UTC(世界时)的值。同样，当查询数据时，datetime将按最初指定的日期返回，timestamp则将其转换为@@session.time_zone变量中设置的时区。

> **◆ 提示:**
> 在使用datetime类型的列时,会将数据存储在UTC时区中,并转换为使用数据时所需的时区。由于数据始终存储在UTC中,因此如果更改了操作系统的时区或MySQL Server的时区,或与来自不同时区的用户共享数据,出现问题的可能性将较小。

当使用字符串输入和查询日期和时间时,它会以专用格式在内部进行存储。那么实际的字符串类型又是如何处理的呢?让我们分析下一个数据类型。

3.2.3 字符串与二进制类型

字符串和二进制类型是用于存储任意数据的非常灵活的类型。二进制值和字符串之间的区别在于,字符串有与之关联的字符集,因此MySQL知道该如何解释数据;二进制则存储原始数据,这意味着可将其用于任何类型的数据,包括图形以及自定义数据格式的数据。

尽管字符串和二进制数据非常灵活,但这也是有代价的。对于字符串而言,MySQL需要解释其字节以确定它们代表哪些字符。某些字符集(包括MySQL 8.0中的默认字符集UTF-8)是可变宽度的,即一个字符能使用可变数目的字节。对于UTF-8而言,每个字符可使用1~4字节。这就意味着,如果要请求一个字符串的前4个字符,则可能需要读取4~16字节,具体取决于它是哪个字符。因此,MySQL将需要分析字节以确定何时找到了所有4个字符。对于二进制的字符串,则对数据进行解释,并将其放回应用程序。

表3-3显示了MySQL中支持的字符串和二进制数据类型,其中介绍了各种数据类型可以存储的最大数据容量以及对存储要求的描述。该表中的M是列所能存储的最大字符数量,L表示用于编码的字符集中的字符串所需的字节数。

表3-3 字符串与二进制数据类型

数据类型	存储字节	最大长度
char(M)	M * 字符宽度	255个字符
varchar(M)	L+1或L+2	对于utf8mb4而言,为16 383个字符; 对于latin1而言,为65 532个字符
tinytext	L+1	255字节
text	L+2	65 535字节
mediumtext	L+3	16 777 216字节
longtext	L+4	4 294 967 296字节
binary(M)	M	255字节
varbinary(M)	L+1或者L+2	65 535字节
tinyblob	L+1	255字节
blob	L+2	65 536字节
mediumblob	L+3	16 777 216字节
longblob	L+4	4 294 967 296字节

字符串和二进制对象的存储要求取决于数据的长度。L是存储值所需的字节数；对于文本型字符串而言，还需要考虑字符集问题。对于可变宽度的类型而言，将使用1~4字节来存储。对于char(M)列，则使用紧凑的InnoDB存储格式；使用可变宽度字符集对字符串进行编码时，所需的存储空间可能小于字符宽度的M倍。

对于除char和varchar外的所有字符串，字符串的最大支持长度均以字节为单位。这意味着可存储在字符串类型中的字符的数量取决于字符集。另外，char、varchar、binary和varbinary在计入行的宽度时，该行的总宽度必须小于64KB。这就意味着实际上你无法使用理论上的最大长度来创建列(这也是varchar和varbinary列最多可存储65 532个字符/字节的原因)。对于longtext和longblob列，应该注意，尽管它们原则上可存储多达4GB的数据，但实际上，存储会受到max_allowed_packet变量的限制，该变量最大为1GB。

对于存储字符串的数据类型，需要考虑的另外一点是，你需要为该列选择一个字符集和排序规则。如果没有明确选择，则选择该列的默认值。在MySQL 8.0中，默认字符集是使用排序规则为utf8mb4_0900_ai_ci的utf8mb4字符集。那么，这里的utf8mb4_0900_ai_ci和utf8mb4都是什么意思？

utf8mb4字符集为UTF-8编码，每个字符最多支持4字节(例如，某些所需的表情符号)。最初，MySQL对UTF-8编码仅支持"每个字符最多3字节"，后来又添加了utf8mbs来扩展支持。到今天为止，你不应该再使用utf8mb3(每个字符最多3字节)或utf8别名(不建议使用，因为以后可能改为utf8mb4)。在使用UTF-8编码方式时，建议始终使用4字节，因为3字节方式几乎没有什么好处，已被弃用。在MySQL 5.7或更早的版本中，latin1是默认的字符集，但随着MySQL 8.0对UTF-8的改进，建议使用utf8mb4，除非你有足够特殊的理由来使用其他字符集。

utf8mb4_0900_ai_ci的比较方法是utf8mb4通用的比较方法，它定义了排序和比较的规则。因此当比较两个字符串时，就能进行正确的比较了。当然规则可能很复杂，其中包含某些字符序列与其他单个字符的比较。排序规则的名称由如下几部分组成。

- utf8mb4：比较规则所属的字符集。
- 0900：这意味着排序规则是基于Unicode排序算法(UCA)9.0.0的排序规则之一。这些是从MySQL 8.0开始引入的，与旧的UTF-8比较规则相比，它们显著改进了性能。
- ai：排序规则里应规定区分重音(as)还是不区分重音(ai)。当排序规则不区分重音时，将把诸如à的重音字符视为非重音字符a。ai表示排序对重音不敏感。
- ci：排序规则里应规定区分大小写(cs)还是不区分大小写(ci)。ci是不区分大小写。

此外，该名称也可包含其他部分内容。而其他字符集也会包含各自的排序规则。尤其是，有数种特定于国家/地区的字符集，它们考虑了本地化的排序和比较规则。对于这样的情况，国家/地区的代码会被添加到名称中。建议使用UCA 9.0.0比较规则，因为与其他比较规则相比，它的性能更好，也更现代化一些。

information_schema.COLLATIONS视图包含MySQL支持的所有排序规则，并支持按字符集进行过滤查询。到MySQL 8.0.18为止，utf8mb4可使用75种排序规则，其中49种为UCA 9.0.0规则。

3.2.4　JSON数据类型

JSON文档是一种特殊字符串，MySQL为其提供了专门的数据类型。

JavaScript对象表示法(JSON)格式是一种比关系型表更灵活的流行数据存储格式，也是MySQL 8.0为文档存储选择的格式。从MySQL 5.7开始引入对JSON数据类型的支持。

JSON文档是JSON对象(键和值)、JSON数组和JSON值的组合。JSON文档的一个简单示例如下：

```
{
    "name": "Sydney",
    "demographics": {
        "population": 5500000
    },
    "geography": {
        "country": "Australia",
        "state": "NSW"
    },
    "suburbs": [
        "The Rocks",
        "Surry Hills",
        "Paramatta"
    ]
}
```

由于JSON文档也是字符串或二进制对象，因此也可将其存储在字符串或二进制对象列中。但是，通过专用的数据类型，可以添加验证操作，并可优化存储以访问文档中的特定元素。

在MySQL 8.0中，JSON文档的一项与性能相关的功能是支持部分更新操作，这样就可对JSON文档进行更新。这不仅减少了更新操作时完成的工作量，还可只将部分更新写入二进制日志。当然，对于这样的原地(in-place)更新操作，还是有一些要求的。具体如下：

- 只支持JSON_SET()、JSON_REPLACE()和JSON_REMOVE()函数。
- 只支持列内更新。也就是说，不支持将列的值设置为在另一列上运行上述3个函数所得到的返回值。
- 必须是对现有值的替换操作。如果是添加新的对象或数组元素，则会导致整个文档被重写。
- 新值最多只能与被替换的值容量相同。例外情况是，可重用之前部分更新操作时所释放的空间。

为将部分更新作为记录存储到二进制日志中，需要将binlog_row_value_options选项设置为PARTIAL_JSON，可在全局或者会话级别设置该选项。

在MySQL内部，文档被存储为长二进制对象(longblob)，文本使用utf8mb4字符集进行解释。最大存储空间被限制为1GB。其存储要求与longblob相似，但是，有必要考虑元数据的开销和用于查找的数据字典。

3.2.5 空间数据类型

空间数据用于在坐标系中指定一个或多个点,从而可能形成一个对象(如多边形等)。比如说,这对于指定某一个对象在地图上的位置就很有用。

MySQL 8.0增加了对指定使用哪个参照系统的支持,这称为空间参照系统标识符(SRID)。可在information_schema.ST_SPATIAL_REFERENCE_SYSTEMS视图中找到所支持的参照系统(SRS_ID列为SRID的值)。这里有超过5000种参照系统可选。并且每一个空间值都有一个与之相关的参照系统,使得MySQL能正确识别两个值之间的关系,例如计算两个点之间的距离等。为将地球作为参照系统,则需要将SRID设置为4326。

MySQL支持8种不同的空间数据类型,其中4种为单值类型,其他4种为值的集合。表3-4总结了MySQL中支持的空间数据类型,并以字节为单位列出所需的存储空间。

表3-4 空间数据类型

数据类型	存储字节	描述
geometry	可变	任意类型的单个空间对象
point	25	单点,如一个人所在的位置
linestring	9 + 16×点数	形成一条线的一组点,它不是一个封闭的对象
polygon	13 + 16×点数	围绕一个区域的一组点。一个多边形就可包含多个这样的一组点的集合。例如,创建一个甜甜圈形对象的内圈和外圈
multipoint	13 + 21×点数	点的集合
multilinestring	可变	linestring值的集合
multipolygon	可变	多边形的集合
geometrycollection	可变	空间对象的集合

MySQL使用二进制格式来存储数据。geometry、multilinestring、multipolygon及geometrycollection类型的存储需求,取决于值中包含的对象大小。这些集合类型所需的存储空间要比将对象存储在单独的列中所需的空间大一些。可使用LENGTH()函数来获取空间对象的大小。然后添加4字节来存储SRID,从而获取数据所需的总存储空间。

3.2.6 混合数据类型

MySQL中有两种结合了整数和字符串属性的特殊数据类型:枚举(enum)和集合(set)。二者都可视为值的集合。不同之处在于枚举类型允许精确选择一个可能的值,而集合类型则允许选择任意可能的值。

使枚举和集合类型为混合数据类型的原因,在于可将它们用作整数和字符串。而字符串又是最常见和对用户最友好的。在MySQL内部,这些值被存为整数,因而可紧凑高效地存储数据,同时在设置或查询数据时依然允许使用字符串。这两种数据类型也可使用查找表来实现。

枚举数据类型是两者中最常见的。在创建时，可指定允许的值的列表，例如：

```
CREATE TABLE t1 (
    id int unsigned NOT NULL PRIMARY KEY,
    val enum('Sydney', 'Melbourne', 'Brisbane')
);
```

在这里，数字值在列表中，是以1开头的位置。也就是说，Sydney的整数值为1，Melbourne为2，Brisbane则为3。总的存储量仅为1或者2字节，具体取决于列表中成员个数，最多支持65 535个成员。

集合数据类型的工作方式与枚举类似，不过可有多个选项。要创建它，需要列出可用的成员，例如：

```
CREATE TABLE t1 (
    id int unsigned NOT NULL PRIMARY KEY,
    val set('Sydney', 'Melbourne', 'Brisbane')
);
```

上述列表中每个成员都将根据该成员在列表中的位置来获得序列1、2、4、8等值。在上述示例中，Sydney的值为1，Melbourne为2，Brisbane为4。值3呢？它代表Sydney和Melbourne。如果要包含多个值，需要对它们所对应的各个值进行求和。这样，所设置的数据类型就与位(bit)类型相同了。当将值指定为字符串时，就更简单了。因为已经将值的成员包含在以逗号分隔的列表中。代码清单3-2显示了插入两个集合值的示例，每个示例都使用了数字和字符串，并且两次插入均为相同的值。

代码清单3-2 使用集合数据类型

```
mysql> INSERT INTO t1
        VALUES (1, 4),
               (2, 'Brisbane');
Query OK, 2 rows affected (0.0812 sec)
Records: 2 Duplicates: 0 Warnings: 0
mysql> INSERT INTO t1
        VALUES (3, 7),
               (4, 'Sydney,Melbourne,Brisbane');
Query OK, 2 rows affected (0.0919 sec)
Records: 2 Duplicates: 0 Warnings: 0
mysql> SELECT *
        FROM t1\G
*************************** 1. row ***************************
  id: 1
val: Brisbane
*************************** 2. row ***************************
  id: 2
val: Brisbane
```

```
*************************** 3. row ***************************
    id: 3
   val: Brisbane,Melbourne,Sydney
*************************** 4. row ***************************
    id: 4
   val: Brisbane,Melbourne,Sydney
4 rows in set (0.0006 sec)
```

首先，插入Brisbane。由于它是集合中的第3个元素，因此数值为4。然后插入集合Sydney、Melbourne和Brisbane。在此需要对1、2和4进行求和。注意，在SELECT操作中，元素的顺序与集合定义中的顺序并不相同。

集合列使用1、2、3、4或者8字节的存储空间，具体取决于集合中的元素格式。一个集合中最多可包含64个成员。

到此为止，我们已对MySQL中可用的数据类型都进行了探讨。那么，数据类型如何影响查询性能呢？这可能涉及很多方面，因此需要考虑一下。

3.3 不同数据类型的性能

数据类型的选择不仅在数据完整性方面很重要，它能够告知你期望使用何种数据类型，而且不同数据类型有着不同的性能特征。本节将探讨在选择不同数据类型时，其性能表现各自如何。

一般来说，数据类型越简单，性能就越好。整数具有最佳的性能，浮点数(近似值)紧随其后。十进制数(精确值)比浮点数具有更高的成本开销。二进制对象比文本字符串性能要好，因为二进制对象没有字符集相关的开销。

当涉及诸如JSON的数据类型时，你可能认为它的性能要比使用二进制对象差。因为JSON文档具有本章前面描述的一些存储开销。但正是因为这种存储开销，才意味着JSON数据类型将比blob类型的数据性能更好。其开销包含了元数据，以及用于查找的字典信息，这就意味着其访问数据的速度会更快。此外，JSON文档也支持原地更新。而text和blob类型的数据则需要替换整个对象，即使你只想替换单个字符或者字节时也是如此。

在给定的数据类型分组(如int与bigint)之内，较小的数据类型性能往往优于较大的数据类型。但实际上，还需要考虑硬件寄存器中的对齐方式，因此对于内存中的工作负载，这些数据类型之间的差异几乎可以忽略不计，甚至可以直接忽略。

那么，应该使用何种数据类型呢？这是本章最后一个要探讨的主题。

3.4 应该选择何种数据类型

本章开头探讨了如何将所有数据都存储在字符串或二进制对象中，从而使其具有最大的灵活性，这似乎是一个好主意。另外，在本章的内容推进过程中，我们也讨论了使用特定数据类型所带来的好处。上一节中还探讨了不同数据类型的性能。那么，究竟应该选择何种数据类型呢？

可以问自己一些问题，是关于需要在列中存储数据相关的问题，诸如：

- 数据的原生格式是什么？
- 起初所期望的最大值是多少？
- 值的大小会随着时间的推移而增长吗？如果是这样，会增长多少？增长速度有多快？
- 查询数据的频率是怎样的？
- 你期望有多少个唯一值？
- 需要索引吗？该列是表的主键吗？
- 你是否需要存储数据，或者能否通过其他表的外键(使用整数型参考列)来获取数据？

建议你为需要存储的数据选择原生数据类型。如果需要存储整数，请根据所需的值选择整数类型，通常为int或bigint。如果要对值加一些限制，则可选择较小的整数类型。例如，用于存储有关父母数据的表中，孩子数量就不必为bigint，设置为tinyint即可。同样，如果要存储JSON文档，则建议使用JSON类型，而不是longtext或longblob。

对于数据类型的大小，需要同时考虑当下需求和未来的需求。如果你期望在较长时间内都需要较大的值，则建议现在就选择更大的数据类型。这样就省去了以后更新表定义的麻烦。但是，如果预期要在很久以后才需要进行更改，则现在最好就使用较小的数据类型，然后随着时间的推移重新评估需求。对于varchar和varbinary类型，只要不增加已存储的字符串长度或字符集，可原地更改其宽度设置。

使用字符串和二进制对象时，还可考虑将数据存储在单独的表中，并使用整数引用值。当要查询数据时，这需要一个联接。但如果只需要很少量的实际字符串，则使主表保持在较小的规模可能带来很大好处。当然，这种方法的好处还取决于表中的行数以及对数据的查询方式。通常情况下，查询大量行的扫描往往比单行查询受益更多。并且，即使在不需要所有列的情况下使用SELECT *，也比只选择所需的列受益更多。

如果只有几个不同的字符串，则可考虑使用枚举类型。它的工作方式与查找表相似。enum类型(枚举类型)创建时成员就是枚举值(字符串的值)，根据枚举值的位置对应一个索引编号，MySQL存储的就是这个索引编号。

例如，"专业"枚举定义enum('计算机', '通信工程', '人工智能')。"计算机"对应的索引编号是"1"，"通信工程"对应的索引编号是"2"，这个索引编号是由位置决定的。

对于非整数型数据，可在精确的十进制(decimal)数据类型和近似的浮点数，以及双精度数据类型之间进行选择。如果需要存储必须精确的货币值之类的数据，则应该始终选择decimal数据类型；如果需要进行相等和不等的比较，也可以选择此种数据类型。如果不需要足够精度的话，则浮点(float)和双精度(double)类型的性能会更好。

而对于字符串类型的数据，char、varchar、tinytext、text、mediumtext和longtext数据类

型则需要字符集和排序规则。通常，建议选择带有基于UCA 9.0.0排序规则之一(名称中带有_0900_的排序)的utf8mb4。如果你没有特定要求，则默认的utf8mb4_0900_ai_ci会是一个不错的选择。latin1字符集的性能稍好一些，但无法保证有不同的字符集来满足各种复杂的需求。并且与latin1的排序规则相比，UCA 9.0.0排序规则还提供了更为现代化的排序规则。

当需要决定允许多大的值时，请选择能够支持现在以及不久的将来需要的值的最小数据类型和宽度。较小的数据类型还意味着会使用更少的空间对行大小进行限制(64KB)，并且也可将更多数据放入InnoDB页中。由于InnoDB缓冲池可根据缓冲池和页面的大小来存储一定数量的页，因此，这意味着能把更多数据放入缓冲池中，从而有助于减少磁盘I/O。同时请记住，优化工作还与何时进行足够的优化相关。不要在剔除几字节之类的问题上消耗过长时间，而是偶尔进行一次成本较高的表重建操作即可，如一年一次。

最后要考虑的问题是，值是否包含在索引中。值越大，索引也越大。这是关于主键的一个特殊问题。InnoDB会根据主键(作为簇聚索引)来组织数据，因此当添加二级索引时，主键会添加到索引的尾部以指向链接的行。此外，数据的这种组织方式也意味着，通常情况下，对于主键而言，单调递增的值性能表现往往最佳。如果带有主键的列会随着时间的增加随机变化，或者变动很大，最好添加一个具有自动递增特性的整型虚拟列，并将其用作主键。

索引本身也是一个很重要的主题，我们将在下一章中进行探讨。

3.5　思考和练习

一、选择题

1. 下列变量定义错误的是(　　)。
   A. int a;　　　　　　　　　　B. double b=4.5;
   C. boolean b=true;　　　　　 D. float f=9.8;
2. 下列数据类型的精度由高到低排列的是(　　)。
   A. float，double，int，long　　B. double，float，int，byte
   C. byte，long，double，float　 D. double，int，float，long
3. Unicode是一种(　　)。
   A. 数据类型　　B. java包　　　C. 字符编码　　D. java类
4. 6+5%3+2的值是(　　)。
   A. 2　　　　　B. 1　　　　　C. 9　　　　　D. 10
5. 下面的逻辑表达式中合法的是(　　)。
   A. (7+8)&&(9-5)　B. (9*5)||(9*7)　C. 9>6&&8<10　D. (9%4)&&(8*3)
6. 以下字符常量中不合法的是(　　)。
   A. '|'　　　　　B. '\'　　　　　C. "\n"　　　　D. '我'

二、填空题

1. 表达式(-100%3)的值是_____。
2. int x=2,y=4,z=3，则x>y&&z>y的结果是_____。
3. 写出定义值为3.1415926的双精度浮点型常量PI的语句：_____。
4. 在Java语言中，逻辑常量只有true和_____两个值。
5. 表达式1/2*3的计算结果是_____。
6. 表达式3/6 * 5的计算结果是_____。

三、编程题

1. 假设有4个变量，分别是x、y、max、min，它们均为int 型变量，x、y 这两个变量已赋值。请用三目条件运算符，求变量x、y的最大值和最小值，并分别赋给变量max和min。请分别写出这两个赋值语句。

2. 使用float 类型声明一个单精度浮点变量。

3. 如果Double类提供了方法parseDouble，把一个字符串转变成一个double；而Integer类提供了方法parseInt，把一个字符串转变成一个int。请写出使用 Double.parseDouble 将字符串123.456转换为 double的语句，以及使用 Integer.parseInt 将字符串123转换为int的语句。

第 4 章

创建和管理表与关系

一个实体关系模型(ER模型)或者实体关系图(ERD)定义了表、视图以及它们之间的关系。MySQL Workbench使用ER Model来描述这些图。MySQL Workbench将ERD当作增强的实体关系模型(EER)对待。在本书中无论我们用EER还是ERD，概念都一样。本书使用EER的目的是要简化并在语言上与该软件相适应。

本章的主要内容：
- 打开和保存文件
- 创建表和视图，如添加表，添加列，添加索引，添加外键，添加视图
- 创建关系

本章的三节内容包含了一系列的截图，将展示创建表与关系的全过程。了解了MySQL Workbench软件的缩略语和组织结构之后，通过观看截图，用户能更清楚地掌握创建过程。

4.1 打开和保存文件

本章主要关注对MySQL Workbench软件的数据建模元素的使用。当启动MySQL Workbench软件时，显示的是所打开的表单的中间部分。就如下面的屏幕截图中所见，其中还没有模型存在。在Open Existing EER Model标签下面有一个框，这个框中显示了一个已存在的模型。

Data Modeling元素中有4个初始选项。当有一个EER模型存在时，用户可以打开它，用户也可以创建一个新的EER模型，从一个现存的数据库中创建一个新的EER模型(称为逆向工程)，或者是从一个现存的SQL脚本中创建一个新的EER模型。

通过单击加号可直接创建EER，如图4-1所示。

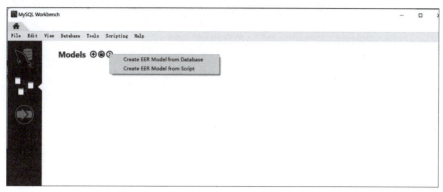

图4-1　单击加号直接创建EER

这会启动如图4-2所示的屏幕,在这个屏幕中创建EER。

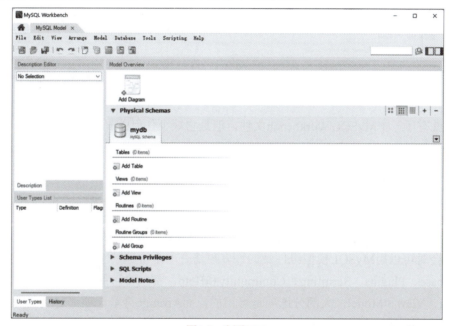

图4-2　创建EER

无论何时,当使用这个软件工作时,用户都会情不自禁地不断敲击键盘来创建内容,当获得了一些有意义的东西时,就保存下来。屈服于这种自然的倾向会有风险。有时软件会没能写入这个临时文件,这样就会丢失所做的所有工作。建议一打开文件就保存它。单击File菜单项,就会出现如图4-3所示的下拉菜单,选择Save Model命令保存这个空白文件。或者,可以按住Ctrl＋S键来保存文件。

然后会打开一个对话框,需选择保存位置,如图4-4所示。通过单击"保存"按钮将MyModel.mwb文件保存在C:\Program Files\MySQL\MySQL Server 8.1\data文件夹(或目录)中,如图4-4所示。

图4-3　选择Save Model命令

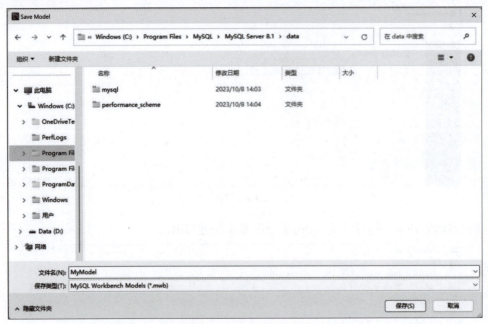

图4-4 保存文件的对话框

现在就有了一个MySQL Workbench文件,但是它缺少任何EER图表的元素。

4.2 创建表和视图

在创建新的EER模型之前,应该检查图4-5中的MySQL Model菜单条。通过滚动下拉菜单,用户会对可以用MySQL模型组件做的许多事情有一个快速的了解。其中有一些选项,例如Database、Plugins、Scripting、Community和Help,都包含可用链接;其他选项,例如File、Edit、View和Model,大部分选项是可用的;而Arrange菜单选项都是灰色的,因为它们在一个空的模型中是不可用的。

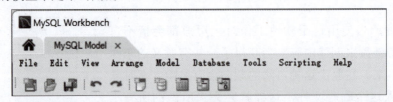

图4-5 MySQL Model菜单条

用户的大部分初始工作都在Model Overview面板中(如图4-6所示)进行,这个面板就在图4-6中的Description Editor和User Types List面板的右边。此处已将菜单从插图中剥离了,以便用户可以将精力集中在工作区域。

图4-6　Model Overview面板

在Model Overview面板中有5个活动的选项，它们分别是Add Diagram、Physical Schemas、Schema Privileges、SQL Scripts及Model Notes。

4.2.1　添加表

单击图4-6中Physical Schemas部分的Add Table选项，打开图4-7所示的界面。表的通用名称是table1，但用户应该用一个小写字符串表名来代替它。用户应该接受来自下拉列表的默认模式(通常在一个社区版中，它是拉丁文的1)，除非用户需要一个不同的排序方式。引擎预定的是InnoDB，应该让它保持不变，除非需要使用另外的数据库引擎。备注区域应该对表所包含的内容有一个简短的描述。

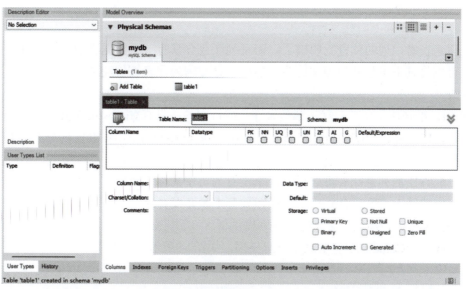

图4-7　添加新表

使用图4-8所示的值来给这个例子创建application_user表。应该注意到最顶端的表的标签变成了新的表名，而且表列表中添加了一个新表。在表视图的底部，有一系列的表选项，例如Columns、Indexes、Triggers、Partitioning、Options、Inserts和Privileges。图4-8中显示的是所选的application_user表的Table视图。

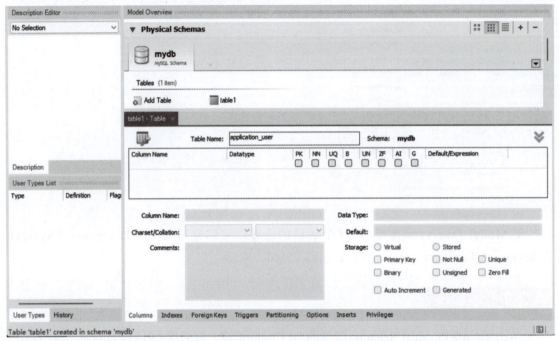

图4-8　创建application_user表

一个没有任何列的表不是一个有效的表，因此应该给application_user表添加至少一个或者更多的列。

4.2.2　添加列

在创建表时，列的位置就明确了，而且列还包含只有一个数据类型的值。在模型内部确实有可以将列上下移动的画图选项，然而，这是因为在表被创建之前，结构都还没有确定的缘故。

ANSI标准声明了所有列默认都是允许空或可空的，只有Microsoft SQL Server违反了这种做法。在Microsoft SQL Server Management Studio(SSMS)中，你会发现列并不是默认为空的。

一个允许空的列意味着可以插入一个没有为可空列提供值的行。可空列通常称为可选的，因为值的插入或更新取决于使用者的(实际上是开发者的)决断。不可空列是强制的，也就是说任何插入或更新语句必须给那些列提供值。

单击底部的Columns标签给这个表定义列，如图4-9所示。

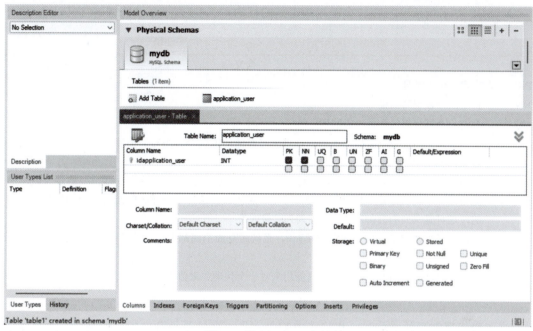

图4-9　单击Columns标签

最初，MySQL Workbench会给第一个创建的列自动命名。这个默认的列名称将一个"id"文本值和表名结合了起来。大多数开发者并不喜欢这个惯例，他们会立即将默认列名变成表名加上一个"_id"的后缀，如图4-10所示。现在MySQL Workbench不再提供一个默认列了。建议创建第一个列时，其名称用表名加一个"_id"后缀，以便它可以含有一个代理键值。

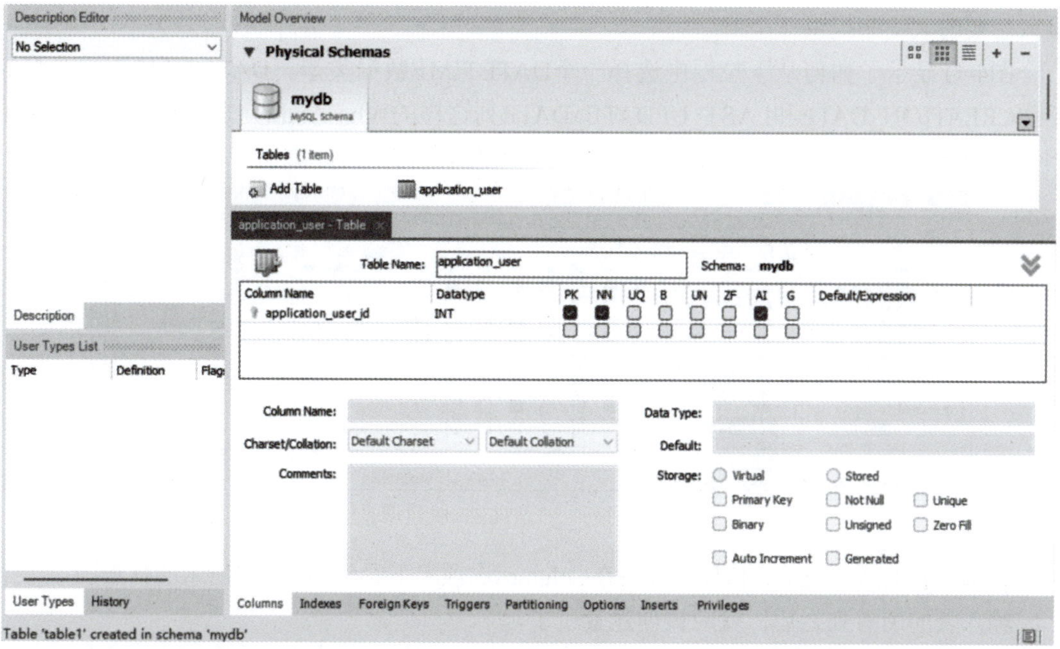

图4-10　默认列名

MySQL Workbench中使用7个键来指定列的行为，表4-1列出了这些键的含义。

表4-1　MySQL Workbench中指定列行为的键

键	含义
PK	指定一个主键列
NN	指定一个非空列约束
UQ	指定一个每行都包含唯一值的列
BIN	指定一个VARCHAR数据类型的列，以便它存储的值区分大小写。不能将这个约束应用到其他数据类型中
UN	指定一个包含一个无符号数值的数据类型的列。其可能值从0到这个数据类型的最大值，例如整型、单精度浮点型或者双精度浮点型。若同时也选择了PK和AI复选框，则0值是不可能的，这可确保列的值会自动地增加到列的最大值
ZF	指定在任何数字数据类型的前面填充0，直到所有的空间都占满，就像是用0实现的左侧填补功能
AI	指定AUTO_INCREMENT，而且只能用来对一个代理主键值进行检测

当改变代理键列的名称时，也应选中AI复选框。默认是不选中的，但是在一个MySQL数据库中，这对代理键是不明智的。也应该为所有的代理键列选中UN和AI复选框。UN复选框赋予代理键一个以1开头的正数，而AI复选框则使AUTO_INCREMENT能够起作用。

你可能注意到了列名称右侧的复选框(表4-1已给出了它们的含义)。它们可能也有一个默认值，默认值被限定为字符串或数字。

伴随着键值是列的数据类型，在表的Columns选项卡视图的Datatype列下面列出。所有可变长度的字符串或者VARCHAR数据类型，没有默认的大小值。用户必须通过在括号里输入想要的大小来提供一个值。

图4-11显示了如何从下拉框中选择一个DATETIME数据类型。DATETIME数据类型对于像CREATION_DATE和LAST_UPDATE_DATE列这样的Who-Audit列来讲是理想的。那是因为它们含有当时的时间值，而且记录了插入和更新的日期时间戳。

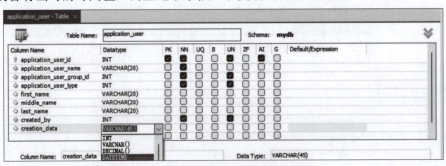

图4-11　选择一个DATETIME数据类型

在选中表的所有正确键值以后，会在Columns选项卡下看到如图4-12所示的情形。

输入表的所有列之后，就应该创建索引了。

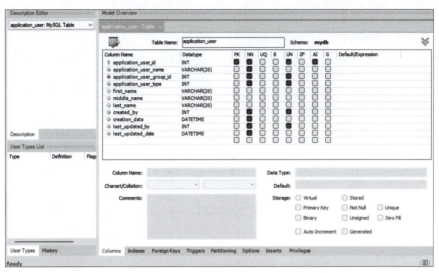

图4-12　Columns选项卡

4.2.3　添加索引

索引可以使用户更快地搜索表的数据集。对于如何最好地使用索引是有限制的，而且表现最好的索引通常都是唯一的索引。

当单击application_user表的模型详细信息图底部的Indexes标签时，会看见如图4-13所示的界面。PRIMARY索引的命名与主键列或列集相关。

虽然通常建议总是使用代理键作为主键列，但是这个建议带有一个假设。就如第3章讨论的，代理键和自然键应该有一个"一对一"的映射。自然键支持针对独特行的查询和DML(数据操作语言命令，如INSERT、UPDATE和DELETE)语句，而代理键则应该选作主键。这个单列主键的作用相当于是外键列的一个引用。

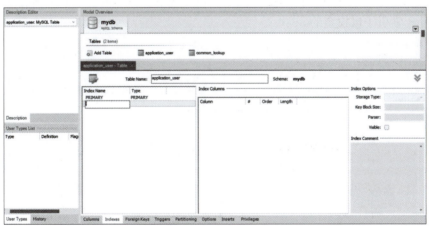

图4-13　PRIMARY索引

图4-14所示的界面显示选中了紧挨着三个自然键列，即application_user_name、application_user_group_id和application_user_type的复选框。应通过将代理键列和这三个自然键列结合在一起来创建一个索引，代理键列应引导这个索引。还应仅给自然键创建另外一

个唯一的索引。将这些键放在一起可以确保查询和语句高效运行,而无论WHERE从句使用外部还是内部标识符查找行。

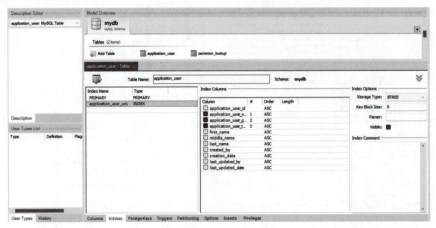

图4-14 选中的复选框

第一个唯一索引可加快依靠自然键列的查询和DML语句的速度。第二个索引优化连接的性能,这些连接就是主键与另一个表中的外键之间的匹配。

这种表设计的方法是假定设计者知道MySQL使用了一个80个字符的唯一索引。有时候用户必须选择可变长度列的子字符串,来确保可以将这些键(指图4-14中选中的那三个键)都放到一个唯一的索引中。

这样的设计提供了三个application_user表的唯一索引。两个服务关键的目的在于比通过全表扫描更快地找到目标行。全表扫描在计算时间和资源上都付出了很大的代价,并且无论在什么时候,只要有可能就要避免其发生。

application_user表是一个ACL表,而且一个类似application_type的列通常会映射到一个通用的查询表上。图4-15所示的界面显示了这样的一个common_lookup表。这种类型的表通过将三个值结合起来解决唯一性问题,这三个值是表名、列名和类型值。相应的列是作为表的一个唯一索引予以检查的。

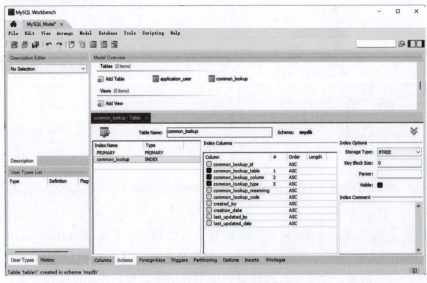

图4-15 common_lookup表

一个查询表其实是一个概括，它保存支持最终用户选择的值的列表。下面的例子通过将common_lookup_table和common_lookup_colume列结合在一起来标识下拉列表的值的集合。最终用户选择列表中的一个值来确定一个特定的行，这个行会返回一个common_lookup_id的代理键值。

用户可能会将common_lookup_id值作为一个外键插入某些表中，这些表想要链接到common_lookup表所保存的描述性值上。外键与主键相连，并通过它再链接到描述上，反之亦然。在"Add Foreign Keys"部分，用户将会使用common_lookup表作为参考表。

4.2.4　添加外键

单击Foreign Keys选项卡来添加外键约束，会看到如图4-16所示的界面。这里要注意，这些类型的约束在某些MySQL引擎中是不可用的。它们在MySQL 5.5和之前版本的InnoDB引擎中是可用的。

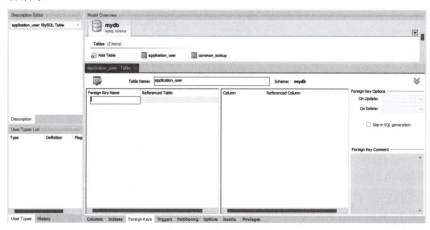

图4-16　添加外键约束

首先要做的是输入一个外键约束名称。下面添加外键约束的例子使用的是application_user_fk1，它允许在一个表中自然地处理一个以上的外键列。

接下来，单击下拉框并选择一个可用的引用表，如图4-17所示。引用表就是外键列寻找主键列的地方。此处有两个引用表选项，即application_user表和common_lookup表。

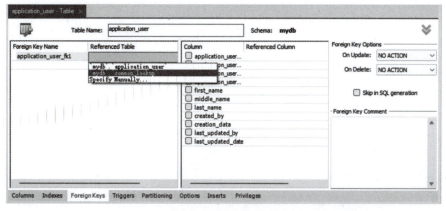

图4-17　选择引用表

示例中选择了common_lookup表，这个表由mydb数据库名称、一个点和common_lookup表的名称来表示。mydb是保存这些设计出来的表的数据库。

选择引用表之后，还需要选择哪一个或哪些列含有外键值。外键是一列或一列的集合，其中保存着另一个表的主键的副本，或者本表的主键的副本。一个主键对外键的匹配解决了表和结果之间的对等连接(或者更自然的说法是平等的连接)问题，这个结果就是来自一个查询的结果集。

本例使用单一列的代理键作为主键和外键列。其中，application_user_group_id列保存外键。外键指向保存代理键值的一个单一主键列，而且主键是存放在common_lookup表中的。

下一步需要从commom_lookup表的列的列表中选择主键列。代理键列是表名称后面带有_id后缀的那一列。正如在图4-18中看到的，就是common_lookup_id列。

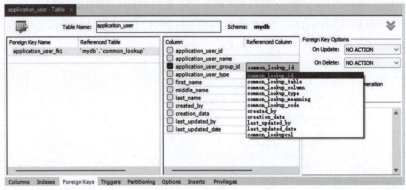

图4-18　common_lookup_id列

需要为application_user_type列再一次重复这一系列的步骤，这个列也会在common_lookup表中找到它的父列(或者说是主键)。这是一个外部引用关系。这两个外键从一个表中的一个外键列指向另一个表中的一个主键列，它们是最常见的外键约束类型。

另外，一个外键值也可以指向同一个表的另一个列。这种类型的关系就是一个自引用关系。在application_user表中有两个自引用关系。一个映射了created_by列到application_user_id列之间的关系，另一个映射了last_updated_by列到application_user_id列之间的关系。图4-19提供了一个自引用关系的示例。

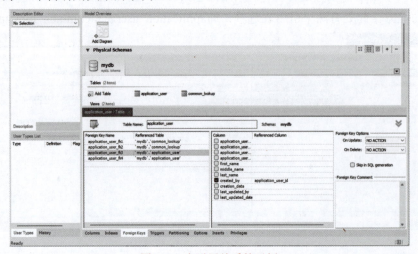

图4-19　自引用关系的示例

在创建了基本的主键到外键的映射后，还要选择定义数据库触发器、分区设计、存储选项、数据插入和权限。有时，数据库设计师必须往数据库模型中输入数据。在那些情形中，他们可能会通过Inserts选项卡而不是编写一个单独的脚本文件来输入数据。原因很简单，MySQL Workbench支持创建一个包含插入所输入的数据集的执行脚本。

4.2.5　创建视图

视图是被存储的查询或者SELECT语句。视图可以返回一个表的一个子集或者几个表的一个超集。它们还可以包含表中的列或者表达式结果的列，例如字符串操作、数字或日期的数学结果、调用内置的或用户定义的函数。一些视图是只能查看(只读)的，而其他一些则是可更新(读-写)的。

在Model Overview窗口中Add Tables图标的正下方，就是Add Views图标。双击这个图标添加一个视图，然后会出现如图4-20所示的窗口。

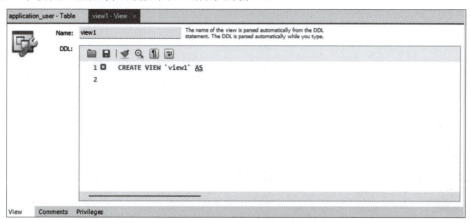

图4-20　添加一个视图后出现的窗口

窗口中视图的名称被设置为窗口边框的代码。这意味着当用户用自己视图的名称代替通常的view1之后，属性名称会自动更新，如同在图4-21中看到的一样。

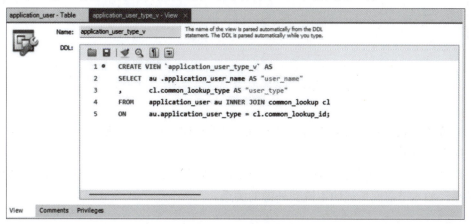

图4-21　属性名称自动地更新

视图可以包含表、视图，或者从内置函数所得出的值之间的连接，这些内置函数称作表达式。

4.2.6 创建例程

例程是存储的函数和过程。通过单击Model Overview窗口上的Add Routines图标来添加例程。新的例程如图4-22所示，只是一个空壳。

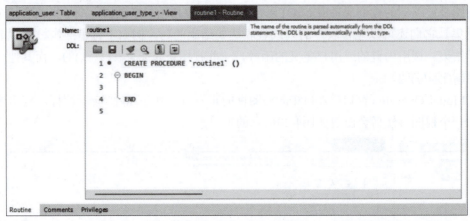

图4-22　新的例程

要实现该例程，必须用SQL/PSM兼容的语法来编写。图4-23是返回一个会话级变量的简单函数的示例。

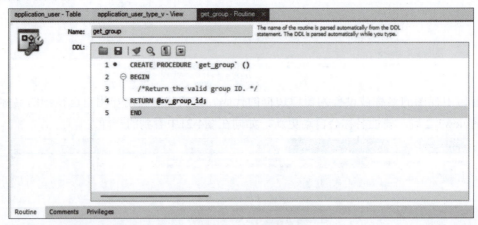

图4-23　一个示例

在完成该例程之后，可以添加一个使用该例程内部的函数创建一个数据的条纹视图的视图，如图4-24所示。

在这部分中已经介绍了如何实现表、视图和例程。接下来的部分将介绍如何图形化地显示关系，如本节前面所述的主键到外键的关系。

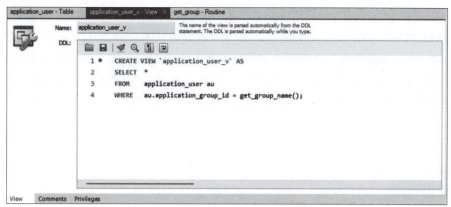

图4-24　创建数据的条纹视图

4.3　创建关系

通过创建一个主键与外键列之间的关联来定义关系。这些关系分为三类逻辑的二元关系，分别是"一对一""一对多"和"多对多"。"多对多"关系无法物理实现，所以需要用户实现一个中间表(称为关联表或事务表)。这个关联表有效地保存着两个表的主键的副本，而且通过实现两个"一对多"关系，将这两个外键共同有效地映射到"多对多"逻辑的关系上。

在一个"一对多"关系中，"一"的一方含有主键，"多"的一方含有外键。"一对一"关系会稍微复杂一些，因为其中一方含有主键，另外一方含有外键。

在Model Overview窗口的顶端单击Add Diagram来创建一个ERD，这会出现一个EER Diagram调色板和画布，如图4-25所示。

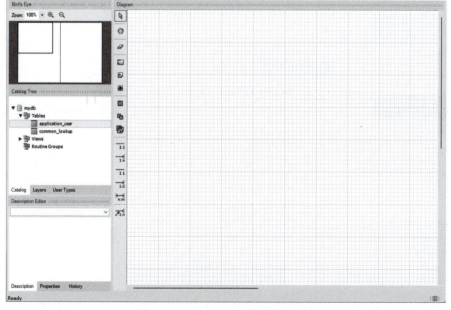

图4-25　EER Diagram调色板和画布

用户可以单击Catalog Tree窗格中想要的表，并且将它们拖动到Diagram画布中。下面是创建一个EER图最简单的方法。将application_user表拖动到Diagram画布中，如图4-26所示。

在application_user表的右边有两个虚线行，每一个虚线行代表一个自我引用的关系。有两条垂直线的一边有一个"一对一"的基数，而有一条垂直线和大于号的一边则有一个"1对多"的基数。基本上，自引用关系可以解读为任何应用程序用户(在一行中发现的)可以在application_user表中创建一到多个实例(或行)。

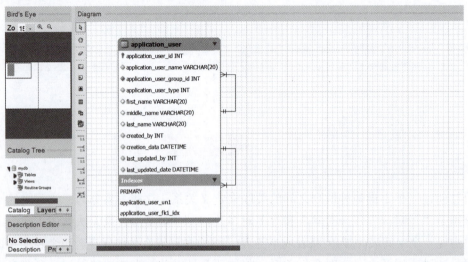

图4-26　将application_user表拖动到Diagram画布中

将common_lookup表从Catalog Tree窗格拖动到Diagram画布中，就会看见application_user和common_lookup表之间的"一对多"关系。两个表之间的关系表明一个应用程序用户的组ID只引用common_lookup表中的一行，而且应用程序用户的类型在common_lookup表中只以一行定义，如图4-27所示。

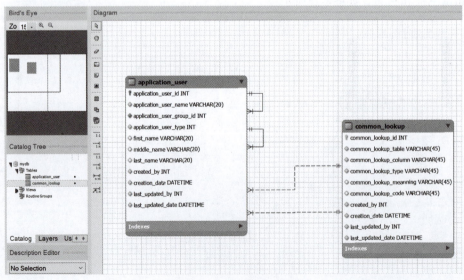

图4-27　"一对多"关系

双击任意一个关系，都会显示出一个单独的外键约束窗口。例如，单击application_user表右上角的自引用关系就会使这个关系高亮显示，并且会显示一个单独的外键约束窗口。

约束窗口有两个选项卡，默认显示的是Relationship。在约束窗口的Relationship选项卡中选中了Fully Visible单选按钮，如图4-28所示。

当Diagram画布中有太多表时，有时候关系线就成为一种干扰了。选中Draw Split单选按钮，可以保留关系的终端元素而移除连接线，如图4-29所示。

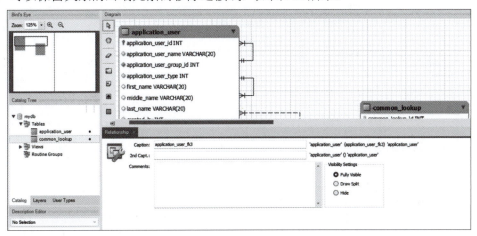

图4-28　选中Fully Visible单选按钮

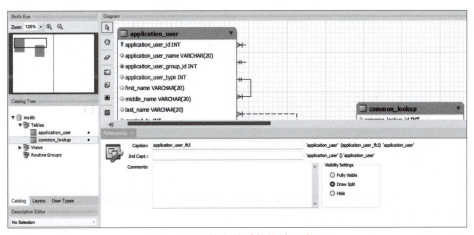

图4-29　保留关系的终端元素

单击约束窗口的Foreign Key选项卡，会显示关系中所涉及的列，同样也显示了正在引用的和已引用的表。正在引用的表总是含有外键，而引用表总是含有主键。图4-30说明了这一点。

若要给common_lookup表添加外键约束，将Who-Audit列和application_user表的主键连接。可以通过单击应用程序窗口顶端的Model选项卡来实现这个变化，如图4-31所示。

再次单击Diagram选项卡会显示修改后的EER。单击图中的两个Indexes栏显示所有的索引和关系，如图4-32所示。

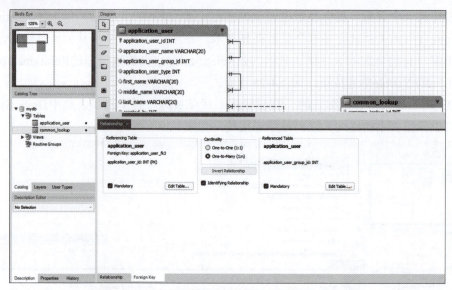

图4-30 正在引用的表包含外键，引用表包含主键

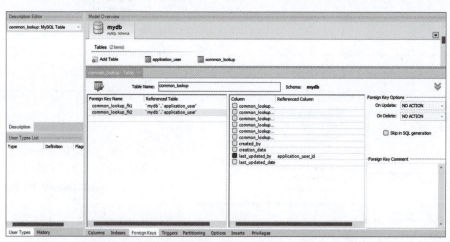

图4-31 将Who-Audit列和application_user表的主键连接

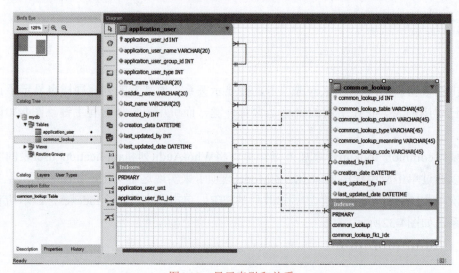

图4-32 显示索引和关系

4.4 思考和练习

一、判断题

1. PK键代表一个主键列。（   ）
2. BIN键代表一个不区分大小写的列。（   ）
3. AI键只是用于检测一个主键列。（   ）
4. UN键代表一个唯一约束。（   ）
5. NN键代表一个非空约束。（   ）
6. Model Overview允许用户添加图。（   ）
7. Model Overview中的每一个表都支持涉及外键的选项卡。（   ）
8. Model Overview允许用户添加表。（   ）
9. EER图中通过虚线来说明主键和外键之间的关系。（   ）
10. 关系有两个选项卡，Foreign Key选项卡允许用户设置一个自我识别的关系。（   ）

二、多项选择题

1. MySQL Workbench应该用下面的哪个键设置一个无符号整型或者双精度型主键列？（   ）
   A. PK键　　　　　B. UQ键　　　　　C. UN键　　　　　D. AI键
   E. NN键

2. 图表工具支持以下哪个？（   ）
   A. 列名　　　　　B. 列类型　　　　C. 关系　　　　　D. 基数
   E. 以上所有

3. 关系可能包含下面哪些基数？（   ）
   A. 一对一　　　　B. 零对一　　　　C. 零对多　　　　D. 一对多
   E. 多对多

4. 什么窗口显示表、视图和例程组的列表？（   ）
   A. 程序窗口　　　B. 目录框架　　　C. 描述编辑器框架
   D. 图表框架　　　E. 以上都不是

5. EER图表框架显示什么？（   ）
   A. 表　　　　　　B. 索引　　　　　C. 例程
   D. 非ID依赖的关系　　　　　　　　E. 以上所有

第 5 章

编 辑 数 据

一个数据模型构建好以后,需要在模型中输入或维护数据。MySQL Workbench提供了图形用户界面(GUI)工具,使用户可以交互地插入、更新和删除MySQL数据库中的数据。但MySQL Workbench没有提供可以交互地编辑模型文件中的种子数据的工具。

❖ **注意:**

不能编辑MySQL模型中的数据。

在编辑数据前,必须定义到目标数据库的连接。本章涵盖的内容包括如何建立连接来编辑数据,以及如何插入、更新和删除数据库中的数据。

本章的学习目标:
- 掌握连接到Edit Data的方法
- 掌握插入数据的方法
- 掌握更新数据的方法
- 掌握删除数据的方法
- 掌握多数据编辑的方法

5.1 连接到Edit Data

通过单击主页中的Edit Table Data链接来插入、更新或删除数据库中的数据,如图5-1所示。

图5-1　MySQL Workbench主页

单击Edit Table Data链接之后，就可以看到Edit Table Data向导中的Connection Option这一步骤。选择一个有效的存储连接，然后在Parameters选项卡中输入一个用户名。也可以将密码存储在MySQL Workbench的电子仓库中，但是从安全的角度出发，这不是一个好的做法。当用户正在使用Secure Shell(ssh)建立与一个Linux或者UNIX服务器的连接时，单击Advanced选项卡；否则，单击Next按钮，从打开的如图5-2所示的表单中继续安装，单击OK按钮。

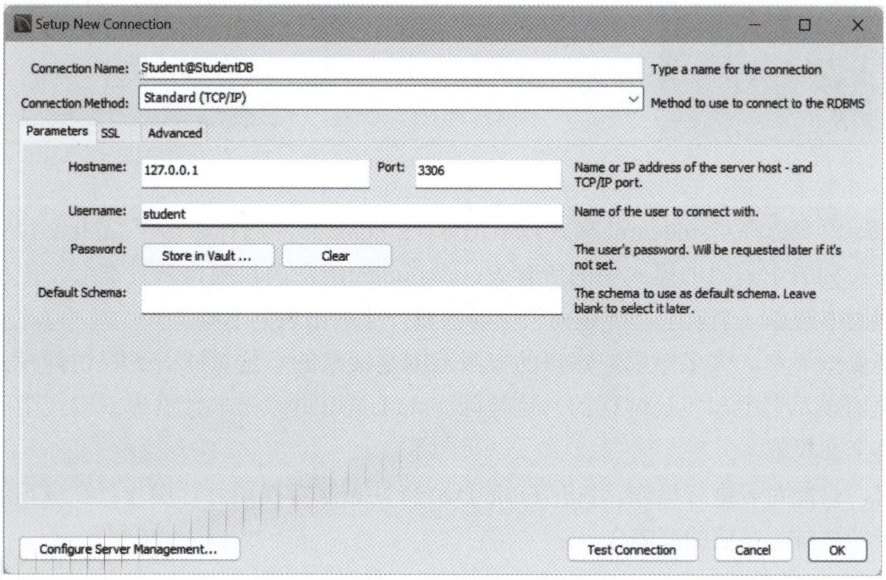

图5-2　设置存储连接选项

除非MySQL Workbench的电子仓库中保存了密码，否则必须在打开的Connect to MySQL Server对话框中输入密码。单击OK按钮继续，如图5-3所示。

图5-3　输入密码

然后到Edit Table Data向导中的Table Selection步骤，在Schema下拉列表中选择一个模式(或数据库)，如图5-4所示。

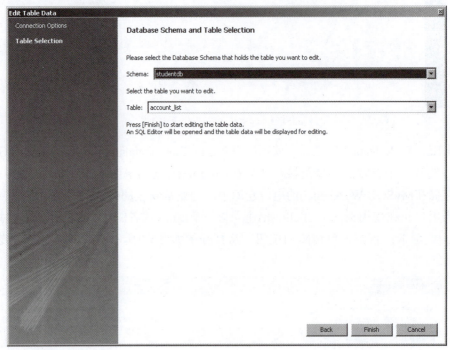

图5-4　选择一个模式

student用户选择了studentdb模式或数据库。studentdb的选择激活了Table下拉列表，以便查找下拉列表中列出的模式中的所有表。当student用户的权限得到批准后，便可以从可能值的列表中选择一个表了。下拉列表中的值按升序列出表的名称。

在现实世界中，大多数用户账户的权限范围是很窄的。这意味着无权访问模式中的所有表。然而在本书中却不是这样的，这是因为student用户对样本数据库或模式中的所有对象都享有全部权限。

同时，只能对表进行操作。Edit Table Data特性无法对视图进行操作。在选项的下拉列表中，视图被排除在值的列表之外。

❖ 提示：

不能利用这个工具来修改视图中的数据。

在Table下拉列表中选择item表，单击Finish按钮，然后在打开的如图5-5所示的界面中单击Apply按钮来完成连接向导步骤。

这时，提示再输入一次密码。这是因为第一次连接使你找到数据表，而第二次连接则是允许你编辑该连接。程序在整个向导活动过程中不会共享连接(在之后的版本中，这一点很可能会发生变化)。

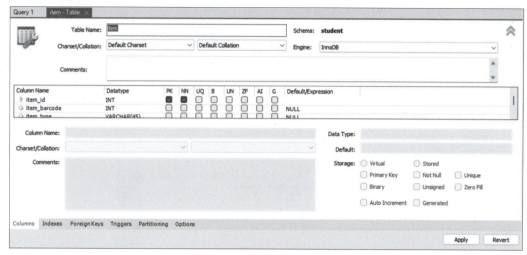

图5-5　单击Apply按钮

在打开的如图5-6所示的对话框中再次输入密码，然后单击OK按钮。

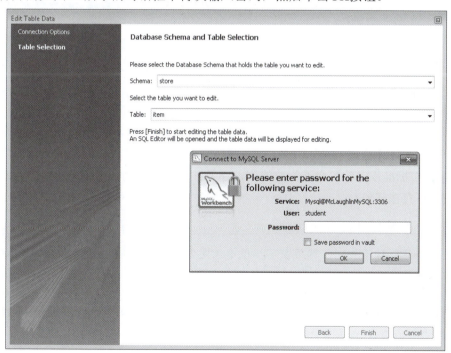

图5-6　再次输入密码

尽管仅仅打开了一个选项卡，但对于编辑不同表时可以打开多少选项卡的数量是不受限制的。然而将这个数目保持在一个很小的范围内也许是个好主意，因为这样它们就全都能显示在你的控制台上了。

5.2 插入数据

连接向导会带你遍历打开一个新选项卡的过程,如图5-7所示。

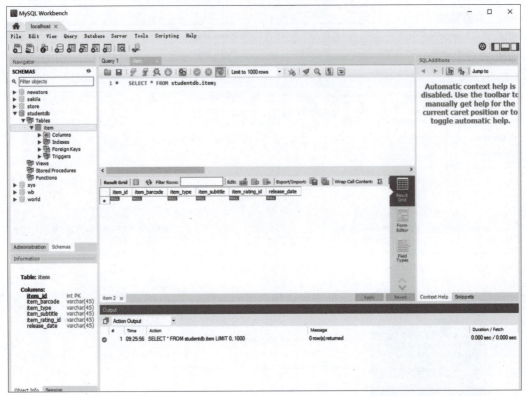

图5-7 打开一个新选项卡

图5-7所示的界面显示了一个没有任何数据的item表。在紧接着第一行后面有一个星号(*),灰底的NULL值出现在所有列中。只有当列允许为空时,任何行中的列值均可以为空,这是ANSI标准规定的。允许为空的列,通常被称为可选列。图中显示所有列都为空,是因为表中不存在任何行。

❖ 注意:

首先需要运行种子脚本,然后在下拉框中选定命令行,再对ITEM表执行TRUNCATE命令,就可以查看该图了。

在向表中注入种子数据后,屏幕会在选项卡视图中显示如图5-8所示的Refresh data from data source的提示信息。

图5-8　显示Refresh data from data source提示信息

可以单击选项卡的菜单栏中的由两个蓝色弯曲箭头组成的按钮(在Edit关键字的左边)来刷新页面。现在显示的是从表中第一行开始的数据，如图5-9所示。

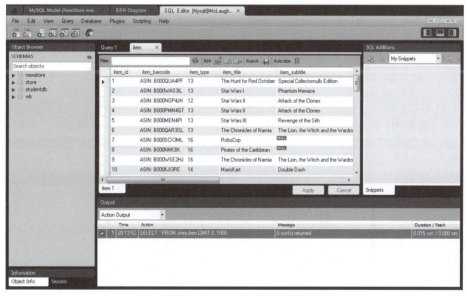

图5-9　显示从表中第一行开始的数据

图5-9中的数据按照主键排序，这个主键就是item_id列。item_id列也是代理键，代理键的值由一个自动递增的数值型序列生成。这是一个值得注意的重要特性，因为在输入数据时，应该将该列的值设为空。

滚动到结果集底部，当看到最左边一列中的星号(*)以及一行灰底的空值时，说明已经到达最底部了。图5-10所示显示了在结果集的底部应该看到的内容。

图5-10 在结果集的底部显示的内容

将item_id列的值设为空,因为该列的值会自动增长。输入一行新的数据,其标题为Iron Man 2,子标题为Three-Disk(Blu-ray/DVD Combo)。你不用对数据项做太多工作,因为在底部有一个滚动条。向右滚动,输入你之前看到的数据的镜像,但creation_date和last_update_date这两列要除外。在这两个时间戳的列中输入now()函数(MySQL对大小写不敏感,所以如果你偏爱大写字母的话,用大写字母也是可以的),这个函数会从运行MySQL Server的操作系统获取当前时间戳并写入这两个时间戳列中。

这里可以输入另一行,或者更多的几行。MySQL Workbench可以生成一条多行的INSERT语句,如图5-11所示。

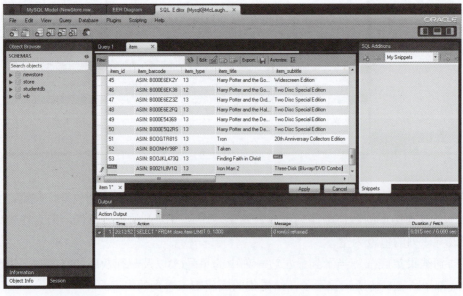

图5-11 一条多行的INSERT语句

单击Apply按钮，插入新的一行。然后会出现图5-12所示的对话框，该对话框是可编辑的，它显示了对item表执行的INSERT语句。

图5-12　对item表执行INSERT语句

单击Apply按钮，此时在打开的如图5-13所示的对话框中看到错误消息，它拒绝调用now()函数。在这些语句中无法使用函数调用，是因为接口不支持。MySQL Workbench识别函数调用，并且通过将它们括在单引号中的方式来将它们转换为字符串。

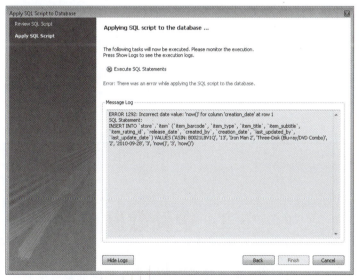

图5-13　错误消息

单击Back按钮，编辑INSERT语句，去除两处now()函数调用周围的单引号。用户可以在这个可编辑的控制台上做任何修改，因为它像一个文本编辑器。

❖ 注意：

在可编辑脚本窗口中，对用户所做的编辑修改次数没有任何限制。

在再次单击Apply按钮前，确认语句内容应如图5-14所示。确认后单击Apply按钮。

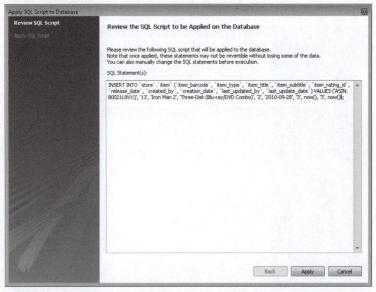

图5-14　确认INSERT语句内容

在重新运行INSERT语句之后，将出现消息显示SQL脚本成功地应用到了数据库。这表示你往表中添加了一行，刷新一下屏幕就可以看到，如图5-15所示。

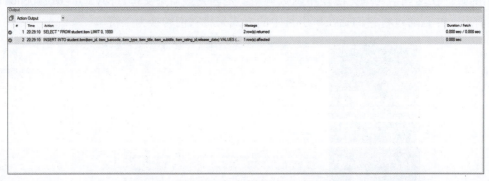

图5-15　在表中添加了一行

5.3　更新数据

如果你是刚刚连接到数据库，并且第一次显示表，那就准备好继续吧！如果你刚插入了新行，那就要单击选项卡菜单栏中的由两个蓝色弯曲箭头组成的按钮来刷新页面。

每刷新一次仅仅可以更新一行数据。这意味着你无法使用多重选择，并且无法更新多个数据行。若要实现以上目的，就要在脚本文件中使用一个SQL语句。

假设你正在使用样本数据集，单击第7行item_subtitle字段的灰底NULL值，输入Special Edition。然后，单击第6行的item_title字段，此时Apply和Cancel按钮不再是灰色的了，如图5-16所示。

第 5 章 编辑数据

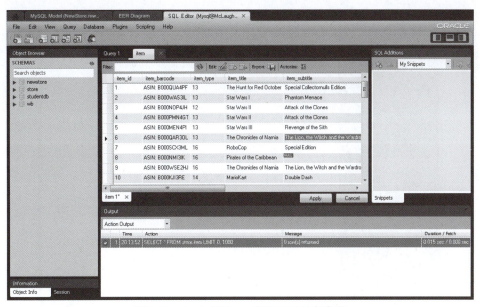

图5-16　Apply和Cancel按钮不再是灰色的

单击Apply按钮，会看到下面显示一条UPDATE语句的可编辑脚本文件。单击Apply按钮来运行该UPDATE语句，如图5-17所示。

运行完该语句之后，MySQL Workbench返回如图5-18所示的提示成功的对话框，单击Finish按钮。如果不成功，则需要进行错误修复，此时可单击Back按钮退回至上一步，利用now()函数更新last_update_date时间戳列，这需要使用之前"插入数据"那部分所学的知识。

本节介绍了如何更新数据行中的一个字段值。在实际操作中，需要谨慎地执行更新操作。更新应该由一个组件的应用编程接口(API)集合来管理。下一节将介绍如何删除数据。

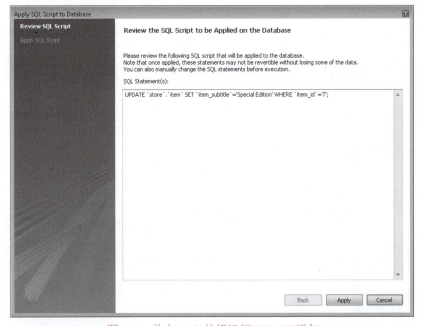

图5-17　单击Apply按钮运行UPDATE语句

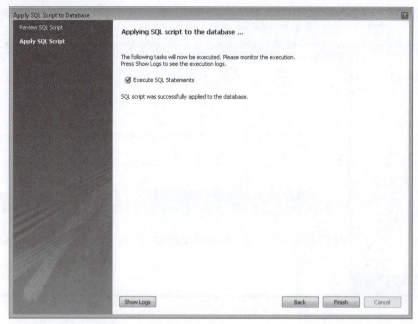

图5-18　提示成功的对话框

5.4　删除数据

删除数据可能是利用MySQL Workbench界面执行的最简单的操作。你仅仅要做的是单击某一行，然后删除数据。

本例中假设你输入了Iron Man 2这一行。单击这一行，它是样本数据集中的第54行。蓝色高亮表明你正在对这一行进行操作，如图5-19所示。

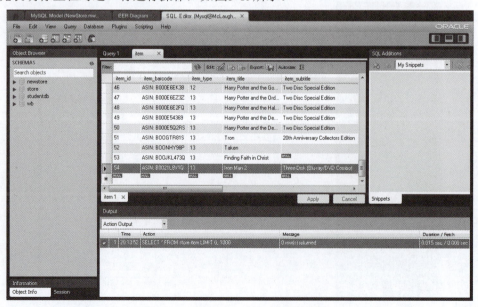

图5-19　对Iron Man 2这一行进行操作

右击该行的任何地方，就会出现快捷菜单。单击Delete Row(s)菜单项，如图5-20所示，从表数据集中删除这个行。此外，也可以按计算机键盘上的Delete键来完成此操作。

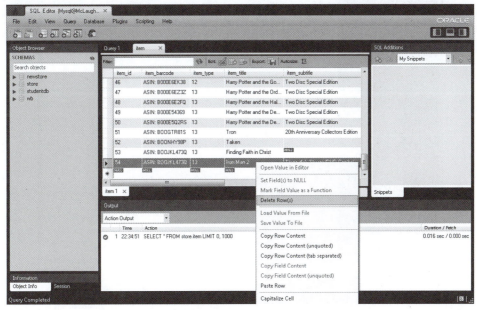

图5-20　删除行

出现对话框，显示将要运行的DELETE语句。在这里可以修改任何你发现的错误，或者单击Apply按钮来运行它，如图5-21所示。

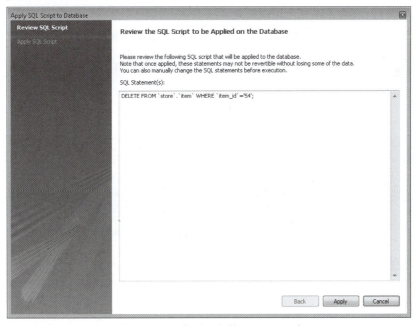

图5-21　显示将要运行的DELETE语句

DELETE语句很少出错，这是因为WHERE子句常常使用主键列，本例中就是item_id列。单击Apply按钮后会看到如图5-22所示的确认对话框。

83

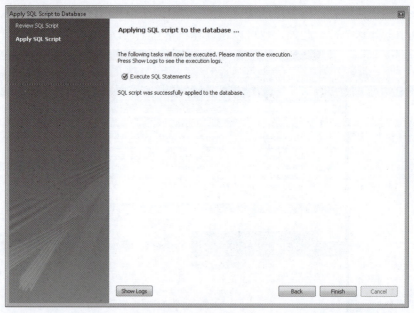

图5-22 确认对话框

删除行操作完成后,刷新页面。如果不能自动刷新的话,单击选项卡菜单栏中的由两个蓝色弯曲箭头组成的按钮来刷新,然后滚动到数据底部。可以看到第54行已不存在了,如图5-23所示。

本节介绍了如何在数据集中删除行。这里关键的是要记住右击,因为这是最简单的删除方法(除了macOS系统需要双指跟踪板单击来执行)。

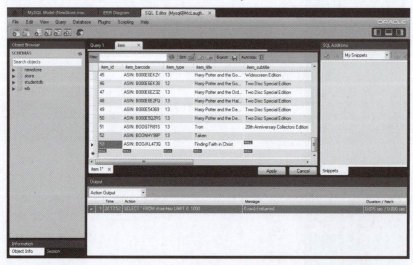

图5-23 已经删除了第54行

5.5 多数据编辑

Edit Table Data特性可以将插入、更新和删除语句组合在一起。它仅仅是将所有修改生成到一个动态的脚本文件中,当你运行该脚本文件时,它会按照你在模型中给各修改安排的相同顺序来执行所有修改。当修改超出了一个事务的范围时,会存在在执行所有修改之前暴露部分修改的风险。

例如,假设在你注意到需要用字符串Two-disk Special来更新52行和53行的item_subtitle字段之前,对第54行的DELETE语句还没有执行。在应用DELETE语句之前,输入修改,当单击Apply按钮时,将看到一个可编辑的脚本文件,如图5-24所示。然后单击Apply按钮,将看到运行成功的对话框,如图5-25所示,最后单击Finish按钮。

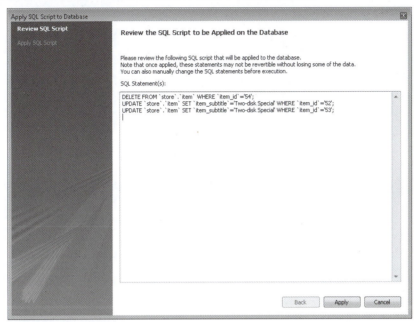

图5-24　单击Apply按钮

图5-25　单击Finish按钮

5.6　思考和练习

1. 使用T-SQL语句管理表的数据时，插入语句、修改语句、删除语句分别是什么？
2. 向表中插入数据一共有几种方法？
3. 删除表中的数据可以使用哪几种语句？有什么区别？

第 6 章 查 询

在创建数据库之后,最常见的操作是查询。要实现查询功能,可以使用MySQL提供的查询对象功能。查询对象既能从单个表中查询数据,也可以从多个表中联合查询数据。本章将介绍如何使用查询对象进行数据查找,主要包括查询的基本概念和类型、SQL语句的基本语法,以及如何创建查询等内容。

本章的学习目标:
- 理解查询与表的区别
- 掌握查询的类型
- 掌握SQL语言中的SELECT语句
- 掌握使用查询设计视图创建和编辑查询
- 掌握查询条件的设置与使用方法
- 掌握参数查询的创建方法

6.1 查询概述

数据表创建好后,即可建立基于表的各种对象,最重要的对象就是查询对象。查询是在指定的(一个或多个)表中,根据给定的条件从中筛选出所需要的信息,以供查看、统计、分析与决策。例如,可以使用查询回答简单问题、执行计算、合并不同表中的数据,甚至添加、更改或删除表中的数据。查询对象所基于的数据表,称为查询对象的数据源。查询的结果也可以作为数据库中其他对象的数据源。

查询是基于表的一项重要检索技术,是数据库处理和数据分析的有力工具。

6.1.1 查询与表的区别

查询是MySQL数据库的一个重要操作，通过查询筛选出符合条件的记录，构成一个新的数据集合。尽管这个数据集合表面上看起来和表的数据表视图完全一样，但两者实质上完全不同，区别在于，查询的结果并不是数据的物理集合，而是动态数据集合。查询中所存放的是如何取得数据的方法和定义，而表对象所存放的就是实际的数据，因此两者是完全不一样的。查询是操作的集合，相当于程序。

> ❖ **提示：**
>
> 创建查询后，只保存查询的操作，只有在运行查询时才会从查询数据源中抽取数据，并创建它；只要关闭查询，查询的动态集就会自动消失。

总的来说，查询与表的区别主要表现在以下几个方面。

- 表是存储数据的数据库对象，而查询则是对数据表中的数据进行检索、统计、分析、查看和更改的一个非常重要的数据库对象。
- 数据表将数据进行了分割，而查询则是将不同表的数据进行了组合，它可以将从多个数据表中查找到满足条件的记录组成一个动态集，以数据表视图的方式显示。
- 查询仅仅是一个临时表，当关闭查询的数据视图时，保存的是查询的结构。查询所涉及的是表、字段和筛选条件等，而不是记录。
- 表和查询都是查询的数据源，查询是窗体和报表的数据源。
- 建立多表查询之前，一定要先建立数据表之间的关系。

6.1.2 查询的功能

查询非常灵活，可使用MySQL查询工具生成查询。它们几乎可以以任何方式来查看数据。查询可以是关于单个表中的数据的简单展示，也可以是关于多个表中存储的信息的较复杂问题。例如，我们可能会要求数据库仅显示某一门课程的学生成绩。

下面列举了使用MySQL查询可以完成的一些功能。

- 选择表。可以从单个表获取信息，也可以从多个相关的表获取信息。在使用多个表时，MySQL可将查询结果组合为单个记录集(记录集是满足指定条件的记录的集合)。
- 选择字段。指定希望在记录集中看到每个表中的哪些字段。例如，可以从Students表中选择学号、姓名和电话。
- 提供条件。可以根据条件只查询符合条件的记录。
- 排序记录。可以按照某种特定的顺序对记录进行排序。例如，查询成绩时可以将成绩从高到低查看。
- 执行计算。使用查询可以执行计算，例如记录中数据的平均值、总计或计数。
- 创建表。基于查询返回的数据创建一个新的数据表。
- 在窗体和报表上显示查询数据。基于查询创建的记录集可能只具有报表或窗体需要的正确字段和数据。使报表或窗体基于查询意味着，每次打印报表或打开窗体时，都会看到表中包含的最新信息。
- 将某个查询用作其他查询(子查询)的数据源。可以基于其他查询返回的记录来创建查询。在这种查询中，可能会重复对条件做出小的更改。这种情况下，第二个查询会筛选第一个查询的结果。
- 对表中的数据进行更改。操作查询可以通过一次操作对基础表中的多行进行修改。操作查询常用于维护数据，例如更新特定字段中的值、追加新数据或者删除过时的信息等。

6.1.3 查询的类型

在MySQL中，根据对数据源操作方式和操作结果的不同，可以把查询分为5种，分别是选择查询、参数查询、交叉表查询、操作查询和SQL查询。

1. 选择查询

选择查询是最常用的，也是最基本的查询。它根据指定的查询条件，从一个或多个表中获取数据并显示结果。使用选择查询还可以对记录进行分组，以及对记录做总计、计数、平均值以及其他类型的求和计算。

2. 参数查询

参数查询是一种交互式查询，它利用对话框来提示用户输入查询的条件，然后根据所输入的条件来筛选记录。

将参数查询作为窗体和报表的数据源，可以方便地显示和打印所需要的信息。例如，可以参数查询为基础来创建某个商品的统计报表。运行查询时，MySQL显示对话框来询问用于要查询的商品编号，在输入编号后，MySQL将生成该商品的销售报表。

3. 交叉表查询

使用交叉表查询可以计算并重新组织数据的结构，这样可以更方便地分析数据。交叉表查询可以计算数据的总计、平均值、计数或其他类型的总和。

4. 操作查询

操作查询用于添加、更改或删除数据。操作查询共有4种类型：删除、更新、追加与生成表。

- 删除查询：可以从一个或多个表中删除一组记录。
- 更新查询：可对一个或多个表中的一组记录进行全部更改。使用更新查询，可以更改现有表中的数据。例如，可以将所有教师的基本工资增加10%。
- 追加查询：可将一个或多个表中的一组记录追加到一个或多个表的末尾。
- 生成表查询：利用一个或多个表中的全部或部分数据创建新表。例如，在商品管理系统中，可以用生成表查询来生成入库量低于10的商品表。

5. SQL查询

SQL(结构化查询语言)查询是使用SQL语句创建的查询。

在查询设计视图中创建查询时,系统将在后台构造等效的SQL语句。实际上,在查询设计视图的属性表中,大多数查询属性在SQL视图中都有等效的可用子句和选项。如果需要,可以在SQL视图中查看和编辑SQL语句。但是,对SQL视图中的查询进行更改之后,查询可能无法以原来在设计视图中所显示的方式进行显示。

有一些特定SQL查询无法使用查询设计视图进行创建,而必须使用SQL语句创建。这类查询主要有3种类型:传递查询、数据定义查询和联合查询。

6.2 数据库查询

MySQL可通过SELECT语句从表或视图中迅速、方便地检索到需要的数据。

SELECT语句的功能非常强大,使用极为灵活,它可以实现对表的选择、投影及连接操作。其形式如下:

```
SELECT [ALL|DISTINCT] <目标列表表达式>[,<目标列表表达式>]…
FROM <表名或视图名> [,<表名或视图名>]…
[WHERE <条件表达式>]
[GROUP BY <列名1> [HAVING <条件表达式>]]
[ORDER BY <列名2> [ASC|DESC]];
```

6.2.1 SELECT语句对列的查询

对列的查询实质上就是对关系的"投影"操作。在很多情况下,用户只需要表中的部分数据,这时可以使用SELECT子句来指明要查询的列,还可以根据需要来改变输出列显示的顺序。

Transact-SQL语句中对列的查询是通过对SELECT子句中的列名选项进行设置完成的,具体格式如下:

```
SELECT [ALL|DISTINCT] [TOP n [PERCENT]]
{ *|表的名称.*|视图名称.*            /*选择表或视图中的全部列*/
| 列的名称|列的表达式 [[AS] 列的别名]    /*选择指定的列*/
}[, ...n]
```

1. 查询一个表中的全部列

选择表的全部列时,可以使用星号"*"来表示所有的列。

【例6-1】检索课程表中的所有记录。

Transact-SQL语句如下:

```
SELECT * FROM student.课程
```

执行结果如图6-1所示。

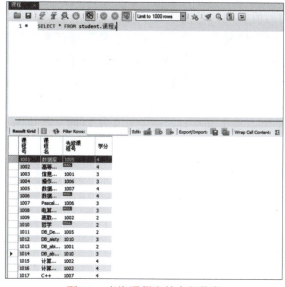

图6-1 查询课程表的全部信息

需要注意的是，在有大量数据要返回，或者数据是通过网络返回的情况下，为了防止返回的数据比实际需要的多，通常不使用星号"*"，而应该指定所需的列名。

2. 查询一个表中的部分列

如果查询数据时只需要选择一个表中的部分列信息，则在SELECT语句后指定所要查询的属性列即可，各列名之间用逗号分隔。

【例6-2】检索学生表中学生的部分信息，包括学号、姓名和性别。

Transact-SQL语句如下：

SELECT 学号,姓名,性别　FROM student.学生

执行结果如图6-2所示。

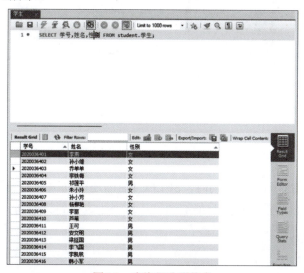

图6-2 查询部分列信息

3. 为列设置别名

从一个表中取出的列值与列的名称，通常是联系在一起的。在上例中，从学生表中取出的学号与学生姓名，所取值就与"学号"和"姓名"列有联系。在查询过程中可以给需要查询结果中的列设置别名，即使用新的列名来取代原来的列名，方法如下：

- 在列名之后使用AS关键字来更改查询结果中的列标题名，如学号 AS sno。
- 直接在列名后使用列的别名，列的别名可以带双引号、单引号或不带引号。

【例6-3】检索学生表中学生的学号、姓名和出生日期，结果中各列的标题分别指定为学生编号、学生姓名和出生年月。

Transact-SQL语句如下：

SELECT 学号 as 学生编号,姓名 学生姓名,出生日期 '出生年月'
FROM student.学生

执行结果如图6-3所示。

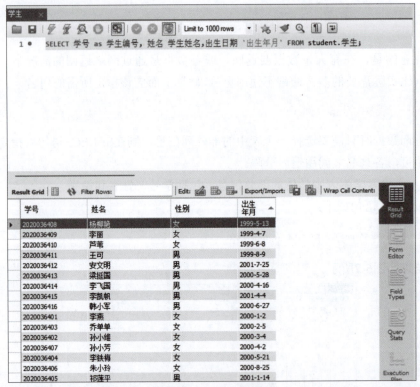

图6-3 为列设置别名

4. 计算列值

使用SELECT语句对列进行查询时，SELECT后面还可以跟列的表达式。通过该方式不仅可以查询原来表中已有的列，而且能够通过计算表达式得到新的列。

【例6-4】查询选课表中的学生成绩,并显示折算后的分数(折算方法为原始分数*0.7)。

Transact-SQL语句如下:

SELECT 学号,课程号,成绩 AS 原始分数,成绩*0.7 AS 折算后分数
FROM 选课

执行结果如图6-4所示。

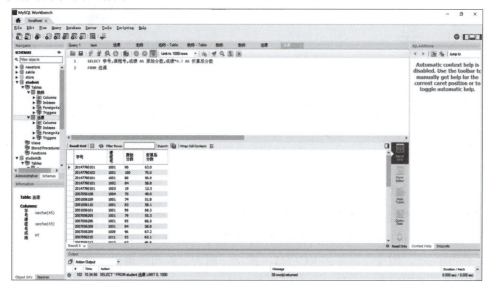

图6-4　计算列值

6.2.2　SELECT语句对行的选择

选择表中的若干列即关系运算中表的选择运算。这种运算可以通过增加一些谓词(如WHERE子句)来实现。

1. 消除结果中的重复项

在一个完整的关系数据库表中不会出现两个完全相同的记录,但通常我们在查询时只涉及表的部分字段,这就可能有重复的行出现,此时可以用DISTINCT关键字来消除它们。关键字DISTINCT的含义是对结果中的重复行只选择一个,从而保证行的唯一性。

【例6-5】从选课表中查询所有参与选课的学生的记录。

Transact-SQL语句如下:

SELECT DISTINCT 学号　FROM 选课

执行结果如图6-5所示。由于使用了DISTINCT,图6-5中显示的结果不存在重复的学号值与DISTINCT相反,当使用关键字ALL时,将保留结果中的所有行。在省略DISTINCT和ALL的情况下,SELECT语句默认关键字为ALL。

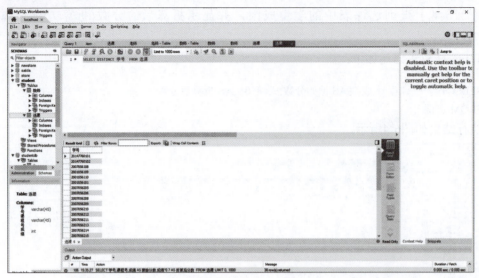

图6-5 取消结果重复项

2. 限制结果返回的行数

一般情况下，SELECT语句返回的结果行数非常多，但往往用户只需要返回满足条件的前几个记录，这时可以使用TOP n [PERCENT]可选子句。其中，n是一个正整数，表示返回查询结果的前n行。如果使用了PERCENT关键字，则表示返回结果的前n%行。

【例6-6】查询学生表中的前10个学生的信息。

Transact-SQL语句如下：

select TOP 10 * from student.学生 where 1=1 limit 10；

执行结果如图6-6所示，只返回了前10个学生的信息。

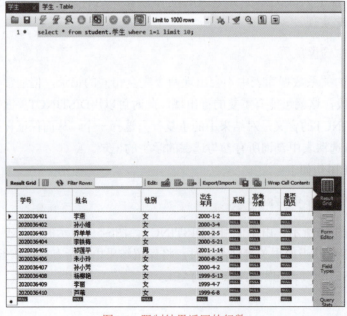

图6-6 限制结果返回的行数

3. 查询满足条件的元组

用得最多的一种查询方式是条件查询，通过在WHERE子句中设置查询条件可以挑选出符合要求的数据。条件查询的本质是对表中的数据进行筛选，即关系运算中的"选择"操作。

在SELECT语句中，WHERE子句必须紧跟在FROM子句之后，其基本格式如下：

WHERE <查询条件>

常用的查询条件如表6-1所示。

表6-1 常用的查询条件

查询条件	运算符	说明
比较	=、>、<、>=、<=、!=、<>、!>、!<、NOT+上述运算符	比较大小
逻辑运算	AND、OR、NOT	用于逻辑运算符判断，也可用于多重条件的判断
字符匹配	LIKE、NOT LIKE	判断值是否与指定的字符通配格式相符
确定范围	BETWEEN...AND...、NOT BETWEEN...AND...	判断值是否在范围内
确定集合	IN、NOT IN	判断值是否为列表中的值
空值	IS NULL、IS NOT NULL	判断值是否为空

1) 使用比较运算符

使用比较运算符可比较表达式值的大小，包括：=(等于)、>(大于)、<(小于)、>=(大于或等于)、<=(小于或等于)、!=(不等于)、<>(不等于)、!<(不小于)、!>(不大于)。运算结果为TRUE或者FALSE。

【例6-7】在课程表中查询学分为4的课程。

Transact-SQL语句如下：

SELECT *　FROM student.课程　where 学分=4

执行结果如图6-7所示，显示的全是学分为4的课程。

2) 使用逻辑运算符

逻辑运算符包括AND、OR和NOT，用于连接WHERE子句中的多个查询条件。当一条语句中同时含有多个逻辑运算符时，取值的优先顺序为：NOT、AND和OR。

【例6-8】在课程表中查询学分大于1且小于4的课程信息。

Transact-SQL语句如下：

SELECT *　FROM student.课程　where 学分>1 and 学分<4

执行结果如图6-8所示。

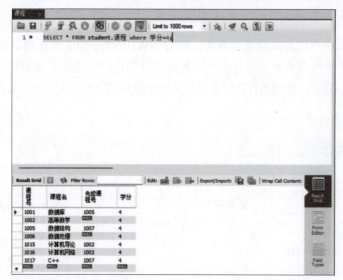

图6-7　使用比较运算符

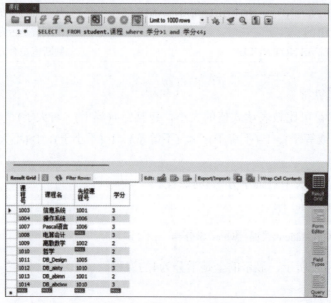

图6-8　使用逻辑运算符

3) 使用LIKE模式匹配

在查找记录时,在不是很适合使用算术运算符和逻辑运算符的情况下,则可能要用到更高级的技术。例如,当不知道学生全名而只知道姓名的一部分时,可使用LIKE语句搜索学生信息。

LIKE是模式匹配运算符,用于指出一个字符串是否与指定的字符串相匹配。使用LIKE进行匹配时,可以使用通配符,即进行模糊查询。

Transact-SQL中使用的通配符有"%""_""[ ]"和"[^]"。通配符用在要查找的字符串的旁边。它们可以一起使用,使用其中的一种并不排斥使用其他的通配符。

- "%"代表0个或任意多个字符。如要查找姓名中含有"a"的教师,可以使用

"%a%",这样会查找出姓名中任何位置包含字母"a"的记录。
- "_"代表单个字符。使用"_a",将返回任何名字为两个字符且第二个字符是"a"的记录。
- "[ ]"允许在指定值的集合或范围中查找单个字符。如要搜索名字中包含介于a~f的单个字符的记录,则可以使用LIKE '%[a-f]%'。
- "[^]"与"[]"相反,用于指定不属于范围内的字符。如[^abcdef]表示不属于abcdef集合中的字符。

【例6-9】在"学生"表中查询姓"孙"的学生信息。

Transact-SQL语句如下:

```
SELECT * FROM student.学生
WHERE 姓名 LIKE N'孙%'
```

执行结果如图6-9所示。

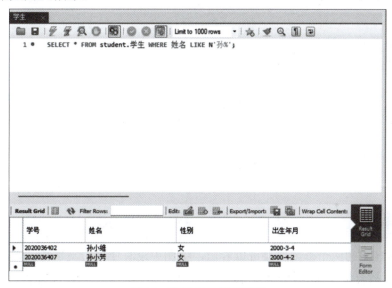

图6-9　使用LIKE模式匹配

【例6-10】请读者思考如果要查询以"DB_"开头的课程名,应该如何实现。

注意,这里的下画线不再具有通配符的含义,而是一个普通字符。此时,需要使用ESCAPE函数添加一个转义字符,将通配符变成普通字符。执行代码如下:

```
--不带有转义字符的查询
SELECT * FROM student.课程
WHERE 课程名 LIKE 'DB_%'

--带有转义字符的查询
SELECT * FROM student.课程
WHERE 课程名 LIKE 'DB\_%' ESCAPE '\'LIMIT, 0, 1000;
```

执行结果如图6-10所示。

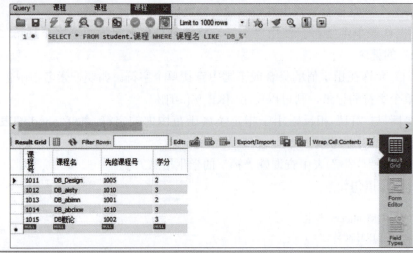

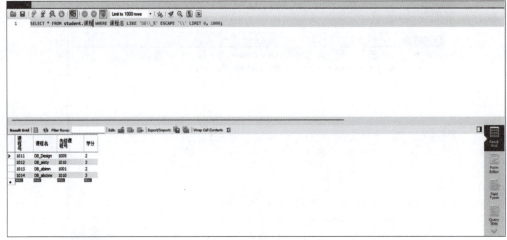

图6-10 带有转义字符的LIKE模式匹配

对比图6-10中的两个查询结果可以看出，上图中没有使用转义字符，则下画线代表任意单个字符，故查询结果包括5条记录。下图中使用了转义字符，此时"\\"右边的字符"_"不再代表通配符，而是普通的字符，故查询结果中少了"DB概论"这个课程名。

4) 确定范围

当要查询的条件是某个值的范围时，使用BETWEEN...AND...来指定查询范围。其中，BETWEEN后是查询范围的下限(即低值)，AND后是查询范围的上限(即高值)。

【例6-11】在选课表中，查询分数在60和80分之间的学生情况。

Transact-SQL语句如下：

SELECT * FROM student.选课 WHERE 分数 BETWEEN 60 AND 80

执行结果如图6-11所示，在本例中，包含了分数为60分和80分之间的学生信息。

5) 确定集合

关键字IN用于查找属性值属于指定集合的元组。在集合中列出所有可能的值，当表中的值与集合中的任意一个值匹配时，即满足条件。

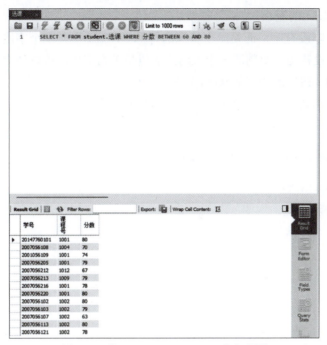

图6-11 使用BETWEEN...AND确定范围

【例6-12】在选课表中查询选修了"1001"号或者"1002"号课程的选课情况。Transact-SQL语句如下：

SELECT * FROM student.选课 WHERE 课程号 IN('1001','1002')

该语句等价于：

SELECT * FROM student.选课 WHERE 课程号='1001' OR 课程号='1002'

执行结果如图6-12所示。

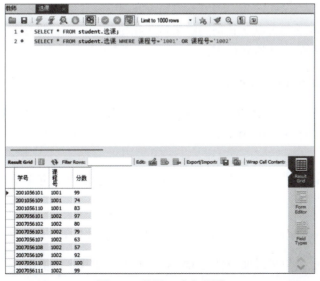

图6-12 使用IN确定范围

6) 涉及空值NULL的查询

值为"空"并非没有值，而是一个特殊的符号"NULL"。一个字段是否允许为空，是在建立表的结构时设置的。要判断一个表达式的值是否为空值，可以使用IS NULL关键字。

注意，这里的"IS"不能用等号(=)代替。

【例6-13】查询缺少"先修课程号"的课程的信息。

Transact-SQL语句如下：

SELECT * FROM student.课程 WHERE 先修课程号 is null

执行结果如图6-13所示。

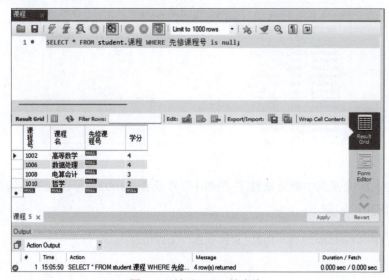

图6-13 涉及NULL的查询

6.2.3 对查询结果进行排序

利用ORDER BY子句可以对查询的结果按照指定的字段进行排序。

ORDER BY子句的语法格式如下：

ORDER BY 排序表达式 [ASC|DESC]

其中，ASC代表升序，DESC代表降序，默认值为升序。对数据类型为TEXT、NTEXT和IMAGE的字段，不能使用ORDER BY子句进行排序。对于空值，排序时显示的次序则由具体系统实现决定。

【例6-14】查询学生表中全体女学生的情况，要求结果按照年龄升序排列。

Transact-SQL语句如下：

SELECT * FROM student.学生 WHERE 性别='女' ORDER BY 出生年月 DESC

年龄升序，对于出生年月而言就是降序，执行结果如图6-14所示。

图6-14 对查询结果进行排序

6.2.4 对查询结果进行统计

1. 使用聚合函数

为了增强检索功能,SQL提供了许多聚合函数。在SELECT语句中可以使用这些聚合函数进行统计,并返回统计结果。聚合函数用于处理单个列中所选的全部值,并生成一个结果值。常用的聚合函数(也称统计函数)包括COUNT()、AVG()、SUM()、MAX()和MIN()等,如表6-2所示。

表6-2 常用的聚合函数

函数名称	说明
COUNT([DISTINCT|ALL] 列名称|*)	统计符合条件的记录的个数
SUM([DISTINCT|ALL] 列名称)	计算一列中所有值的总和,只能用于数值类型
AVG([DISTINCT|ALL] 列名称)	计算一列中所有值的平均值,只能用于数值类型
MAX([DISTINCT|ALL] 列名称)	求一列值中的最大值
MIN([DISTINCT|ALL] 列名称)	求一列值中的最小值

❖ 提示:

如果使用DISTINCT,则表示在计算时去掉重复值,而ALL则表示对所有值进行运算(不取消重复值),默认值为ALL。

【例6-15】统计所查询的学生总人数,以及参加选课的学生人数。

Transact-SQL语句如下:

```
--学生总人数
SELECT COUNT(*) FROM student.学生
--参加选课的学生人数
SELECT COUNT(DISTINCT student.学号) FROM student.选课
```

学生的总人数是对学生表进行统计，选课的总人数是对选课表进行统计，同时应注意，由于一名学生可以选修多门课程，故当对学号进行统计时需要使用DISTINCT关键字过滤掉重复的记录。执行结果如图6-15所示。

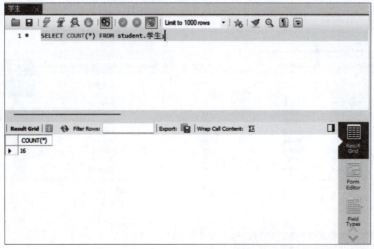

图6-15　使用统计记录个数的聚合函数

【例6-16】查询选修"1002"课程的学生的最高分、最低分和平均分。

Transact-SQL语句如下：

SELECT MAX(分数) AS '最高分',MIN(分数) AS '最低分', AVG(分数) AS '平均分'
FROM student.选课 WHERE 课程号='1002'

执行结果如图6-16所示。

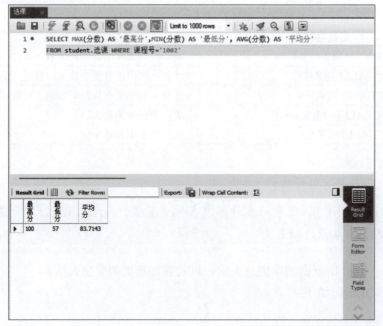

图6-16　使用聚合函数

2. 对结果进行分组

对数据进行检索时,经常需要对结果进行汇总统计计算。在Transact-SQL中通常使用聚合函数和GROUP BY子句来实现统计计算。

GROUP BY子句用于对表或视图中的数据按字段进行分组,还可以利用HAVING短语按照一定的条件对分组后的数据进行筛选。

GROUP BY子句的语法格式如下:

GROUP BY [ALL] 分组表达式 [HAVING 查询条件]

需要注意的是,当使用HAVING短语指定筛选条件时,HAVING短语必须与GROUP BY配合使用。HAVING短语与WHERE子句并不冲突:WHERE子句用于表或视图的选择运算,HAVING短语用于设置分组的筛选条件,从分组中选择满足条件的组。

【例6-17】求每个学生选课的门数。

Transact-SQL语句如下:

SELECT 学号,COUNT(*) AS 选课数
FROM student.选课
GROUP BY 学号

执行结果如图6-17所示。

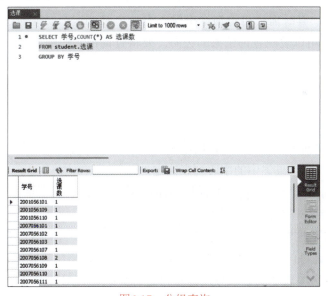

图6-17　分组查询

【例6-18】查询选课表中选修了两门以上课程,并且分数均超过90分的学生的学号。

分析:首先将选课表中的分数超过90分的学生按照学号进行分组,再对各个分组进行筛选,找出记录数大于或等于2的学生学号,进行结果输出。

Transact-SQL语句如下:

SELECT 学号 FROM student.选课 WHERE 分数>90
GROUP BY 学号 HAVING COUNT(*)>=2

执行结果如图6-18所示。

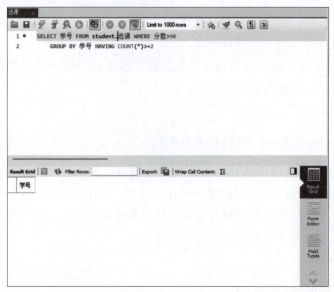

图6-18 带有HAVING子句的分组查询

6.2.5 对查询结果生成新表

在实际应用中，有时需要将查询结果保存为一个表，这个功能通过SELECT语句中的INTO子句来实现，用以表明查询结果的去向。要将查询得到的结果存入新的数据表中，可以使用INTO语句：

> INTO <新表名>

其中：
- 新表名是被创建的新表，查询的结果集中的记录将被添加到此表中。
- 新表的字段由结果集中的字段列表决定。
- 如果表名前加"#"，则创建的表为临时表。
- 用户必须拥有该数据库中创建表的权限。
- INTO子句不能与COMPUTE子句一起使用。

【例6-19】查询每门课程的平均分、最高分和最低分，将结果输出到一个表中保存。

分析：首先将选课表中的记录按照课程号进行分组，再对各个分组进行统计，找出每个小组的平均值、最大值和最小值，然后将结果输出到一个新的课程成绩表中。

Transact-SQL语句如下：

INSERT INTO student.课程成绩表(课程号，平均分，最高分，最低分)
SELECT 课程号,AVG(分数) AS 平均分,MAX(分数) AS 最高分,MIN(分数) AS 最低分
FROM student.选课
GROUP BY 课程号;
--查看课程成绩表
SELECT * FROM 课程成绩表;

执行结果如图6-19所示。

图6-19　对查询结果生成新表

6.3　连接查询

前面介绍的查询都是单表查询，若一个查询同时涉及两个以上的表，则称之为连接查询。连接查询是关系数据库中最主要的查询，主要包括交叉连接查询、内连接查询和外连接查询。可以进行多表连接来实现连接查询，多表连接通过使用FROM子句来指定多个表，利用连接条件来指定各列之间(每个表至少一列)进行连接的关系。连接条件中的列必须具有一致的数据类型才能正确连接。本节通过介绍连接查询的类型和具体的实施方法来引导读者学习连接查询。

6.3.1　交叉连接

交叉连接也称非限制连接，又称广义笛卡儿积。两个表的广义笛卡儿积是两表中记录的交叉乘积，结果集的列为两个表属性列的和，其连接的结果会产生一些毫无意义的记录，而且进行该操作非常耗时，因此该运算的实际意义不大。

交叉连接的语法格式如下：

SELECT 列名 FROM 表名1 CROSS JOIN 表名2

下面通过例6-20来介绍交叉连接。

【例6-20】查询“学生”表和“系部”表的交叉连接。

Transact-SQL语句如下：

```
SELECT 学号,姓名,性别,学生.系部编号,出生日期,高考入学成绩,少数民族,系部.系部编号,系部名称
FROM  学生 CROSS JOIN 系部
```

执行结果如图6-20所示。

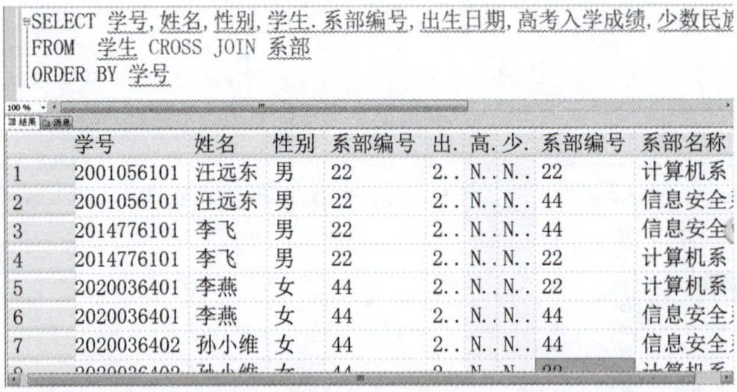

	学号	姓名	性别	系部编号	出.	高.	少.	系部编号	系部名称
1	2001056101	汪远东	男	22	2..	N..	N..	22	计算机系
2	2001056101	汪远东	男	22	2..	N..	N..	44	信息安全
3	2014776101	李飞	男	22	2..	N..	N..	44	信息安全
4	2014776101	李飞	男	22	2..	N..	N..	22	计算机系
5	2020036401	李燕	女	44	2..	N..	N..	22	计算机系
6	2020036401	李燕	女	44	2..	N..	N..	44	信息安全
7	2020036402	孙小维	女	44	2..	N..	N..	44	信息安全

图6-20 交叉连接

在交叉连接结果中出现了一些不符合实际的记录，例如，第1条记录，汪远东的系部编号同时对应着两个值“44”和“22”，也就是说他既是计算机系的，又是信息安全系的，这与事实相违背。类似这样的记录还有很多，所以需要通过WHERE条件子句来过滤掉这些无意义的记录。另外，对于“学号”“姓名”“性别”和“系部名称”等在“学生”表和“系部”表中是唯一的列，在引用时不需要加上表名前缀。但是“系部编号”在两个表中均出现了，因此引用时必须加上表名前缀。

❖ 注意：

多表查询时，如果要引用不同表中的同名属性，则需在属性名前加表名，即用“表名.属性名”的形式表示，以便进行区分。

6.3.2 内连接

通过前面的示例介绍，可以发现交叉连接会产生很多冗余的记录，那么如何筛选出有用的连接呢？这可以通过内连接来实现，内连接也称为简单连接，它将两个或多个表进行连接，只查出相匹配的记录，不匹配的记录将无法查询出来。这种连接查询是平常用得最多的查询。内连接中常用的就是等值连接和非等值连接。

1. 等值连接

等值连接的连接条件是在WHERE子句中给出的，只有满足连接条件的行才会出现在查询结果中。这种形式也称为连接谓词表示形式，是SQL语言早期的连接形式。

等值连接的连接条件格式如下：

```
[<表1或视图1>.]<列1> = [<表2或视图2>.]<列2>
```

等值连接的过程类似于交叉连接,连接时要有一定的条件限制,只有符合条件的记录才被输出到结果集中,其语法格式如下:

> SELECT 列表列名
> FROM 表名1 [INNER] JOIN 表名2
> ON 表名1.列名=表名2.列名

其中,INNER是连接类型可选关键字,表示内连接,可以省略;"ON 表名1.列名=表名2.列名"是连接的等值连接条件。

也可以使用另外一套语法结构,具体如下:

> SELECT 列表列名
> FROM 表名1,表名2
> WHERE 表名1.列名=表名2.列名

【例6-21】根据例6-20,要求输出每位学生所在的系部名称。

Transact-SQL代码如下:

> SELECT 学号,姓名,性别,学生.系部编号,出生日期,高考入学成绩,少数民族,系部.系部编号,系部名称
> FROM   student.学生 INNER JOIN student.系部 ON 学生.系部编号=系部.系部编号

执行结果如图6-21所示。

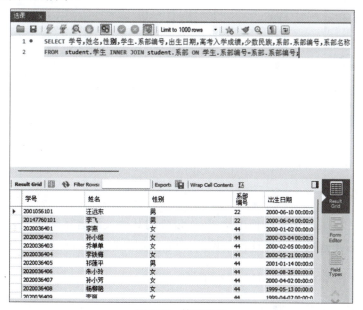

图6-21 等值连接

本例中学生一共有27位,若输出学生所在的系,则结果也应是27行,相比较于交叉连接,删除了很多无用的连接。也就是说,只有满足条件的记录才被拼接到结果集中。结果集是两个表的交集。在等值连接中,把目标列中重复的属性去掉,称为自然连接。

【例6-22】采用自然连接实现例6-21。

Transact-SQL代码如下:

SELECT 学号,姓名,性别,学生.系部编号,出生日期,高考入学成绩,少数民族, 系部名称
FROM   student.学生,student.系部
WHERE 学生.系部编号=系部.系部编号

执行结果如图6-22所示。

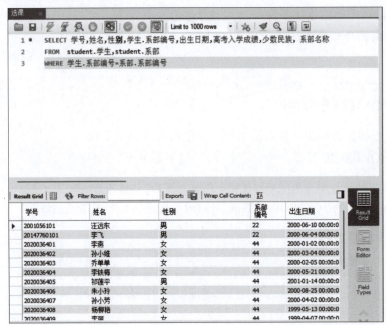

图6-22　自然连接

本例使用了另一套连接查询的代码,即SELECT-FROM-WHERE子句,将需要连接的表依次写在FROM后面,将连接条件写在WHERE子句中,如果还有其他辅助条件,可以使用AND谓词将其一并写在WHERE子句中。

2. 非等值连接

当连接条件中的关系运算符使用除"="以外的其他关系运算符时,这样的内连接称为非等值连接。非等值连接中设置连接条件的一般语法格式如下:

[<表1或视图1>.]<列1> 关系运算符 [<表2或视图2>.]<列2>

在实际的应用开发中,很少用到非等值连接,尤其是很少单独使用非等值连接的连接查询。它一般和自连接查询同时使用。非等值连接查询的例子请读者自行练习。

3. 自连接

连接操作不仅可以在两个表之间进行,也可以是一个表与其自身进行连接,称为表的自连接。由于连接的两个表其实是同一个表,因此为了加以区分,需要为表起别名。

【例6-23】使用"教师"表查询与"赵权"在同一个系任课的教师的编号、姓名和职称,要求不包括"赵权"本人。

Transact-SQL语句如下:

SELECT Y.教师编号,Y.姓名,Y.职称
FROM student.教师 X, student.教师 Y
WHERE X.系部编号=Y.系部编号 AND X.姓名='赵权' AND Y.姓名!='赵权'

执行结果如图6-23所示。

图6-23 表的自连接

本例中,由于要对"教师"表进行两次查询,故需要对其自身连接,为了加以区分需要为"教师"表起一个别名。由于两人属于同一个系,因此连接条件为"系部编号",并且选择X表作为参照表,那么输出的信息就来源于Y表。结果要求不包括"赵权"本人,则在条件中加上Y表的姓名不等于"赵权"即可。当然,这类题的求解方法不止这一种,具体的方法后面还会介绍。

6.3.3 外连接

外连接是指连接关键字JOIN的后面表中指定列连接在前一表中指定列的左边或者右边,如果两表中的指定列都没有匹配行,则返回空值。

外连接的结果不但包含满足连接条件的行,还包含相应表中的所有行。外连接有3种形式,其中的OUTER关键字可以省略。

(1) 左外连接(LEFT OUTER JOIN或LEFT JOIN)：包含左边表的全部行(不管右边的表中是否存在与它们匹配的行)，以及右边表中全部满足条件的行。类似于这样的自身连接在实际应用中还有很多，例如，求与"赵权"同职称的老师等。

(2) 右外连接(RIGHT OUTER JOIN或RIGHT JOIN)：包含右边表的全部行(不管左边的表中是否存在与它们匹配的行)，以及左边表中全部满足条件的行。

【例6-24】用左外连接查询学生选课的信息，没有参与选课的学生信息也一并输出；用右外连接实现被选修的课程的信息，没有被选的课程也要求一并输出。比较查询结果的区别并分析。

左外连接的Transact-SQL语句如下：

SELECT student.学生.学号,课程号,姓名,分数
FROM student.学生 LEFT JOIN student.选课 ON 学生.学号=选课.学号

右外连接的Transact-SQL语句如下：

SELECT 学号, student.选课.课程号,课程名,分数
FROM student.选课 RIGHT JOIN student.课程 ON student.选课.课程号=课程.课程号

执行结果如图6-24所示。

(a) 左外连接

图6-24 外连接

(b) 右外连接

图6-24 外连接(续)

可以看到，两者的运行结果不完全相同，左外连接以连接谓词左边的表为准，包含"学生"表中的所有数据，只在"选课"表中存在的数据将不会出现在查询结果中。右外连接以连接谓词右边的表为准，右表"课程"表的数据全部显示，在"选课"表中不可能出现的学号和课程号为NULL的数据，在查询结果中也显示出来了。

(3) 全外连接(FULL OUTER JOIN或FULL JOIN)：包含左、右两个表的全部行，不管另外一边的表中是否存在与它们匹配的行，即全外连接将返回两个表的所有行。

在现实生活中，参照完整性约束可以减少对全外连接的使用，一般情况下，使用左外连接就足够了。但当在数据库中没有利用清晰、规范的约束来防范错误数据时，全外连接就变得非常有用，可以用它来清理数据库中的无效数据。

6.4 嵌套查询

在SQL语言中，一个SELECT-FROM-WHERE语句称为一个查询块。将一个查询语句嵌套在另一个查询语句的WHERE子句或HAVING短语的条件中的查询，称为嵌套查询或子查询。子查询语句的载体查询语句称为父查询语句。另外，子查询语句也可以嵌在一个数据记录更新语句的WHERE子句中。嵌套查询使用户可以用多个简单查询构成复杂的查询，从而增强SQL的查询能力，以层层嵌套的方式来构造程序，这正是SQL中"结构化"的含义所在。子查询SELECT语句必须放在括号中，使用子查询的语句实际上执行了两个连续查询，第一个查询得到的结果作为第二个查询的搜索值。因此可以用子查询来检查或者设置变量和列的值,或者用子查询来测试数据元组是否存在于WHERE子句中。这里需要提醒的是,ORDER BY子句只能对最终查询结果进行排序,也就是说,在子查询的SELECT语句中不能使用ORDER BY子句。本节重点介绍使用SELECT语句实现子查询的基本方法。

6.4.1 带有IN谓词的子查询

在嵌套查询中,子查询的结果往往是记录的集合,因此经常使用谓词IN来实现。

IN谓词用来判断一个给定值是否在子查询的结果集中。当父查询表达式与子查询的结果集中的某个值相等时,返回TRUE,否则返回FALSE。在IN关键字之前使用NOT时,表示表达式的值不在查询结果集中。

对于使用IN的子查询的连接条件,其语法格式如下:

WHERE 表达式 [NOT]　IN (子查询)

如果使用了NOT IN关键字,则子查询的意义与使用IN关键字的子查询的意义相反。

【例6-25】查询至少有一门课程不及格的学生信息。

Transact-SQL代码如下:

SELECT student.学生.学号,姓名,系部编号
FROM student.学生
WHERE 学号 IN (SELECT 学号
　　　　　　　FROM student.选课
　　　　　　　WHERE 分数<60)

执行结果如图6-25所示。

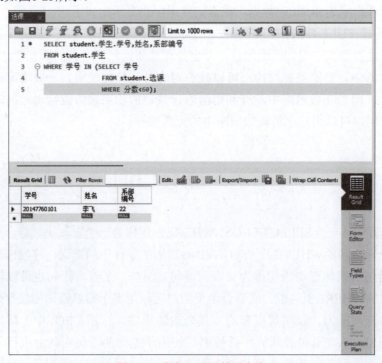

图6-25　带有IN谓词的子查询

在执行包含子查询的SELECT语句时,系统先执行子查询,产生一个结果集。在本例中,系统先执行子查询,得到所有不及格学生的学号,再执行父查询。如果学生表中某行的学号值等于子查询结果集中的任意一个值,则该行就被选中。

6.4.2 带有比较运算符的子查询

当用户能确切知道子查询返回的是单值时,可以在父查询的WHERE子句中,使用比较运算符进行比较查询。这种查询是IN子查询的扩展。

带有IN运算符的子查询返回的结果是集合,而带有比较运算符的子查询返回的结果是单值,而且用户在查询开始时就要知晓"内层查询返回的是单值"这一事实。

【例6-26】从"选课"表中查询"汪远东"同学的考试成绩信息,显示"选课"表的所有字段。

Transact-SQL代码如下:

```
SELECT *
FROM student.选课
WHERE 学号= (SELECT 学号
             FROM student.学生
             WHERE 姓名='汪远东')
```

执行结果如图6-26所示。

图6-26　使用比较运算符的子查询(一)

【例6-27】使用带比较运算符的子查询改写例6-23，查询与"赵权"在同一个系任课的教师的编号、姓名和职称，要求不包括"赵权"本人。

分析：由于一个老师只能隶属一个系部，因此子查询返回的结果是单值，此时可以用比较运算符"="来实现。

Transact-SQL代码如下：

```
SELECT *
FROM student.教师
WHERE 系部编号= (SELECT 系部编号
                FROM student.教师
                WHERE 姓名='赵权')
      AND 姓名!='赵权'
```

执行结果如图6-27所示。

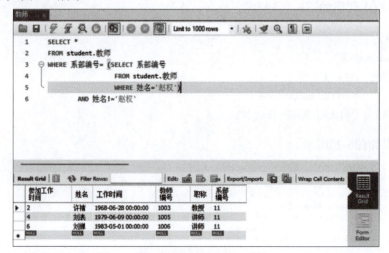

图6-27　使用比较运算符的子查询(二)

6.4.3　带有ANY、SOME或ALL关键字的子查询

子查询返回单值时可以使用比较运算符，但返回多值时要使用ANY、SOME或ALL关键字对子查询进行限制。

- ALL代表所有值，ALL指定的表达式要与子查询结果集中的每个值都进行比较，当表达式与每个值都满足比较的关系时，才返回TRUE，否则返回FALSE。
- SOME或ANY代表某些或者某个值，表达式只要与子查询结果集中的某个值满足比较的关系，就返回TRUE，否则返回FALSE。

【例6-28】查询考试成绩比"汪远东"同学高的学生信息。

在例6-26的基础上，我们进一步进行查询嵌套：如果使用ANY，则查询结果是只要比"汪远东"同学任一门分数高的学生信息；使用ALL，则查询结果是比"汪远东"同学所有的考试成绩都要高的学生信息。

Transact-SQL代码如下：

```
SELECT *
FROM student.选课
WHERE 分数>ANY(SELECT 分数
            FROM student.选课
            WHERE 学号=(SELECT 学号
                    FROM student.学生
                    WHERE 姓名='汪远东'))
```

执行结果如图6-28所示。

图6-28 使用ANY查询

6.4.4 带有EXISTS谓词的子查询

EXISTS称为存在量词，带有EXISTS的子查询不返回任何数据，只返回真值或假值，故在子查询中给出列名无实际意义。具体来说，即在WHERE子句中使用EXISTS，表示当子查询的结果非空时，结果为TRUE，反之则为FALSE。EXISTS前面也可以加NOT，表示检测条件为"不存在"，使用存在量词NOT EXISTS后，若内层查询结果为空，则外层的WHERE子句返回真值，否则返回假值。

EXISTS语句与IN语句极为类似，它们都根据来自子查询的数据子集来测试列的值。不同之处在于，EXISTS使用连接将列的值与子查询中的列连接起来，而IN不需要连接，它直接根据一组以逗号分隔的值进行比较。

【例6-29】查询没有选修"1001"号课程的学生信息。

Transact-SQL代码如下:

```
SELECT *
FROM student.学生
WHERE    NOT EXISTS (SELECT *
            FROM student.选课
            WHERE 学号=学生.学号 AND 课程号='1001')
```

执行结果如图6-29所示。

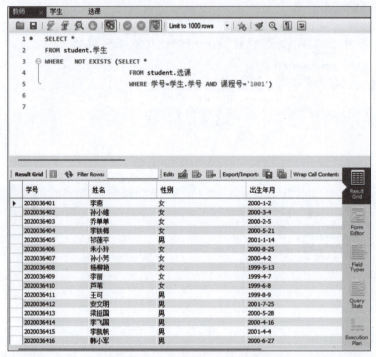

图6-29　使用EXISTS的子查询

需要注意的是,前面所介绍的带有IN谓词、带有比较运算符的子查询都有一个特点,即子查询的查询条件不依赖于父查询,这类子查询称为不相关子查询。而本小节所介绍的带有EXISTS谓词的子查询,其子查询的查询条件依赖于父查询,这类子查询称为相关子查询。

【例6-30】使用带有EXISTS谓词的查询改写例6-23,查询与"赵权"在同一个系任课的教师的编号、姓名和职称,要求不包括"赵权"本人。

Transact-SQL代码如下:

```
SELECT *
FROM student.教师 x
WHERE EXISTS(SELECT *
FROM student.教师 y
        WHERE x.系部编号=y.系部编号
            AND y.姓名='赵权')
AND x.姓名!='赵权'
```

执行结果如图6-30所示。

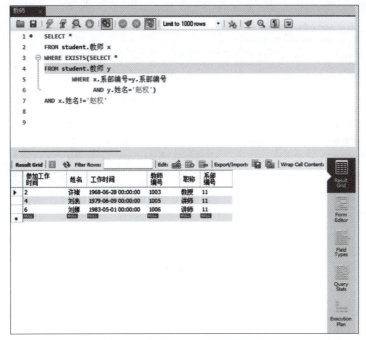

图6-30　使用EXISTS实现例6-23

【例6-31】查询选修了全部课程的学生学号和姓名。

分析：据题意可知，所求学生对于所有课程都选了。关系代数中用除运算来表达此查询。这是含有"全称量词"意义的查询，SQL中没有提供"全称量词"，需要用EXISTS/NOTEXISTS来表达。

"所有课程，所求学生选之"等价于求"不存在任何一门课程，所求学生没有选之"。

Transact-SQL代码如下：

```
SELECT 学号,姓名
FROM student.学生
WHERE NOT EXISTS   (SELECT *
                    FROM student.课程
                    WHERE NOT EXISTS (SELECT *
                                      FROM student.选课
                                      WHERE 学号=学生.学号
                                      AND 课程号=课程.课程号))
```

执行结果如图6-31所示。

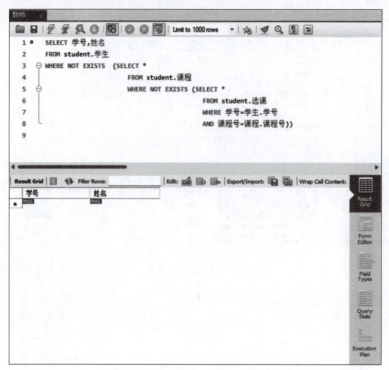

图6-31　使用EXISTS实现全称量词

由于不存在选修了全部课程的学生，因此返回结果为空。

6.5　联合查询

6.5.1　UNION操作符

Transact-SQL支持集合的并(UNION)运算，执行联合查询。需要注意的是，参与并运算操作的两个查询语句，其结果的列数必须相同，对应项的数据类型也必须相同。

默认情况下，UNION将从结果集中删除重复的行。如果要保留重复元组，则使用UNION ALL 操作符。

【例6-32】查询"工业工程"系的女学生和"市场营销"系的男学生信息。

Transact-SQL代码如下：

```
SELECT *
FROM student.学生
WHERE 性别='女' AND 系部编号=(SELECT 系部编号
                    FROM student.系部
                    WHERE 系部名称='工业工程')
UNION
SELECT *
```

FROM student.学生
WHERE 性别='男' AND 系部编号=(SELECT 系部编号
　　　　　　　　　　　　　FROM student.系部
　　　　　　　　　　　　　WHERE 系部名称='市场营销')

执行结果如图6-32所示。

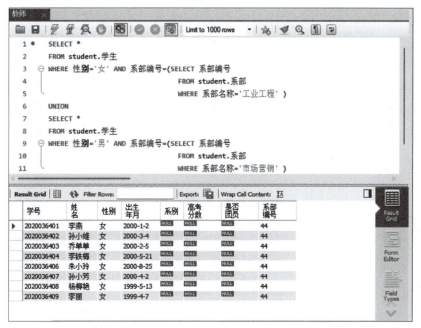

图6-32　使用UNION联合查询

6.5.2　INTERSECT操作符

INTERSECT操作符返回两个查询检索出的共有行，即左、右查询中都出现的记录。

【例6-33】查询选修了课程名中含有"数学"两个字的课程，并且也选修了课程名中含有"结构"两个字的课程的学生姓名。

Transact-SQL代码如下：

SELECT 姓名
FROM student.学生,student.选课,student.课程
WHERE 学生.学号=选课.学号 AND 选课.课程号=课程.课程号
　　　AND 课程名 LIKE '%数学%'
INTERSECT
SELECT 姓名
FROM student.学生,student.选课,student.课程
WHERE 学生.学号=选课.学号 AND 选课.课程号=课程.课程号
　　　AND 课程名 LIKE '%结构%'

执行结果如图6-33所示。

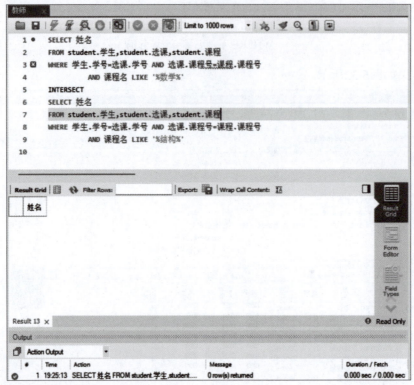

图6-33 使用INTERSECT联合查询

6.5.3 EXCEPT操作符

EXCEPT操作符返回将第二个查询检索出的行从第一个查询检索出的行中减去之后剩余的行。

【例6-34】查询选修了"高等数学"课，却没有选修"数据结构"课的学生姓名。

SELECT 姓名
FROM student.学生,student.选课,student.课程
WHERE 学生.学号=选课.学号 AND 选课.课程号=课程.课程号 AND 课程名='高等数学'
EXCEPT
SELECT 姓名
FROM student.学生,student.选课,student.课程
WHERE 学生.学号=选课.学号 AND 选课.课程号=课程.课程号 AND 课程名='数据结构'

执行结果如图6-34所示。

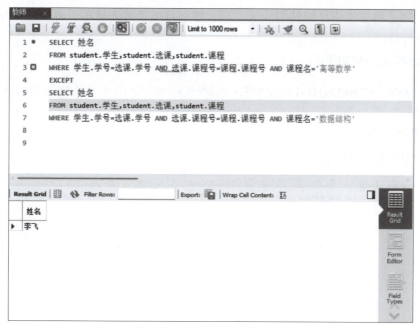

图6-34　使用EXCEPT联合查询

6.6　使用排序函数

在MySQL中提供了排序函数，用来对返回的查询结果进行排序。排序函数提供了一种按升序的方式输出结果集的方法，用户可以为每一行或每一个分组指定一个唯一的序号。MySQL中有4个可以使用的函数，分别是ROW_NUMBER()函数、RANK()函数、DENSE_RANK()函数和NTILE()函数。

6.6.1　ROW_NUMBER()函数

ROW_NUMBER()函数返回结果集分区内行的序列号，每个分区的第一行从1开始，返回类型为bigint。

语法格式如下：

ROW_NUMBER() OVER([PARTITION BY value_expression , ... [n]] order_by_clause)

其中，PARTITION BY value_expression将 FROM 子句生成的结果集划入应用了 ROW_NUMBER()函数的分区。value_expression 指定对结果集进行分区所依据的列。如果未指定PARTITION BY，则此函数将查询结果集的所有行视为单个组。ORDER BY子句可确定在特定分区中为行分配唯一ROW_NUMBER的顺序，它是必需的。

【例6-35】将学生信息按性别分区,同一性别再按年龄来排序。将相同性别的学生按出生日期进行排序。

Transact-SQL语句如下:

SELECT ROW_NUMBER() OVER (PARTITION BY 性别 ORDER BY 出生日期) AS 年龄序号,姓名,出生日期
FROM student.学生

执行结果如图6-35所示。

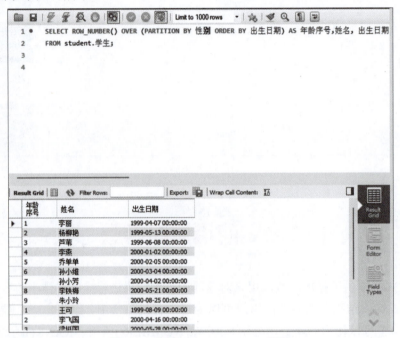

图6-35　使用ROW_NUMBER()函数

从图6-35可以看出,已根据学生的出生日期对他们的年龄进行了排序,并添加了排序的序号。

6.6.2　RANK()函数

RANK()函数返回结果集的分区内每行的排名。RANK()函数并不总返回连续的整数,行的排名是相关行之前的排名数加一。返回类型为bigint。

语法格式如下:

RANK () OVER ([partition_by_clause] order_by_clause)

其中,partition_by_clause为将FROM子句生成的结果集划分为要应用RANK()函数的分区;order_by_clause为确定将RANK值应用于分区中的行时所基于的顺序。

【例6-36】按参加工作的时间对教师记录进行排序。

Transact-SQL语句如下：

SELECT RANK() OVER (ORDER BY 工作时间) AS 参加工作时间, 姓名, 工作时间
FROM 教师

执行结果如图6-36所示。

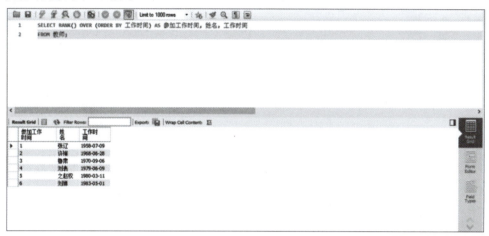

图6-36　使用RANK()函数

从结果图中可以看出，已根据教师参加工作时间的先后对其进行了排序。其中，最左侧的列的序号是依次递增的，"工作时间"列的值不是连续的，RANK()函数使工作时间相同的记录在排序后的序号相同，下一个的序号将与最左侧的列序号一致。这说明了RANK()函数并不总返回连续整数。

6.6.3　DENSE_RANK()函数

DENSE_RANK()函数返回结果集分区中行的排名，排名是连续的。行的排名等于所讨论行之前的所有排名数加一。返回类型为bigint。

语法格式如下：

DENSE_RANK () OVER ([<partition_by_clause>] < order_by_clause >)

其中，<partition_by_clause>将 FROM 子句生成的结果集划分为多个应用 DENSE_RANK()函数的分区；<order_by_clause>确定将 DENSE_RANK ()函数应用于分区中各行的顺序。

【例6-37】用DENSE_RANK()函数实现按工作时间将教师记录进行排序。

Transact-SQL语句如下：

SELECT DENSE_RANK() OVER (ORDER BY 工作时间) AS 参加工作先后, 姓名, 工作时间
FROM 教师

执行结果如图6-37所示。

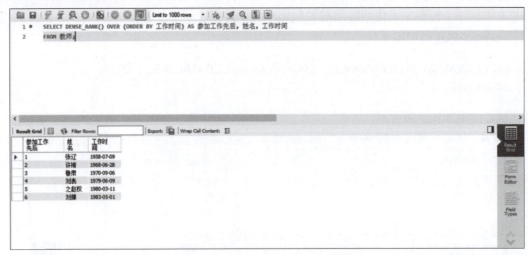

图6-37 使用DENSE_RANK()函数

DENSE_RANK()函数的功能与RANK()函数类似，只是在生成序号时是连续的，而RANK()函数生成的序号有可能不连续。

6.6.4 NTILE()函数

NTILE()函数将有序(数据行)分区中的数据行分散到指定数目的组中。这些组有编号，编号从1开始。对于每一个数据行，NTILE()函数将返回此数据行所属的组的编号。

NTILE()函数的Transact-SQL语法格式如下：

NTILE (integer_expression) OVER ([<partition_by_clause>] < order_by_clause >)

各参数的含义如下。

- integer_expression：一个正整数常量表达式，用于指定每个分区必须被划分成的组数。integer_expression 的类型可以是int或bigint。
- <partition_by_clause>：将FROM子句生成的结果集划分成此函数适用的分区。若要详细了解PARTITION BY语法，请参阅MSDN中的OVER子句(Transact-SQL)。
- <order_by_clause>：确定NTILE值分配到分区中各行的顺序。当在排名函数中使用<order_by_clause>时，不能用整数表示列。

NTILE()函数的返回类型为bigint。

❖ **提示：**

如果分区的行数不能被integer_expression整除，则将导致一个成员有两种大小不同的组。按照OVER子句指定的顺序，较大的组排在较小的组前面。例如，如果总行数是53，组数是5，则前3个组每组包含11行，其余两组每组包含10行。另外，如果总行数可被组数整除，则行数将在组之间平均分布。例如，如果总行数为50，有5个组，则每组包含10行。

【例6-38】用NTILE()函数实现对"教师"表进行分组处理。
Transact-SQL语句如下：

SELECT NTILE(4) OVER (ORDER BY 工作时间) AS 参加工作先后组, 姓名, 工作时间
FROM 教师

执行结果如图6-38所示。
这个函数的作用是把结果集尽量平均地分为N个部分。

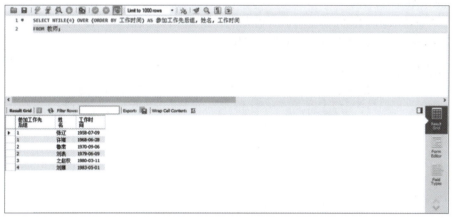

图6-38　使用NTILE()函数

6.7　动态查询

前面介绍了很多固定的SQL语句，由于这些语句中查询条件相关的数据类型都是固定的，因此称这种SQL语句为静态SQL语句。静态SQL语句针对简单的查询条件，能够满足要求，但是在实际情况下，当需求和复杂度逐渐增加时，静态SQL语句是不能满足要求的，而且不能用来编写更为通用的程序。例如，对一个学生成绩表进行查询，对于学生来说，只想查询自己的成绩，而对于老师来说，需要知道全班所有学生的成绩。对于不同的用户，查询的字段列也是不同的，因此需要用户在查询之前能够动态自定义查询语句的内容。这种根据实际需要临时组装成的SQL语句，就是动态SQL语句。

动态语句不仅可以由完整的SQL语句组成，也可以根据操作分类来分别指定SELECT或INSERT等关键字，以及查询对象和查询条件。

动态SQL语句是在运行时由程序创建的字符串，它们必须是有效的SQL语句。

普通SQL语句可以利用EXEC执行，如以下代码所示：

```
--普通SQL语句
SELECT * FROM 课程
--利用EXEC执行SQL语句
EXEC('SELECT * FROM 课程')
--使用扩展存储过程执行SQL语句
EXEC sp_executesql N'SELECT * FROM 课程'
```

上述代码均可实现查询"课程"表的信息。需要注意的是，第三条语句使用扩展存储过程执行SQL语句时，SQL代码构成的字符串前一定要加上字符"N"。

当字段名、表名或数据库名等作为变量时，必须使用动态SQL语句。

【例6-39】用动态查询实现查询课程的信息。

代码如下：

```
DECLARE @CNAME varchar(20)
SET @CNAME='课程名'
SELECT @CNAME FROM 课程    --没有语法错误，但结果为固定值"课程名"
EXEC ('SELECT ' + @CNAME + ' FROM 课程')
```

执行结果如图6-39所示。

(a)

(b)

图6-39 动态查询

由图6-39可以看出，图(a)的代码执行的结果是固定值"课程名"，并不是用户想要的信息。图(b)的代码却实现了查询课程名的要求。这里需要注意的是，在EXEC命令中的加号前后以及单引号边上，都需要加上空格。

EXEC命令的参数是一个查询语句，下面的代码将字符串改成了变量的形式：

```
DECLARE @CNAME varchar(20) --声明一个字段名
SET @CNAME='课程名'
DECLARE @sql varchar(1000) --声明变量用来存放字符串
SET @sql='SELECT '+@CNAME +' FROM 课程'
EXEC (@sql)
```

若想使用扩展存储过程sp_executesql执行SQL语句，则需要修改一下变量@sql的数据类型，代码如下：

```
DECLARE @CNAME varchar(20)
SET @CNAME='课程名'
DECLARE @sql nvarchar(1000)
SET @sql='SELECT '+@CNAME +' FROM 课程'
EXEC (@sql)
EXEC sp_executesql @sql
```

6.8 思考和练习

1. 回到工作场景，完成工作场景中提出的查询要求。
2. 简述SELECT语句的基本语法。
3. 简述SELECT语句中的FROM、WHERE、GROUP BY及ORDER BY子句的作用。
4. 简述WHERE子句可以使用的搜索条件及其意义。
5. 举例说明什么是内连接、外连接和交叉连接。
6. INSERT语句的VALUES子句中必须指明哪些信息，满足哪些要求？
7. 使用教学管理数据库，进行如下操作：
(1) 查询所有课程的课程名和课程号。
(2) 查询所有考试不及格的学生的学号、姓名和分数。
(3) 查询年龄在18和20岁之间的学生的姓名、年龄、所属院系和政治面貌。
(4) 查询所有姓李的学生的学号、姓名和性别。
(5) 查询名字中第2个字为"华"字的女学生的姓名、年龄和所属院系。
(6) 查询所有选了3门课以上的学生的学号、姓名、所选课程名称及分数。
(7) 查询每个同学各门课程的平均分数和最高分数，按照降序排列输出学生姓名、平均分数和最高分数。
(8) 查询所有学生都选修了的课程号和课程名。

第 7 章 运算符、表达式和系统函数

SQL(Structure Query Language，结构化查询语言)是一种数据库查询和程序设计语言。SQL结构简洁、功能强大、简单易学，自问世以来得以广泛应用。许多成熟的商用关系数据库，如Oracle、MySQL和SQL Server等都支持SQL。Transact-SQL语言是从标准SQL衍生出来的，除具有SQL的主要特点外，还增加了变量、函数、运算符等语言因素，这使得Transact-SQL语言较独立而且功能强大，拥有众多用户，是解决各种数据问题的主流语言。

本章将研究Transact-SQL中涉及的基本数据元素，包括标识符、变量和常量、运算符、表达式、函数、流程控制语句、错误处理语句和注释等。

本章的学习目标：
- 了解Transact-SQL语言的发展过程
- 了解Transact-SQL语言附加的语言元素
- 掌握常量、变量、运算符和表达式的用法
- 掌握流程控制语句的用法
- 掌握常用函数的用法

7.1 Transact-SQL概述

SQL最早是在20世纪70年代由IBM公司开发的，主要用于关系数据库中的信息检索，它的前身是关系数据库原型系统System R所采用的SEQUEL语言。

SQL有3个主要标准：ANSI SQL、SQL92和SQL99。Transact-SQL语言是ANSI SQL的扩展加强版语言，除继承了ANSI SQL的命令和功能外，还对其进行了许多扩充，并且不断地变化、发展。它提供了类似C程序设计语言和BASIC的基本功能，如变量、运算符、表达式、函数和流程控制语句等。

7.1.1　Transact-SQL语法约定

表7-1列出了Transact-SQL的语法约定。

表7-1　Transact-SQL语法约定

约定	用法说明
大写	用于Transact-SQL关键字
斜体	用于用户提供的Transact-SQL语法的参数
粗体	用于数据库名、表名、列名、索引名、存储过程、实用工具、数据类型名以及必须按所显示的原样输入的文本
下画线	指示当语句中省略了包含带下画线的值的子句时应用的默认值
|(竖线)	分隔括号或大括号中的语法项。只能使用其中一项
[ ](方括号)	可选语法项。不要输入方括号
{ }(大括号)	必选语法项。不要输入大括号
[,...n]	指示前面的项可以重复n次。各项之间以逗号分隔
[...n]	指示前面的项可以重复n次。每一项由空格分隔
;	Transact-SQL语句终止符。虽然在此版本的SQL Server中大部分语句不需要分号，但将来的版本可能需要分号
<label> ::=	语法块的名称。此约定用于对可在语句中的多个位置使用的过长语法段或语法单元进行分组和标记。可使用语法块的每个位置由尖括号内的标签指示：<标签>

7.1.2　多部分名称

除非另外指定，否则，所有对数据库对象名的Transact-SQL引用将是由4部分组成的多部分名称，格式如下：

server_name.[database_name].[schema_name].object_name
| database_name .[schema_name].object_name
| schema_name . object_name
| object_name

各参数的含义如下。

- server_name：指定链接的服务器名称或远程服务器名称。
- database_name：如果对象驻留在SQL Server的本地实例中，则database_name指定SQL Server数据库的名称；如果对象在链接服务器中，则指定OLE DB目录。
- schema_name：如果对象在SQL Server数据库中，则schema_name指定包含对象的架构的名称；如果对象在链接服务器中，则指定OLE DB架构名称。
- object_name：表示对象的名称。

引用某个特定对象时，不必总是指定服务器、数据库和架构以供SQL Server数据库引擎标识该对象。但是，如果找不到该对象，将返回错误。

❖ **注意：**

为了避免名称解析错误，建议只要指定了架构范围内的对象就指定架构名称。如果要省略中间节点，可以使用点运算符来指示这些位置。表7-2列出了对象名的有效格式。

表7-2　对象名的有效格式

对象引用格式	说明
server . database . schema . object	由4个部分组成的名称
server . database .. object	省略架构名称
server .. schema . object	省略数据库名称
server ... object	省略数据库和架构名称
database . schema . object	省略服务器名称
database .. object	省略服务器和架构名称
schema . object	省略服务器和数据库名称
object	省略服务器、数据库和架构名称

7.1.3　如何命名标识符

在MySQL中，在创建或者引用诸如服务器、数据库、数据库对象(如表、视图、索引等)的数据库实例和变量时，必须遵守SQL Server的命名规范。大多数对象要求有标识符，但对于有些对象(如约束)，标识符是可选的。标识符分为常规标识符和分隔标识符，还有一类称为"保留字"的特殊标识符。MySQL为对象标识符提供了一系列标准的命名规则，并为非标准的标识符提供了使用分隔符的方法。

1．常规标识符

常规标识符的命名规则如下。

(1) 第一个字符必须是下列字符之一：拉丁字母a~z和A~Z、其他语言的字母字符、下画线_、@或者数字符号#。在SQL Server中，以@符号开始的标识符表示局部变量或参数，以#符号开始的标识符表示临时表或过程，以双数字符号(##)开始的标识符表示全局临时对象。

(2) 后续字符可以是拉丁字母a~z和A~Z、其他语言的字母字符、十进制数字、@符号、美元符号($)、数字符号#或下画线_。

说明：

- 标识符不允许是Transact-SQL的保留字。
- 不允许嵌入空格或其他特殊字符。
- 当标识符用于Transact-SQL语句时，必须用双引号("")或方括号([])分隔不符合规则的标识符。

2．分隔标识符

符合标识符规则的标识符可以使用分隔符，也可以不使用，而不符合标识符格式规则的标识符必须使用分隔符。分隔标识符的类型有两种：

- 在双引号("")中的标识符。
- 在方括号([])中的标识符。

3. 数据库对象的命名规则

完整的数据库对象名由服务器名称、数据库名称、指定包含对象架构的名称、对象的名称4部分组成。格式如下：

[服务器名称].[SQL Server数据库的名称].[指定包含对象架构的名称].[对象的名称]

7.1.4 系统保留字

与其他许多语言类似，MySQL使用了180多个保留关键字(Reserved Keyword)来定义、操作或访问数据库和数据库对象，这些保留关键字是Transact-SQL语法的一部分，用于分析和理解Transact-SQL语言，包括DATABASE、CURSOR、CREATE、INSERT和BEGIN等。通常，不能使用这些保留关键字作为对象名称或标识符。在编写Transact-SQL语句时，为了方便用户区分，这些系统保留字会以不同的颜色标记。表7-3列出了MySQL中的保留关键字。

表7-3　MySQL中的保留关键字

ADD	EXTERNAL	PROCEDURE
ALL	FETCH	PUBLIC
ALTER	FILE	RAISERROR
AND	FILLFACTOR	READ
ANY	FOR	READTEXT
AS	FOREIGN	RECONFIGURE
ASC	FREETEXT	REFERENCES
AUTHORIZATION	FREETEXTTABLE	REPLICATION
BACKUP	FROM	RESTORE
BEGIN	FULL	RESTRICT
BETWEEN	FUNCTION	RETURN
BREAK	GOTO	REVERT
BROWSE	GRANT	REVOKE
BULK	GROUP	RIGHT
BY	HAVING	ROLLBACK
CASCADE	HOLDLOCK	ROWCOUNT
CASE	IDENTITY	ROWGUIDCOL
CHECK	IDENTITY_INSERT	RULE
CHECKPOINT	IDENTITYCOL	SAVE
CLOSE	IF	SCHEMA
CLUSTERED	IN	SECURITYAUDIT
COALESCE	INDEX	SELECT
COLLATE	INNER	SEMANTICKEYPHRASETABLE

(续表)

COLUMN	INSERT	SEMANTICSIMILARITYDETAILSTABLE
COMMIT	INTERSECT	SEMANTICSIMILARITYTABLE
COMPUTE	INTO	SESSION_USER
CONSTRAINT	IS	SET
CONTAINS	JOIN	SETUSER
CONTAINSTABLE	KEY	SHUTDOWN
CONTINUE	KILL	SOME
CONVERT	LEFT	STATISTICS
CREATE	LIKE	SYSTEM_USER
CROSS	LINENO	TABLE
CURRENT	LOAD	TABLESAMPLE
CURRENT_DATE	MERGE	TEXTSIZE
CURRENT_TIME	NATIONAL	THEN
CURRENT_TIMESTAMP	NOCHECK	TO
CURRENT_USER	NONCLUSTERED	TOP
CURSOR	NOT	TRAN
DATABASE	NULL	TRANSACTION
DBCC	NULLIF	TRIGGER
DEALLOCATE	OF	TRUNCATE
DECLARE	OFF	TRY_CONVERT
DEFAULT	OFFSETS	TSEQUAL
DELETE	ON	UNION
DENY	OPEN	UNIQUE
DESC	OPENDATASOURCE	UNPIVOT
DISK	OPENQUERY	UPDATE
DISTINCT	OPENROWSET	UPDATETEXT
DISTRIBUTED	OPENXML	USE
DOUBLE	OPTION	USER
DROP	OR	VALUES
DUMP	ORDER	VARYING
ELSE	OUTER	VIEW
END	OVER	WAITFOR
ERRLVL	PERCENT	WHEN
ESCAPE	PIVOT	WHERE
EXCEPT	PLAN	WHILE
EXEC	PRECISION	WITH
EXECUTE	PRIMARY	WITHIN GROUP
EXISTS	PRINT	WRITETEXT
EXIT	PROC	

7.1.5 通配符

Transact-SQL语言的通配符可以代替一个或多个字符，通配符必须与LIKE运算符结合使用，各通配符的含义如表7-4所示。

表7-4　Transact-SQL语言的通配符

通配符	说明
%	代表0个或多个字符
_	代表单个字符
[字符列表]	字符列表，如[a-f]、[0-9]或集合[abcdef]中的任意单个字符
[^字符列表]或[!字符列表]	不在字符列表，如[^a-f]、[^0-9]或集合[^abcdef]中的任意单个字符

7.2　常量

常量也称标量值，其值在程序运行过程中保持不变。在Transact-SQL语句中，常量作为查询条件。常量的数据类型和长度取决于常量格式，根据数据类型的不同，常量分为字符串型常量、数值型常量、日期时间型常量和货币型常量。

1. 字符串型常量

字符串型常量是定义在单引号中的字母、数字及特殊符号，如！、@、#。根据使用的编码不同，分为ASCII字符串常量和Unicode字符串常量。

ASCII字符串常量由单引号括起的ASCII字符构成，如'Hello,China!'。

Unicode字符串常量的格式与普通字符串相似，但它前面有一个前缀N，N代表SQL-92标准中的国际语言(National Language)，而且必须是大写的。例如，'数据库原理'是字符串常量，而 N'数据库原理'则是Unicode常量。

Unicode常量被解释为Unicode数据，并且不使用代码页进行计算。Unicode常量有排序规则，该规则主要用于控制比较和区分大小写。Unicode数据中的每个字符都使用2字节进行存储，而ASCII字符中的每个字符则使用1字节进行存储。

2. 数值型常量

数值型常量包含整型常量和实数型常量。

- 整型常量用来表示整数，可细分为二进制整型常量、十进制整型常量和十六进制整型常量。二进制整型常量以数字0和1表示；十进制整型常量即十进制整数；十六进制整型常量即前缀0x后跟十六进制数。
- 实数型常量表示带小数部分的数，有定点数和浮点数两种表示方式，其中浮点数使用科学记数法来表示，如0.56E-3。

3. 日期时间型常量

日期时间型常量是用特定格式的字符日期值来表示的，并且用单引号括起来。例如，'17/9/20'、'170920'。

4. 货币型常量

货币型常量以前缀 "$" 作为标识。表示方法：数字前加一个货币符号$。货币型常量在存储和计算时采用四位小数，如多于四位，系统自动进行四舍五入，如$123.4053。货币型常量无科学记数法形式，在内存中占8字节的存储空间。

7.3 变量

变量是指在程序运行过程中随着程序的运行而变化的量，可以保存查询结果和存储过程返回值，也可以在查询中使用。根据变量的作用域，变量可分为全局变量与局部变量。

1. 全局变量

在SQL Server中，全局变量属于系统定义的函数，不必进行声明，任何程序都可以直接调用。全局变量以@@前缀开头，以下就是SQL Server中常用的一些全局变量。

@@error：最后一个Transact-SQL语句的错误号。

@@identity：最后一个插入IDENTITY的值。

@@language：当前使用的语言的名称。

@@max_connections：MySQL实例允许同时连接的最大用户数目。

@@rowcount：受上一个SQL语句影响的数据行的行数。

@@servername：MySQL的本地服务器的名称。

@@servicename：该计算机上的SQL服务的名称。

@@timeticks：当前计算机上每刻度的微秒数。

@@transcount：当前连接打开的事务数。

@@version：MySQL的版本信息。

【例7-1】查询MySQL版本信息，其SQL代码如下：

```
select version();
```

结果如图7-1所示。

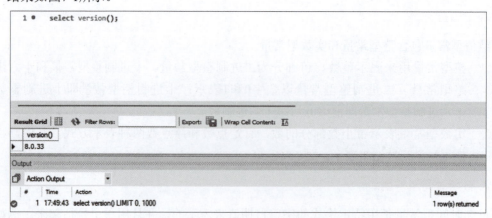

图7-1　例7-1的运行结果

2. 局部变量

局部变量是用户自定义的变量,它的作用域仅在程序内部,常用来存储从表中查询到的数据,或作为程序执行过程中的暂存变量使用。局部变量在引用时必须以"@"开头,而且必须先用DECLARE命令声明后才可以使用。其语法如下:

> DECLARE @变量名 变量类型 [@变量名 变量类型…]

其中,变量类型可以是SQL Server提供的或者用户自定义的数据类型。

7.4 运算符和表达式

7.4.1 运算符

1. 算术运算符

算术运算符用于对两个表达式执行数学运算。常用的算术运算符如表7-5所示。

表7-5 算术运算符

运算符	说明
+	加法运算
-	减法运算
*	乘法运算
/	除法运算,返回商。如果两个表达式都是整数,则结果是整数,小数部分被截断
%(求模)	求模(求余)运算,返回两数相除后的余数

2. 关系运算符

关系运算符也称为比较运算符,用于比较两个表达式的大小或是否相同。表达式可以是字符、日期数据或数字等,其比较结果是布尔值。条件语句(如IF语句)的判断表达式或者用于检索的WHERE子句,常采用比较运算符连接的表达式。常用的关系运算符如表7-6所示。

表7-6 关系运算符

运算符	说明
=	相等
>	大于
<	小于
>=	大于或等于
<=	小于或等于
<>、!=	不等于
!<	不小于
!>	不大于

3. 逻辑运算符

逻辑运算符可以将多个逻辑表达式连接起来。返回值为TRUE、FALSE或UNKNOWN值的布尔数据类型。逻辑运算符如表7-7所示。

表7-7 逻辑运算符

运算符	说明
AND	与运算，两个操作数均为TRUE时，结果才为TRUE
OR	或运算，若两个操作数中有一个为TRUE，则结果为TRUE
NOT	非运算，单目运算，对操作数值取反
ALL	每个操作数值都为TRUE时，结果为TRUE
ANY	多个操作数中任何一个为TRUE，结果就为TRUE
BETWEEN	若操作数在指定的范围内，则运算结果为TRUE
EXISTS	若子查询包含一些行，则运算结果为TRUE
IN	若操作数值等于表达式列表中的一个，则结果为TRUE
LIKE	若操作数与某种模式相匹配，则结果为TRUE
SOME	若在一组操作数中，有些值为TRUE，则结果为TRUE

4. 连接运算符

连接运算符"+"用于串联两个或两个以上的字符或二进制串、列名或者串和列的混合体。

5. 位运算符

位运算符能够在整型或者二进制数据(image数据类型除外)之间执行位操作。位运算符如表7-8所示。

表7-8 位运算符

运算符	说明
&(位与运算)	两个位值均为1时，结果为1；否则为0
|(位或运算)	只要有一个位值为1，则结果为1；否则为0
^(位异或运算)	两个位值不同时，结果为1；否则为0

【例7-2】位运算符实例。

SQL代码如下，结果如图7-2所示。

SELECT 56 & 208, 56 | 208, 56 ^ 208

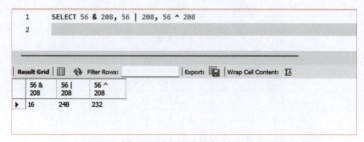

图7-2 例7-2的运行结果

6. 运算符的优先级

如果表达式中含有的运算符级别不同,则先对较高级别的运算符进行运算,再对较低级别的运算符进行运算。若表达式中有多个级别相同的运算符,则一般按照从左到右的顺序进行运算。当表达式中有括号时,应先对括号内的表达式进行求值;如果表达式中有嵌套的括号,则首先对嵌套最深的表达式求值。运算符的优先级如表7-9所示。

表7-9 运算符的优先级

优先级	运算符
1	()括号
2	+(正)、-(负)、~(按位取反)
3	*(乘)、/(除)、%(取模)
4	+(加)、-(减)、+(字符串连接)
5	=、>、<、>=、<=、<>、!=、!>、!<比较运算符
6	^(位异或)、&(位与)、|(位或)
7	NOT
8	AND
9	ALL、ANY、BETWEEN、IN、LIKE、OR、SOME
10	=(赋值)

7.4.2 表达式

在SQL语言中,表达式由标识符、变量、常量、标量函数、子查询以及运算符组成。在MySQL中,表达式可以用于查询记录的条件等。

一般由常量、变量、函数和运算符组成的式子为复杂表达式,单个常量、变量、列名或函数为简单表达式。SQL语言包括3种表达式,第一种是<表名>后跟的<字段名表达式>,第二种是SELECT语句后跟的<目标表达式>,第三种是WHERE语句后跟的<条件表达式>。

1. 字段名表达式

<字段名表达式>可以是单一的字段名或几个字段的组合,也可以是由字段、作用于字段的集函数和常量的任意算术运算(+、-、*、/)组成的运算公式,主要包括数值表达式、字符表达式、逻辑表达式和日期表达式4种。

2. 目标表达式

<目标表达式>有以下4种构成方式:
- *,表示选择相应基本表或视图的所有字段。
- <表名>.*,表示选择指定的基本表和视图的所有字段。
- 集函数(),表示在相应的表中按集函数操作和运算。
- [<表名>.]<字段名表达式>[, [<表名>.]<字段名表达式>]…,表示按字段名表达式在多个指定的表中选择指定的字段。

3. 条件表达式

<条件表达式>的用法有以下6种。

(1) 比较大小。应用比较运算符构成的表达式，主要的比较运算符有=、>、<、>=、<=、!=、<>、!>(不大于)、!<(不小于)和NOT+(与比较运算符同用，对条件求非)。

(2) 指定范围，代码如下：

BETWEEN...AND...

或

NOT BETWEEN...AND...

表示查找字段值在(或不在)指定范围内的记录。BETWEEN后是范围的下限(即低值)，AND后是范围的上限(即高值)。

(3) 集合，代码如下：

IN...

或

NOT IN...

表示查找字段值属于(或不属于)指定集合内的记录。

(4) 字符匹配，代码如下：

LIKE'<匹配串>'

或

NOT LIKE'<匹配串>'[ESCAPE'<换码字符>']

表示查找指定的字段值与<匹配串>相匹配的记录。<匹配串>可以是一个完整的字符串，也可以含有通配符_和%。其中，_代表任意单个字符，%代表任意长度的字符串。

(5) 空值，代码如下：

IS NULL

或

IS NOT NULL

表示查找字段值为空(或不为空)的记录。NULL不能用来表示无形值、默认值、不可用值，以及取最低值或取最高值。SQL规定：在含有运算符+、-、*、/的算术表达式中，若有一个值是NULL，则该运算表达式的值也是空值；任何一个含有NULL比较操作结果的取值都为"假"。

(6) 多重条件，代码如下：

AND

或

OR

AND的作用是查找字段值满足所有与AND相连的查询条件的记录；OR的作用是查找字段值满足查询条件之一的记录。AND的优先级高于OR，但可通过括号来改变优先级。

7.5 MySQL函数简介

MySQL提供了众多功能强大的函数，每个函数实现特定的功能。通过使用函数，可以方便用户进行数据的查询、操纵以及数据库的管理，从而提高应用程序的设计效率。MySQL中的函数根据功能主要分为以下几类：字符串函数、数学函数、类型转换函数、文本和图像函数、日期和时间函数、系统函数等。

7.5.1 字符串函数

字符串函数是专门用来处理字符串数据的，可实现对字符串进行长度统计、比较、获取、定位、改变、合并、替换、删除空格等诸多灵活而强大的功能。

字符串函数包括长度统计和比较函数、获取字符串函数、字符串定位函数、改变字符串函数、删除空格函数和生成字符串函数。

1. 长度统计和比较函数

长度统计和比较函数主要有以下几种。
- CHAR_LENGTH(s)：统计字符串s所包含的字符个数。
- LENGTH(s)：统计字符串s的字节长度(字节数)。
- BIT_LENGTH(s)：统计字符串的比特长度(比特数)。
- STRCMP(s1, s2)：比较字符串s1、s2的大小。依次比较s1和s2两个字符串中对应的字符，若所有的字符均相同，返回0；若不同，则按字母表顺序比大小，如果s1大于s2，返回1，否则返回-1。

【例7-3】统计字符串长度。

```
SET @s1 = 'Tyson/泰森鸡胸肉454g';
SELECT CHAR_LENGTH(@s1), LENGTH(@s1);
```

运行结果如图7-3所示。

CHAR_LENGTH(@s1)	LENGTH(@s1)
15	25

图7-3 运行结果

说明：

(1) CHAR_LENGTH将一个多字节字符算作一个单字符，故"'泰森鸡胸肉'"算5个字符；LENGTH统计的是字节(非字符)长度，一个汉字占2字节，"'泰森鸡胸肉'"就是10字节，两者统计结果是不同的。

(2) ASCII码一个字符占1字节，故对字符串"Tyson/454g"，两个函数统计的结果一样。

【例7-4】字符串比较。

SELECT STRCMP('zhou YiMing', 'Zhou Yiming'),
STRCMP('zhou ', 'zhou'), STRCMP('zhou', '周');

运行结果如图7-4所示。

图7-4 运行结果

2. 获取字符串函数

获取字符串函数主要有以下几种。

- LEFT(s, n)：截取字符串s左边n个字符。
- RIGHT(s, n)：截取字符串s右边n个字符。
- SUBSTRING(s, p, n)或MID(s, d, n)：截取字符串s自位置p起n个字符的子串。第1个字符的位置为1，如果p<0，则子字符串的起始位置从后面算，即倒数第p个字符；如果n小于1，则结果始终为空字符串。
- ELT(p, s1, …, sn)：获取列表中指定索引位置sp的字符串。p小于1或大于列表字符串的数目，则返回NULL。
- MAKE_SET(d, s1, …, sn)：按十进制d对应二进制数位为1的位置，选取对应列表中若干个(0、1或者多个)字符串集，列表中的NULL值不会被选取。
- CHAR(x1, …, xn)：获取列表中各值ASCII码对应字符所组成的字符串。
- ASCII(s)：返回字符串s最左端字符的ASCII码值。

【例7-5】字符串截取。

SET @s = 'Tyson/泰森鸡胸肉454g';
SELECT LEFT(@s,5), RIGHT(@s,4), SUBSTRING(@s,7,5), MID(@s,1,5);   #(a)
SELECT SUBSTRING(@s, -4, 3), MID(@s, 1, 0), SUBSTRING(@s, 7, -2); #(b)

运行结果如图7-5所示。

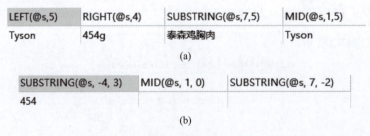

图7-5 运行结果

说明：SUBSTRING(@s, -4, 3)，因为-4<0，所以子字符串的起始位置从后面算，为倒数第4个字符起取3个字符，即"454"；MID(@s, 1, 0)和SUBSTRING(@s, 7, -2)，它们的第3个参数0和-2都小于1，故结果为空字符串。

【例7-6】 字符串选取。

```
SELECT ELT(4, '苹果', '梨', '橙', '猪肉', '海鲜') AS ELT_4,
ELT(0, '苹果'),#(a)
MAKE_SET(19, '苹果', '梨', '橙', '猪肉', '海鲜') AS MSET_19, #(b)
MAKE_SET(7, '苹果', NULL, '橙', '猪肉', '海鲜') AS SET_7; #(c)
```

运行结果如图7-6所示。

ELT_4	ELT(0, '苹果')	MSET_19	SET_7
猪肉	(Null)	苹果,梨,海鲜	苹果,橙

图7-6 运行结果

说明：

(1) 没有第0个字符串。

(2) 19的二进制数是10011，从右往左的第1、2和5位的值为1，所以选取列表中从前面开始第1、2和5个的三个字符串'苹果'、'梨'和'海鲜'。

(3) 7的二进制数是111，但由于列表的第2位置为NULL，故只取到了1、3位置的字符串。

【例7-7】 获取ASCII码字符串。

```
SELECT CHAR(0b01000001,98.2, 0x63,x'64'),#(a)
ASCII('apple'), ASCII('汉字');#(b)
```

运行结果如图7-7所示。

CHAR(0b01000001,98, 0x63,x'64')	ASCII('apple')	ASCII('汉字')
Abcd	97	230

图7-7 运行结果

说明：

(1) 二进制0b01000001=0x41，对应的ASCII字符为A，98.2取整=98(0x62)，对应的ASCII字符为b。

(2) '汉字'字符串共4字节，ASCII函数获取的是字符串第1字节的字符对应的ASCII编码，这里就是'汉'的第1字节，因为高位为1，所以ASCII编码肯定>128。

3. 字符串定位函数

字符串定位函数主要有以下几种。

- LOCATE(s1, s)、POSITION(s1 IN s)和INSTR(s, s1)：这3个函数的作用相同，皆返回子串s1在字符串s中的开始位置。
- FIELD(s, s1, ...)：返回字符串s在列表s1,…中第一次出现的位置。
- FIND_IN_SET(s, sList)：返回字符串s在字符串列表sLlist中出现的位置。其中sList=s1+','+...。

【例7-8】获取字符串位置。

SET @s = 'Tyson/泰森鸡胸肉454g*5去皮冷冻包邮', @s1 = '鸡胸肉';
SELECT LOCATE(@s1, @s), POSITION(@s1 IN @s), INSTR(@s, @s1);#(a)
SET @sList = '苹果,梨,橙,猪肉,海鲜';
SELECT FIELD('猪肉', '苹果', '梨', '橙', '猪肉', '海鲜') AS 猪肉,#(b)
FIELD('猪肉', @sList), FIELD(NULL, @sList, NULL);
SELECT FIND_IN_SET('猪肉', @slist),FIND_IN_SET(NULL,@sList);#(c)

运行结果如图7-8所示。

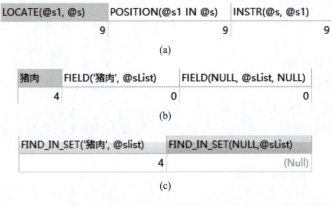

图7-8 运行结果

4. 改变字符串函数

改变字符串函数主要有以下几种。

- INSERT(s, p, n, s2)：从字符串s的位置p开始用字符串s2取代n个字符，返回插入后的整个字符串。如果p的n个字符串均不在原字符串长度范围内，返回原字符串s。
- REPLACE(s, s1, s2)：用字符串s2替代字符串s中所有的字符串s1。
- LOWER(s)或LCASE(s)：将字符串s中的字母字符全部转换成小写。
- UPPER(s)或UCASE(s)：将字符串s中的字母字符全部转换成大写。
- LPAD(s, n, s2)：将字符串s补齐至n字符长，从左起用字符串s2填充。如果原字符串s已经大于需要填充至的n字符长，则直接将原字符串缩短至n字符长，不执行填充。
- RPAD(s, n, s2)：将字符串s补齐至n字符长，从右起用字符串s2填充。如果原字符串s已经大于需要填充至的n字符长，则直接将原字符串缩短至n字符长，不执行填充。
- CONCAT(s1, …)：将字符串s1, …拼接成一个字符串(=s1+s2+…)。字符串中只要有一个为NULL，结果就为NULL。
- CONCAT_WS(x, s1, …)：以分隔符x将字符串s1, …拼接成一个字符串(=s1+x+s2+x+…)。若分隔符为NULL，结果为NULL。拼接的字符串中有NULL对结果并无影响。
- REVERSE(s)：将字符串s的所有字符反序。
- QUOTE(s)：用反斜杠转义s中的单引号。

【例7-9】字符串替换。

```
SET @s='Hello,World!';
SELECT INSERT(@s, 7, 5, 'MySQL'),
INSERT(@s, 12, 5, 'MySQL'),#(a)
INSERT(@s, -2, 5, 'MySQL'),#(a)
INSERT(@s, 7, 6, 'MySQL');#(a)
SELECT INSERT(@s,3,2,'LL'),REPLACE(@s, 'l', 'L');#(b)
```

运行结果如图7-9所示。

INSERT(@s, 7, 5, 'MySQL')	INSERT(@s, 12, 5, 'MySQL')	INSERT(@s, -2, 5, 'MySQL')	INSERT(@s, 7, 6, 'MySQL')
Hello,MySQL!	Hello,WorldMySQL	Hello,World!	Hello,MySQL

(a)

INSERT(@s,3,2,'LL')	REPLACE(@s, 'l', 'L')
HeLLo,World!	HeLLo,WorLd!

(b)

图7-9　运行结果

说明：

(1) 图7-9(a)中，替换位置p=12和p=-2，都不在原字符串长度范围内，返回的就是原字符串。INSERT(@s, 7, 6, 'MySQL')中n=6大于替换字符串"'MySQL'"的长度，则6个字符替换为5个字符。

(2) 图7-9(b)中，前项将前面ll字符串替换为LL，后项将所有l字符替换为L。

【例7-10】大小写转换和字符串填充。

```
SELECT LOWER('学 MySQL!'), UCASE('学 MySQL!'),REVERSE('学 MySQL!');
#(a)
SELECT LPAD('MySQL',10,'++'),RPAD('MySQL',10,'**'),LPAD('MySQL',3,'+');#(b)
```

运行结果如图7-10所示。

LOWER('学 MySQL!')	UCASE('学 MySQL!')	REVERSE('学 MySQL!')
学 mysql!	学 MYSQL!	!LQSyM 学

(a)

LPAD('MySQL',10,'++')	RPAD('MySQL',10,'**')	LPAD('MySQL',3,'+')
+++++MySQL	MySQL*****	MyS

(b)

图7-10　运行结果

【例7-11】字符串拼接。

```
SELECT CONCAT('Hello', 'My', 'SQL'), CONCAT('Hello', NULL, 'SQL');
#(a)
SELECT CONCAT_WS(',','苹果', '梨', '橙'), CONCAT_WS(',','苹果', '梨',NULL,'橙'),CONCAT_WS(NULL,'苹果', '梨', '橙');#(b)
```

运行结果如图7-11所示。

CONCAT('Hello', 'My', 'SQL')	CONCAT('Hello', NULL, 'SQL')
HelloMySQL	(Null)

(a)

CONCAT_WS(',','苹果','梨','橙')	CONCAT_WS(',','苹果','梨')	CONCAT_WS(NULL,'苹果','梨','橙')
苹果,梨,橙	苹果,梨	(Null)

(b)

图7-11　运行结果

5. 删除空格函数

删除空格函数主要有以下几种。

- LTRIM(s)：删除字符串s左边的空格。
- RTRIM(s)：删除字符串s右边的空格。
- TRIM(s)：同时删除字符串s两边的空格。
- TRIM([BOTH | LEADING | TRAILING] s1 FROM s)：删除字符串s中的所有子字符串s1。可选关键字指定删除s中特定位置的s1，BOTH | LEADING | TRAILING分别表示两边、头部和尾部。

【例7-12】删除字符串中的空格。

```
SET @s1=' MyHello ';
SET @s2=' MySQL';
SET @s3= CONCAT(TRIM(BOTH ' ' FROM @s1),LTRIM(@s2));
SELECT @s3, TRIM(LEADING 'My' FROM @s3),TRIM(TRAILING 'SQL' FROM @s3);
```

运行结果如图7-12所示。

@s3	TRIM(LEADING 'My' FROM @s3)	TRIM(TRAILING 'SQL' FROM @s3)
MyHelloMySQL	HelloMySQL	MyHelloMy

图7-12　运行结果

6. 生成字符串函数

生成字符串函数主要有如下两种。

- REPEAT(s, n)：将字符串s重复n次。
- SPACE(n)：生成一个由n个空格组成的字符串。

【例7-13】生成字符串。

```
SET @s1='MyHello';
SET @s2='MySQL';
SET @s3=CONCAT(@s1, space(5),@s2);
SELECT @s3,CONCAT_WS(',', REPEAT('鹅', 3), '曲项向天歌') AS 咏鹅;
```

运行结果如图7-13所示。

7.5.2 数学函数

数学函数是用来处理数值型数据的函数，主要有常用运算函数、数制转换、取接近值函数、幂和对数函数、随机数函数、三角函数等。在有错误产生时，数学函数返回NULL。

1. 常用运算函数

常用运算函数主要有以下几种。

- ABS(x)：求x的绝对值。
- SIGN(x)：返回参数的符号。x的值为负、零和正时，返回结果依次为-1、0和1。
- PI()：获得圆周率的值(取小数点后6位)。
- SQRT(x)：求x的开方。负数没有平方根，故返回NULL。
- MOD(x,y)：求x被y除后的余数。MOD不仅可用于整数，也可用于对浮点小数值取余。

【例7-14】常用运算函数测试。

```
SET @x=-7;
SELECT ABS(-@x-1),SIGN(MOD(@x,3)-1), SQRT(PI()+ABS(@x)^2),MOD(31.4159,-7);
```

运行结果如图7-14所示。

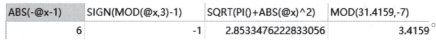

图7-14 运行结果

- LEAST(x1,...)：获得集合中最小的值。

LEAST比较规则如下：

(1) 如果所有参数都是整数值，则将它们作为整数类型进行比较。

(2) 如果至少一个参数为浮点数值，则将它们作为浮点类型进行比较。

(3) 如果至少一个参数是decimal值，则将它们作为decimal值进行比较。

(4) 如果参数包含数字和字符串的混合，则将它们作为字符串进行比较。

(5) 如果任何参数是非二进制(字符)字符串，则将参数作为非二进制字符串进行比较。

(6) 如果有任何参数为空，则结果为NULL。

(7) 在所有其他情况下，将参数作为二进制字符串进行比较。

- GREATEST(x1,...)：获得集合中最大的值。比较规则同LEAST(x1,...)。

2. 数制转换

数制转换包括二进制、八进制、十进制和十六进制及其相互转换。

- BIN(n)、OTC(n)、HEX(n)：数值n分别转换为二进制、八进制和十六进制字符串。

- CONV(n, n1, n2)：将数值n由n1进制转化为n2进制字符串。

【例7-15】 数制转换测试。

```
SET @x=78;
SELECT BIN(@x), OCT(@x), HEX(@x);#(a)
SELECT CONV(01001110, 2, 10), CONV(116, 8, 10), CONV(0x4E, 16, 10);
#(b)
```

运行结果如图7-15所示。

BIN(@x)	OCT(@x)	HEX(@x)
1001110	116	4E

(a)

CONV(01001110, 2, 10)	CONV(116, 8, 10)	CONV(0x4E, 16, 10)
78	78	78

(b)

图7-15　运行结果

3. 取接近值函数

常用的取接近值函数如下。

- ROUND(x)：求最接近x的整数，对x值四舍五入。
- ROUND(x,y)：求最接近x的数，值保留到小数点后y位。ROUND(x, y)中若y为负值，则将保留x值到小数点左边y位，保留的小数点左边的相应位直接置为0，并对更高位四舍五入。
- FORMAT(x, n)：将x格式化字符串，整数部分每3位加一个"，"字符；以四舍五入的方式保留小数点后n位。

例如：

```
ROUND(1234567.14156, 4)=1234567.1416
FORMAT(1234567.14156, 4)='1,234,567.1416'
```

- TRUNCATE(x, y)：对x截取被舍去至小数点后y位的数值。若y的值为0，则结果只保留整数部分；若y为负数，则截去x小数点左起第y位开始后面所有低位的值，而不会像ROUND(x, y)函数一样四舍五入。
- CEIL(x)或CEILING(x)：求不小于x的最小整数。
- FLOOR(x)：求不大于x的最大整数。

【例7-16】 取接近值函数测试。

```
SET @x=126.549;
SELECT ROUND(@X), ROUND(-@X, 2), ROUND(@X, -1);#(a)
SELECT TRUNCATE(@X,0), TRUNCATE(-@X,2), TRUNCATE(@X,-1);#(b)
SELECT FLOOR(-@x), CEIL(-@X), FLOOR(@x), CEILING(@x);#(c)
```

运行结果如图7-16所示。

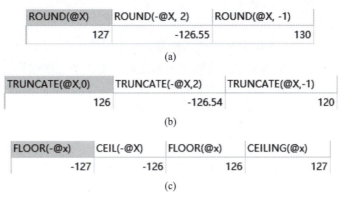

图7-16 运行结果

4. 幂和对数函数

常用的幂和对数函数如下。

- POW(x, y)或POWER(x, y)：求x的y次方。
- EXP(x)：求e的x乘方。
- LN(X)：求x的自然对数。
- LOG(x)：求x的自然对数(相对于基数e的对数)。x不能为负数，否则返回NULL。
- LOG10(x)：求x的基数为10的对数。x不能为负数，否则返回NULL。
- LOG(x,y)：求x的以y为底的对数。

【例7-17】部分幂和对数函数测试。

```
SELECT POW(3, 2), POWER(2, 3), POW(10, -2), POWER(9.8, 0);#(a)
SELECT EXP(2), SQRT(EXP(2)), EXP(0);#(b)
SELECT EXP(-1), 1/EXP(1), LOG(EXP(2.5));#(c)
SELECT LOG(1), LOG(-5), LOG10(1000), LOG10(0.01);#(d)
```

运行结果如图7-17所示。

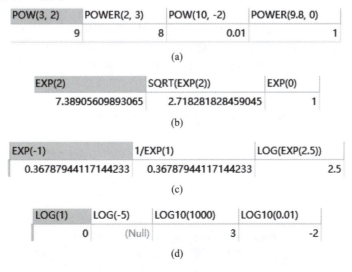

图7-17 运行结果

5. 随机数函数

随机数函数可以产生一个0和1之间的随机数。

- RAND()：产生一个随机数，范围在0和1之间。每次产生的结果皆不一样。
- RAND(x)：根据种子参数x产生0和1之间的随机数。不同的x产生的随机数值不同，相同的种子参数x每次所产生的结果则是完全一样的。

【例7-18】随机数函数测试。

SELECT RAND(), RAND(1), RAND(2), RAND(2)(1), ROUND(RAND(2)*100);

运行结果如图7-18所示。

RAND()	RAND(1)	RAND(2)	RAND(2)(1)	ROUND(RAND(2)*100)
0.18003765324133416	0.40540353712197724	0.6555866465490187	0.6555866465490187	66

图7-18 运行结果

6. 三角函数

常用的三角函数如下。

- PI()：求PI的值(即圆周率)。
- SIN(x)：求x的正弦，其中x为弧度值。
- COS(x)：求x的余弦，其中x为弧度值。
- TAN(x)：求x的正切，其中x为弧度值。
- COT(x)：求x的余切，其中x为弧度值。
- ASIN(x)：求x的反正弦。x必须在-1~1的范围内，否则返回NULL。
- ACOS(x)：求x的反余弦。x必须在-1~1的范围内，否则返回NULL。
- ATAN(x)：求x的反正切。
- RADIANS(x)：求x角度对应的弧度。
- DEGREES(x)：求x弧度对应的角度。

【例7-19】部分三角函数测试。

SELECT ROUND(SIN(RADIANS(30)), 2), ROUND(SIN(PI()/6), 2);#(a)
SELECT FORMAT(TAN(PI()/3), 3), FORMAT(1/COT(PI()/3), 3);#(b)
SELECT DEGREES(ASIN(SIN(PI()/4))), DEGREES(ACOS(0));#(c)

运行结果如图7-19所示。

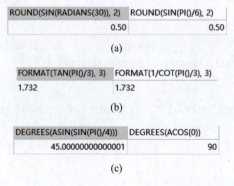

图7-19 运行结果

7.5.3 日期时间函数

日期时间函数又分为日期函数和时间函数，分别用来处理日期和时间值。日期函数通常接受date类型的参数，也可使用datetime、timestamp型参数，但会忽略值的时间部分；同样地，时间函数通常以time类型值为参数，也可接受datetime、timestamp类型值，但会忽略其日期部分。此外，许多日期时间函数还可以同时接受描述日期和时间的数字及字符串类型的参数。

日期时间函数包括获取当前日期和时间函数、获取日期包含信息函数、获取时间包含信息函数、计算日期所在周函数、日期和时间运算函数、日期时间格式化函数和时间与秒转换函数。

1. 获取当前日期和时间函数

获取当前日期和时间函数如下。

- CURDATE()和CURRENT_DATE()：获取当前日期。
- CURTIME()和CURRENT_TIME()：获取当前时间。
- CURRENT_TIMESTAMP()、LOCALTIME()、NOW()和SYSDATE()：获取当前日期和时间。
- UNIX_TIMESTAMP()：获取一个UNIX时间戳。所谓"UNIX时间戳"，就是某个时间点与"1970-01-01 00:00:00"GMT(即格林尼治标准时)之间间隔的秒数，以一个无符号整数表示。不带参数的UNIX_TIMESTAMP( )获取的是当前时间戳，而带一个参数时获取到的则是某个特定时间点的时间戳。
- UTC_DATE()：获取UTC(世界标准时间)的日期，即GMT。
- UTC_TIME()：获取UTC的时间，即GMT。
- DATE(datetime)：获取datetime中的日期。
- TIME(datetime)：获取datetime中的时间。

【例7-20】获取当前日期和时间。

```
SELECT CURDATE(), CURRENT_TIME(), CURRENT_TIMESTAMP();#(a)
SELECT UNIX_TIMESTAMP() AS 当前时间戳,
UNIX_TIMESTAMP('1970-01-02 08:00:00') AS 一日的秒数;#(b)
SELECT UTC_DATE(), UTC_TIME(), NOW();#(c)
```

运行结果如图7-20所示。

说明：

(1) 在图7-20(a)中，运行时获取的是自己本地计算机系统的当前时间。

(2) 在图7-20(b)中，获取'1970-01-02 08:00:00'的UNIX时间戳，"'1970-01-02 08:00:00'"指的是北京时间，对应GMT格林尼治时间为"'1970-01-02 00:00:00'"，两者相差8个小时。

(3) 在图7-20(c)中，获取UTC标准时，UTC标准时也就是GMT格林尼治时间，UTC时间与系统时间差了整8个小时。

图7-20 运行结果

2. 获取日期包含信息函数

获取日期包含信息函数如下。

- YEAR(date)：获取日期date对应的年份值，范围为100～9999。将"00～69"转换为"2000～2069"，将"70～99"转换为"1970～1999"。
- MONTH(date)：获取日期date对应的月份值，范围为1～12。
- MONTHNAME(date)：获取日期date对应月份的英文全名。
- DAYOFYEAR(date)：求日期date是一年中的第几天，范围为1～366。
- DAYOFMONTH(date)：求日期date是一个月中的第几天，范围为1～31。
- QUARTER(date)：求日期date所在一年中的季度值，范围为1～4。
- DAYNAME(date)：获取日期date对应工作日的英文名(如Sunday、Monday等)。
- DAYOFWEEK(date)：求日期date在其所在周中的索引。其中，1表示周日，2表示周一，…，7表示周六。
- WEEKDAY(date)：求日期date对应的工作日索引。其中，0表示周一，1表示周二，…，6表示周日。

【例7-21】获取当前日期包含的信息。

假设执行语句时的日期为2021年1月7日星期四。

```
SET @d = CURDATE();
SELECT @d, YEAR(@d), MONTH(@d),DAYOFMONTH(@d),DAYOFYEAR(@d);#(a)
SELECT MONTHNAME(@d),DAYNAME(@d);#(b)
SELECT QUARTER(@d),DAYOFWEEK(@d),WEEKDAY(@d);#(c)
SELECT YEAR('21-07-29'), YEAR('98-7-29'), YEAR('2021 -07-29);#(d)
```

运行结果如图7-21所示。

说明：

(1) 在图7-21(a)中，当前时间2021年1月7日是2021年、1月的第7日，当年的第7日。

(2) 在图7-21(b)中，当前时间是January(1月)、Thursday(星期四)。

(3) 在图7-21(c)中，当前时间是第1季度、本周第5天、星期四。

(4) 在图7-21(d)中，21<=69，为2021；70<=98<100，为1998；"-07"前多了空格，不符合日期字符串规范，不是日期。

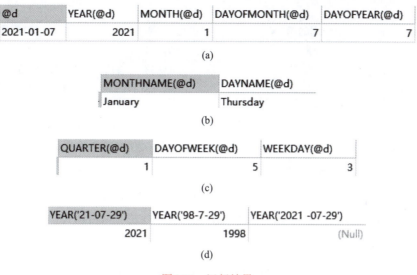

图7-21 运行结果

3. 获取时间包含信息函数

获取时间包含信息函数如下。

- HOUR(time)：获取时间time对应的小时数，范围为0～23。
- MINUTE(time)：获取时间time对应的分钟数，范围为0～59。
- SECOND(time)：获取时间time对应的秒数，范围为0～59。

【例7-22】获取当前时间包含的信息。

SET @t = CURTIME();
SELECT @t, HOUR(@t), MINUTE(@t), ECOND(@t);

运行结果如图7-22所示。

图7-22 运行结果

4. 计算日期所在周函数

计算日期所在周函数如下。

- WEEK(date, mode)：计算日期date是一年中的第几周。参数mode指定该周是始于周日还是周一、周数范围以及如何界定本年度的第1周，具体取值见表7-10。

表7-10 mode参数取值

mode	一周的第1天	范围	第1周界定
0(默认值)	周日	0～53	本年度中有一个周日
1	周一	0～53	本年度中有3天以上
2	周日	1～53	本年度中有一个周日
3	周一	1～53	本年度中有3天以上
4	周日	0～53	本年度中有3天以上

(续表)

mode	一周的第1天	范围	第1周界定
5	周一	0～53	本年度中有一个周一
6	周日	1～53	本年度中有3天以上
7	周一	1～53	本年度中有一个周一

- WEEKOFYEAR(date)：计算日期date位于一年中的第几周，周数范围是1～53，相当于WEEK(date, 3)。例如，WEEKOFYEAR('2020-01-01')结果为1。

【例7-23】同一个日期在3种不同模式下的周数。

```
SET @d='2020-01-01';
SELECT @d, WEEK(@d) AS MODE_0, WEEK(@d, 1) AS MODE_1, WEEK(@d, 2) AS MODE_2;
```

运行结果如图7-23所示。

@d	MODE_0	MODE_1	MODE_2
2020-01-01	0	1	52

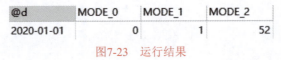

图7-23　运行结果

说明：

(1)“WEEK('2020-01-01')”不带参数，默认mode = 0，此时一周的第1天被认为从周日开始，周数范围为0～53，且第1周在本年度中必须有一个周日，这样从2020-01-05～2020-01-11为第1周，之前的4天为第0周，2020-01-01的周数为0。

(2)“WEEK('2020-01-01', 1)”带参数1，mode = 1，此时一周的第1天从周一开始，但只要有3天以上在本年度内的周即可算作是第1周，由于2019-12-30～2020-01-05的这一周已经有5天在2020年内了，故把它作为第1周，其中的日期2020-01-01的周数就是1。

(3)“WEEK('2020-01-01', 2)”带参数2，mode = 2，此时要求只有该周的起始日(周日)在本年度内的周才能算作第1周，周数范围为1～53，由于2019-12-29～2020-01-04这一周的起始日不在2020年内，故而它只能算作是上一年(2019年)的最后1周，周数52。

以上3种模式在日历上的标注如图7-24所示。

mode = 0　　mode = 1　　mode = 2

图7-24　3种模式在日历上的标注

可见，参数mode不同，返回的结果也不同。设置不同参数mode的原因是不同地区和国家的风俗习惯差异，导致一年中起始周的认定及每周的第一天不同。

5. 日期和时间运算函数

日期和时间运算函数如下。

- DATE_ADD(date, INTERVAL 表达式 类型)或ADDDATE(date, INTERVAL 表达式 类型)：在起始日期上增加表达式设定的时间间隔值。其中，参数date指定起始日期；表达式为数值或一个特定格式的时间值；类型则指示了表达式值所代表的时间类型，其对应关系详见表7-11。

表7-11 不同时间类型对应的表达式值

类型	表达式值
MICROSECOND	毫秒数
SECOND	秒数
MINUTE	分钟数
HOUR	小时数
DAY	天数
WEED	星期数
MONTH	月数
QUARTER	季数
YEAR	年数
SECOND_MICROSECOND	'秒数.毫秒数'
MINUTE_MICROSECOND	'分钟数.毫秒数'
MINUTE_SECOND	'分钟数:秒数'
HOUR_MICROSECOND	'小时数.毫秒数'
HOUR_SECOND	'小时数:分钟数:秒数'
HOUR_MINUTE	'小时数:分钟数'
DAY_MICROSECOND	'天数.毫秒数'
DAY_SECOND	'天数 小时数:分钟数:秒数'
DAY_MINUTE	'天数 小时数:分钟数'
DAY_HOUR	'天数 小时数'
YEAR_MONTH	'年数-月数'

- DATE_SUB(date, INTERVAL 表达式 类型)或SUBDATE(date, INTERVAL 表达式 类型)：在起始日期上减去表达式设定的时间间隔值。参数意义同DATE_ADD和ADDDATE。

实际上，DATE_SUB(date,INTERVAL e 类型)=DATE_ADD(date,INTERVAL -e 类型)。

- DATEDIFF(date2, date1)：计算起始日期date1与结束日期date2之间的天数。
- ADDTIME(dtime, 时间表达式)：将时间表达式值增加到指定的时间dtime上。
- SUBTIME(dtime, 时间表达式)：在指定的时间dtime上减去一个时间表达式值。

实际上，SUBTIME(dtime, 时间表达式)=ADDTIME(dtime, 时间表达式)。

- EXTRACT(类型 FROM date)：提取日期的一部分。

【例7-24】日期加减。

```
SET @dt = NOW();
SET @d=DATE(@dt), @t=TIME(@d);
SELECT @d, ADDDATE(@d, INTERVAL -30 DAY),DATE_SUB(@dt, INTERVAL 6 SECOND);#(a)
SELECT @dt,DATE_ADD(@dt, INTERVAL '10:2' MINUTE_SECOND),
    ADDDATE(@dt, INTERVAL '-1 4' DAY_HOUR);#(b)
SELECT NOW(),DATEDIFF(NOW(),@d),EXTRACT(YEAR_MONTH FROM @dt);#(c)
SELECT @dt,ADDTIME(@dt, '1 1:1:1.000002');#(d)
```

运行结果如图7-25所示。

@d	ADDDATE(@d, INTERVAL -30 DAY)	DATE_SUB(@dt, INTERVAL 6 SECOND)
2021-01-06	2020-12-07	2021-01-06 11:08:04

(a)

@dt	DATE_ADD(@dt, INTERVAL '10:2' MINUTE_SECOND)	ADDDATE(@dt, INTERVAL '-1 4' DAY_HOUR)
2021-1-6 11:08:10	2021-01-06 11:18:12	2021-01-05 07:08:10

(b)

NOW()	DATEDIFF(NOW(),@d)	EXTRACT(YEAR_MONTH FROM @dt)
2021-01-07 12:21:59	1	202101

(c)

@dt	ADDTIME(@dt, '1 1:1:1.000002')
2021-1-6 11:08:10	2021-01-07 12:09:11.000002

(d)

图7-25　运行结果

6. 日期时间格式化函数

日期时间格式化函数如下。

- DATE_FORMAT(date, format)：根据参数format指定的格式显示日期date。
- TIME_FORMAT(time, format)：根据参数format指定的格式显示时间time。

MySQL支持的日期和时间格式详见表7-12。

表7-12　MySQL支持的日期和时间格式

格式描述符	说明
%a	工作日的缩写名称(Sun，…，Sat)
%b	月份的缩写名称(Jan，…，Dec)
%c	月份，数字形式(0，…，12)
%D	以英文后缀表示月中的几号(1st，2nd，…)
%d	该月日期，数字形式(00，…，31)
%e	该月日期，数字形式(0，…，31)
%f	微秒(000000，…，999999)
%H	以2位数表示24小时(00，…，23)
%h, %I	以2位数表示12小时(01，…，12)
%i	分钟，数字形式(00，…，59)
%j	年中的天数(001，…，366)
%k	以24(0，…，23)小时表示时间
%l	以12(1，…，12)小时表示时间
%M	月份名称(January，…，December)
%m	月份，数字形式(00，…，12)
%p	上午(AM)或下午(PM)
%r	时间，12小时制(小时hh:分钟mm:秒数ss后加AM或PM)
%S, %s	以2位数形式表示秒(00，…，59)
%T	时间，24小时制(小时hh:分钟mm:秒数ss)

(续表)

格式描述符	说明
%U	周(00, …, 53), 其中周日为每周的第一天
%u	周(00, …, 53), 其中周一为每周的第一天
%V	周(01, …, 53), 其中周日为每周的第一天；和%X同时使用
%v	周(01, …, 53), 其中周一为每周的第一天；和%x同时使用
%W	工作日名称(周日, …, 周六)
%w	周中的每日(0=周日, …, 6=周六)
%X	该周的年份, 其中周日为每周的第一天；数字形式, 4位数；和%V同时使用
%x	该周的年份, 其中周一为每周的第一天；数字形式, 4位数；和%v同时使用
%Y	4位数形式表示年份
%y	2位数形式表示年份
%%	标识符%

- GET_FORMAT(值类型, 格式类型)：获取日期时间字符串的显示格式。

其中，"值类型"包括DATE、DATETIME和TIME；"格式类型"表示格式化显示类型，包括EUR、INTERVAL、ISO、JS、USA等。GET_FORMAT根据两个参数类型的组合返回字符串的显示格式，各种组合的对应关系如表7-13所示。

表7-13 各种类型组合的字符串显示格式

值类型	格式类型	字符串显示格式
DATE	EUR	%d.%m.%Y
DATE	INTERVAL	%Y%m%d
DATE	ISO	%Y-%m-%d
DATE	JIS	%Y-%m-%d
DATE	USA	%m.%d.%Y
TIME	EUR	%H.%i.%s
TIME	INTERVAL	%H%i%s
TIME	ISO	%H:%i:%s
TIME	JIS	%H:%i:%s
TIME	USA	%h:%i:%s %p
DATETIME	EUR	%Y-%m-%d %H.%i.%s
DATETIME	INTERVAL	%Y%m%d%H%i%s
DATETIME	ISO	%Y-%m-%d %H:%i:%s
DATETIME	JIS	%Y-%m-%d %H:%i:%s
DATETIME	USA	%Y-%m-%d %H:%i:%s

【例7-25】对日期时间格式化。

SET @dt = '2020-07-30 16:08:23';
SELECT DATE_FORMAT(@dt, '%W %M %Y'), DATE_FORMAT(@dt, '%Y-%m-%d');
#(a)
SELECT TIME_FORMAT(@dt, '%H:%i:%s'), TIME_FORMAT(@dt, '%r');#(b)
SELECT DATE_FORMAT(@dt, GET_FORMAT(DATE, 'EUR')) AS DATE_EUR,
DATE_FORMAT(@dt, GET_FORMAT(TIME, 'USA')) AS TIME_USA;#(c)

运行结果如图7-26所示。

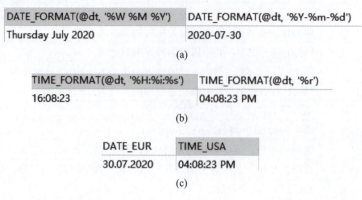

图7-26 运行结果

7. 时间与秒转换函数

时间与秒转换函数如下。

- TIME_TO_SEC(time)：将时间time转换为秒。转换公式：小时*3600+分钟*60+秒。
- SEC_TO_TIME(seconds)：将seconds秒数值转换为时分秒的格式"'HH:MM:SS'"或"HHMMSS"。

【例7-26】时间与秒互相转换。

SELECT TIME_TO_SEC('17:02:38'), SEC_TO_TIME(61358);

运行结果如图7-27所示。

TIME_TO_SEC('17:02:38')	SEC_TO_TIME(61358)
61358	17:02:38

图7-27 运行结果

可见，TIME_TO_SEC正好与SEC_TO_TIME互为反函数。

7.5.4 类型转换函数

类型转换函数包括数值转换为进制字符串函数、进制与对应字符函数、字符串转换为数值和日期函数，以及IP地址转换函数。

1. 数值转换为进制字符串函数

BIN(n)：将数值n转换为二进制字符串。
OCT(n)：将数值n转换为八进制字符串。
HEX(n)：如果n为数值，将n转换为十六进制字符串。如果n是字符串，将每一个字符转换成2个十六进制表示的ASCII码字符。
CONV(n n1, n2)：将n作为n1进制数值转换为n2进制数字符串。

【例7-27】进制转换。

```
SELECT BIN(0b1101), BIN(0x2E), BIN(65),BIN('AX1');#(a)
SELECT OCT(0b1101), OCT(0x2E), OCT(65),OCT('AX1');#(b)
SELECT HEX(0b1101), HEX(0x2E), HEX(65),HEX('AX1');#(c)
SELECT CONV(43,16,2), CONV(41,8,10);#(d)
```

运行结果如图7-28所示。

BIN(0b1101)	BIN(0x2E)	BIN(65)	BIN('AX1')
1101	101110	1000001	0

(a)

OCT(0b1101)	OCT(0x2E)	OCT(65)	OCT('AX1')
15	56	101	0

(b)

HEX(0b1101)	HEX(0x2E)	HEX(65)	HEX('AX1')
0D	2E	41	415831

(c)

CONV(43,16,2)	CONV(41,8,10)
1000011	33

(d)

图7-28 运行结果

2. 进制与对应字符函数

BINARY n：如果n为二进制或者十六进制数值表示形式，n作为ASCII码将其转换为对应的字符串。如果n是带运算符的算术表达式，则计算表达式值。其他数值和字符串常数均作为字符串。

s+0：将s中前部0~9字符组成的字符串转换为对应的十进制数值，如果s中所有字符均由0~9字符组成，则将s字符串全部转换为对应的十进制数值。

【例7-28】改变数据类型。

```
SELECT BINARY 0x41, BINARY (0x41+0b101),BINARY '41';#(a)
SELECT BINARY 0x41, BINARY (0b01000001), BINARY (0x41+1),BINARY '41';
#(b)
SET @s='2A0501';
SELECT RIGHT(@s,3)+0, @s+0, @s+1;#(c)
```

运行结果如图7-29所示。

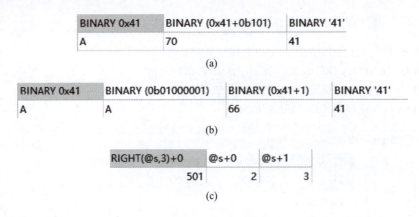

图7-29 运行结果

3. 字符串转换为数值和日期函数

CAST(x AS 类型)或CONVERT(x, 类型)：将x转换为另一个数据类型的值。可支持的类型有binary、char、date、time、datetime、decimal、signed、unsigned等。

例如：

SELECT CAST(-0b110 AS unsigned),CONVERT(0x82,signed);#(a)
SELECT CAST('2020-07-30' AS date)-1;#(b)

运行结果如图7-30所示。

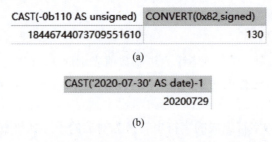

图7-30 运行结果

4. IP地址转换函数

INET_ATON()：将点分字符串形式的IP地址转换为数值网络地址。
INET_NTOA()：将数值网络地址转换为点分字符串形式的IP地址。
例如：

SELECT INET_ATON('192.168.1.2'), INET_NTOA(0xC0A80102);

运行结果如图7-31所示。

INET_ATON('192.168.1.2')	INET_NTOA(0xC0A80102)
3232235778	192.168.1.2

图7-31 运行结果

7.5.5　JSON函数

JSON函数用于处理JSON数据类型及JSON列记录的基本操作，包括JSON基本操作函数、JSON数据检索函数、JSON数据修改函数、获取JSON属性函数和JSON数据转化函数。

1. JSON基本操作函数

下面为一些常用的JSON基本操作函数，其中用j表示JSON对象。

- JSON_OBJECT(键, 值, ...)：创建JSON对象。
- JSON_ARRAY(j, ...)：创建JSON数组。
- JSON_INSERT(j, 路径, 值, ...)：新增不存在的值。
- JSON_REPLACE(j, 路径, 键, ...)：替换/修改已经存在的值。
- JSON_SET(j, 路径, 值, ...)：替换已经存在的值，增加不存在的值。
- JSON_REMOVE(j, 键, ...)：删除j中指定键值对。

JSON基本操作函数前面已经介绍，下面简单举一例。

【例7-29】JSON数据基本操作。

```
SET @j='{"a": 11, "b": 12, "cd": {"c": 21, "d": 22} }';
SET @j1='{"f": 41, "g": 42}';
SET @j=JSON_INSERT(@j, '$.e',31);
SET @j=JSON_SET(@j, '$.cd.fg',@j1,'$.e',32);
SELECT @j;#(a)
SELECT JSON_REMOVE(@j,'$.a','$.cd.g');#(b)
```

运行结果如图7-32所示。

```
@j
{"a": 11, "b": 12, "e": 32, "cd": {"c": 21, "d": 22, "fg": "{\"f\": 41, \"g\": 42}"}}
```
(a)

```
JSON_REMOVE(@j,'$.a','$.cd.g')
{"b": 12, "e": 32, "cd": {"c": 21, "d": 22, "fg": "{\"f\": 41, \"g\": 42}"}}
```
(b)

图7-32　运行结果

2. JSON数据检索函数

JSON_CONTAINS (j, j1, 路径)：判断j1(值或JSON对象)是否在j指定路径下。

JSON_CONTAINS_PATH(j, 'one'|'all', 路径1, 路径2, ...)：判断j是否含有路径列表中的一个或所有路径。如果参数为'one'，则判断是否含有一个路径；如果参数为'all'，则判断是否含有所有路径。

JSON_EXTRACT(j, 路径)：检索j指定路径下的值。

JSON_KEYS(j, 路径)：检索j指定路径下的键名。

JSON_OVERLAPS(j1, j2)：比较两个JSON对象(j1和j2)是否有公共元素。所谓"公共元素",指的是键名与值都相同的键值对。

JSON_SEARCH(JSON数组, 'one' | 'all', 检索字符串):检索第一个或所有特定字符串值在JSON数组中的路径位置。

值 MEMBER OF(JSON数组):判断"值"是否为JSON数组的元素。

JSON_LENGTH(j):给出JSON文档中的元素数。

【例7-30】JSON数据检索。

```
SET @j = '{"1A0201": 2, "2A1602": 10, "1B": {"1B0501": 1, "1B0602": 2}}';
SET @j1 ='{"1B0501": 1, "1B0602": 2}';
SET @val = '2';
SELECT JSON_CONTAINS( @j, @val,'$."1A0201"') AS FV1,
JSON_CONTAINS(@j, @val, '$."2A1602"') AS FV2,
JSON_CONTAINS(@j, @val, '$."1B"."1B0501"') AS FV3,
JSON_CONTAINS(@j, @val, '$."1B"."1B0602"') AS FV4,
JSON_CONTAINS(@j, @j1, '$."1B"') AS FV5;
SELECT JSON_CONTAINS_PATH(@j, 'one', '$."2A1601"','$."1B"','$."1B"."1B0502"') AS FP1,#(a)
JSON_CONTAINS_PATH(@j,'all','$."2A1602"','$."1B"','$."1B"."1B0502"') AS FPA;#(b)
```

运行结果如图7-33所示。

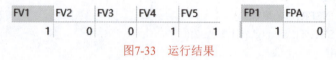

图7-33　运行结果

执行语句:

```
SET @j= '{"1A0201": 2, "2A1602": 10, "1B": {"1B0501": 1, "1B0602": 2}}';
SELECT JSON_EXTRACT(@j,'$."2A1602"'),JSON_KEYS(@j, '$."2A1602"');
#(a)
SELECT JSON_EXTRACT(@j,'$."1B"'),JSON_KEYS(@j, '$."1B"');#(b)
SET @j1 = '{"1A0201": 2, "2A1602": 10, "1B0501": 1}',
    @j2 = '{"1A0201": 5, "1B0602": 2}',
    @j3 = '{"1A0201": 2, "1B0602": 2}';
SET @ja = '["2A", [{"2A1602": "6"}, "2B1701"], {"2A1602":"6"}, {"1B0602":"7"}]';
SELECT JSON_OVERLAPS(@j1, @j2),JSON_OVERLAPS(@j1, @j3);#(c)
SELECT JSON_SEARCH(@ja, 'one', '6'), JSON_SEARCH(@ja, 'all', '6'),"2A" MEMBER OF(@ja);#(d)
```

运行结果如图7-34所示。

说明:

(1) 在图7-34(a)中,键"2A1602"的值为10;路径键"2A1602"的键为NULL。

(2) 在图7-34(b)中,键"1B"的值为""1B0501": 1, "1B0602": 2";路径键"1B"的键为"1B0501"和"1B0602"。

(3) 在图7-34(c)中,j1和j2中包含共同的元素""1B0602": 2"。

(4) 在图7-34(d)中,数组ja中的第一个'6'值为数组第1个元素的第0个键值对值;数组ja中的所有'6'值为数组第1个元素第0个键值、第2个元素键值。数组元素从0开始。

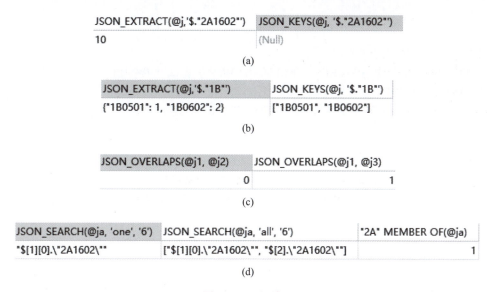

图7-34 运行结果

3. JSON数据修改函数

JSON_ARRAY_APPEND(JSON数组, 元素位置, 元素)：向JSON数组指定元素位置后面添加元素。元素位置必须是已经存在的。

JSON_ARRAY_INSERT(JSON数组, 元素位置, 元素)：向JSON数组的指定元素位置前面插入新元素。元素位置不一定已经存在，但需要大于或等于0。

JSON_MERGE_PATCH(j1, ...)：合并JSON对象，重复的键只保留最后一个值。

JSON_MERGE_PRESERVE(j1, ...)：合并JSON对象，重复的键值都保留。

【例7-31】添加和插入元素。

```
SET @ja = '["苹果", ["牛肉", "羊肉"], "海参"]';
SELECT JSON_ARRAY_APPEND(@ja, '1', "猪肉");#(a)
SELECT JSON_ARRAY_APPEND(@ja, '1[0]', '肉');#(b)
SELECT JSON_ARRAY_INSERT(@ja, '0', '类');#(c)
SELECT JSON_ARRAY_INSERT(@ja, '9', '鱼');#(d)
```

运行结果如图7-35所示。

图7-35 运行结果

【例7-32】合并JSON数据。

SET @j1 = '{"苹果":1,"牛肉":3}';
SELECT JSON_MERGE_PATCH('{"苹果":1,"牛肉":3}','{"苹果":2,"羊肉":4}')
　　AS MERGE_PATCH,
JSON_MERGE_PRESERVE('{"苹果":1,"牛肉":3}','{"苹果":2,"羊肉":4}')
　　AS MERGE_PRESERVE;

运行结果如图7-36所示。

MERGE_PATCH	MERGE_PRESERVE
{"牛肉": 3, "羊肉": 4, "苹果": 2}	{"牛肉": 3, "羊肉": 4, "苹果": [1, 2]}

图7-36　运行结果

4. 获取JSON属性函数

JSON_DEPTH(j)：获取JSON对象路径的最大深度。例如，j='{}'、'[]'、'"a"'深度均为1；'["a","b","c"]'深度均为2；' {"a":{"b":{"c":1}}} '深度均为4。

JSON_LENGTH(j)：获取JSON对象中的元素个数。例如，'{}'、'[]'元素个数为0；'"a"'、'{"a":1}')、'{"a":{"b":{"c":1}}}'元素个数为1；'{"a":1,"b":2}' 元素个数为2；'["a","b","c"]'元素个数为3。

JSON_TYPE(j)：获取JSON值类型。例如，j='{…}'为"OBJECT"类型；j='[…]'为""数组类型；j='"…"'为"STRING"类型。

JSON_VALID(j)：判断值是否为一个有效的JSON对象。

【例7-33】获取JSON属性。

SET @j = '{"2A1602": 10, "1B": {"1B0501": 1, "1B0602": 2}}';
SELECT JSON_DEPTH(@j), JSON_LENGTH(@j);#(a)
SELECT JSON_TYPE(@j),JSON_TYPE(JSON_EXTRACT(@j,'$."2A1602"'));
#(b)
SELECT JSON_VALID('apple'), JSON_VALID('"apple"');#(c)

运行结果如图7-37所示。

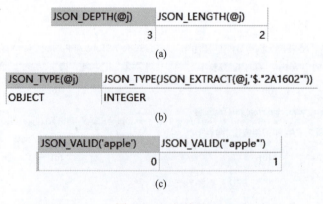

图7-37　运行结果

说明：

(1) 在图7-33(a)中，显示JSON对象的深度和长度。

(2) 在图7-33(b)中，JSON对象类型为"OBJECT"，JSON对象中指定键对应的值为整型(INTEGER)。

(3) 在图7-33(c)中，'apple'不是JSON对象，'"apple"'是JSON对象。

5. JSON数据转化函数

JSON_TABLE()：将JSON数据转化为关系表的数据。

【例7-34】将JSON数据转化为关系表数据。

```
SELECT * FROM JSON_TABLE
(
'[
{"food":"苹果", "qua":8},
{"food":"牛肉", "qua":7},
{"food":"羊肉", "qua":6}
]',
"0" COLUMNS
(
食品 char(4) PATH "$.food",
订货量 int PATH "$.qua"
)
) AS tbl_food;
```

运行结果如图7-38所示。

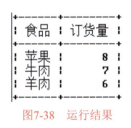

图7-38　运行结果

7.5.6 空间数据处理函数

空间数据处理函数分为空间对象创建函数、获取空间对象属性函数、空间对象计算和处理函数、几何对象判断函数。

MySQL中空间对象都有特定的格式，一般都要将WKT串转换为对应格式，才能使用MySQL提供的空间数据处理函数进行存储计算。

1. 空间数据处理函数的分类

常用的空间数据处理函数分为以下几类。

1) 空间对象创建函数
- ST_PointFromText(wkt)：创建一个点(Point)对象。例如：wkt='POINT(1 1)'。
- ST_LineStringFromText(wkt)：创建一个线(LineString)对象。例如，wkt='LINESTRING(0 0,1 1,2 2)'。
- ST_PolygonFromText(wkt)：创建一个多边形(Polygon)对象。例如，wkt='POLYGON((0 0,10 0,10 10,0 10,0 0),(5 5,7 5,7 7,5 7, 5 5))'。
- ST_GeomFromText(wkt)：创建一个任何类型的几何(Geometry)对象。例如，wkt='POINT(1 1)'或者'LINESTRING(0 0,1 1,2 2)'或者'POLYGON((0 0,10 0,10 10,0 10,0 0),(5 5,7 5,7 7,5 7, 5 5))'。
- ST_GeomCollFromText(wkt))：从文本生成几何对象集合。

2) 获取空间对象属性函数
- ST_Dimension(g)：获取几何对象的维数。
- ST_Distance(g1, g2)：求两个几何对象(g1, g2)之间的距离。
- ST_Longitude(g)：获取点的经度。其中，g为点空间对象。
- ST_Latitude(g)：获取点的纬度。其中，g为点空间对象。
- ST_Length(g)：获取线的长度。其中，g为线空间对象。
- ST_NumGeometries(g1, …)：获取几何集合中对象的数目。
- ST_GeometryType(g)：获取几何对象的类型名称。
- ST_Envelope(g)：获取几何对象的外接矩形。

3) 空间对象计算和处理函数
- ST_Area(g)：求g的多边形的面积。
- ST_ExteriorRing(g)：求多边形的外环。
- ST_Disjoint(g1, g2)：是st_crosses的反函数。
- ST_Union(g1, g2)：将g1和g2合并为一个集合类对象。
- ST_Difference(g1, g2)：返回几何对象，该对象表示了几何值g1与g2的点集合差异。
- ST_Intersection(g1,g2)：返回几何对象，该对象表示了几何值g1与g2的点集合交集。
- ST_AsText()：将内部几何格式转换成文本。
- ST_AsBinary()：将内部几何格式转换成二进制。

4) 几何对象判断函数
- ST_Contains(g1, g2)：判断一个几何对象g1是否包含另一个几何对象g2。
- ST_Equals(g1, g2)：判断两个几何对象(g1, g2)是否一样。
- ST_IsClosed(g)：判断几何对象g是否封闭和简单。
- ST_WithIn(g1, g2)：判断一个几何对象g1是否在另一个几何对象g2内。g1在g2内则返回1，否则返回0。
- ST_Crosses(g1, g2)、st_intersects(g1, g2)：判断一个几何对象是否与另一个几何对象交叉。g1与g2相交返回1，否则返回0。
- MBRContains(g1, g2)：判断一个几何对象的外接矩形是否包含另一个几何对象的外接矩形。

- MBRIntersects(g1, g2)：判断两个几何对象的外接矩形是否相交。
- MBROverlaps(g1, g2)：判断两个几何对象的外接矩形是否重叠。

2. 数据库空间类型

下面通过实例进行说明。

【例7-35】使用特定类型的函数，向表中插入不同空间类型的数据。

(1) 在mydb数据库中创建表geom，包含空间列：

```
USE mydb;
CREATE TABLE geom ( g geometry NOT NULL );
```

(2) 使用ST_PointFromText()、ST_LineStringFromText()、ST_PolygonFromText()和ST_GeomCollFromText()等函数将点、线、多边形和空间对象集存入表中。

```
SET @g1 = 'POINT(1 1)';
INSERT INTO geom VALUES (ST_PointFromText(@g1));
SET @g1 = 'LINESTRING(0 0,1 1,2 2)';
INSERT INTO geom VALUES (ST_LineStringFromText(@g1));
SET @g1 = 'POLYGON((0 0,10 0,10 10,0 10,0 0), (5 5,7 5,7 7,5 7, 5 5))';
INSERT INTO geom VALUES (ST_PolygonFromText(@g1));
SET @g1 = 'GEOMETRYCOLLECTION(POINT(1 1), LINESTRING(0 0,1 1,2 2,3 3,4 4))';
INSERT INTO geom VALUES (ST_GeomCollFromText(@g1));
SET @g1=
   'Polygon((30000 15000,
31000 15000,
31000 16000,
30000 16000,
30000 15000))';
INSERT INTO geom VALUES (ST_GeomFromText(@g1));
SELECT * FROM geom;
```

运行结果如图7-39所示。

g
POINT(1 1)
LINESTRING(0 0, 1 1, 2 2)
POLYGON((0 0, 10 0, 10 10, 0 10, 0 0), (5 5, 7 5, 7 7, 5 7, 5 5))
GEOMETRYCOLLECTION(POINT(1 1), LINESTRING(0 0, 1 1, 2 2, 3 3, 4 4))
POLYGON((30000 15000, 31000 15000, 31000 16000, 30000 16000, 30000 15000))

图7-39 运行结果

(3) 用ST_AsText()函数将几何图形从内部格式转换为WKT字符串，再用EXPLAIN查询SQL查询语句的执行情况。

```
SET @g1=
   'Polygon((30000 15000,
```

```
31000 15000,
31000 16000,
30000 16000,
30000 15000))';
SELECT ST_AsText(g) FROM geom WHERE
MBRContains(ST_GeomFromText(@g1), g);#(a)
EXPLAIN SELECT ST_AsText(g) FROM geom WHERE
MBRContains(ST_GeomFromText(@g1), g);#(b)
```

运行结果如图7-40所示。

```
ST_AsText(g)
POLYGON((30000 15000,31000 15000,31000 16000,30000 16000,30000 15000))
```
(a)

id	select_type	table	partitions	type	possible_keys	key	key_len	ref	rows	filtered	Extra
1	SIMPLE	geom	(Null)	ALL	(Null)	(Null)	(Null)	(Null)	5	100.00	Using where

(b)

图7-40　运行结果

说明：

(1) 在图7-40(a)中，MBRContains(ST_GeomFromText(@g1), g)查询条件就是查找表g列内容包含g1空间对象的记录，显示符合条件的有1个。

(2) 在图7-40(b)中，EXPLAIN分析包含SELECT语句的执行情况。

3. 空间数据处理应用

下面我们通过一个实际的应用案例向大家演示空间类型的强大功能。

【例7-36】用空间类型测算指定经纬度的两地之间的距离。

(1) 先选取两个地点。

地点1：江苏省南京市栖霞区尧化街道尧建新村(32.1224200000, 118.8779900000)

地点2(见图7-41)：江苏省淮安市盱眙县山水大道盱眙象山国家矿山公园(33.0289300000, 118.5091300000)

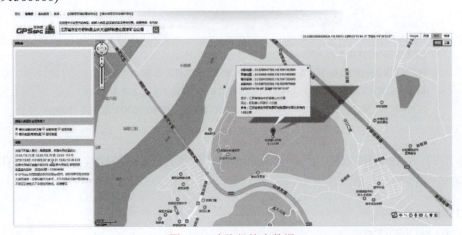

图7-41　查询经纬度数据

(2) 创建spots表，该表用于存储坐标点数据。

```
USE mydb;
CREATE TABLE spots
(
id int(11) NOT NULL,
name varchar(255) DEFAULT NULL COMMENT '地点名称',
spot point DEFAULT NULL COMMENT '经纬度点',
PRIMARY KEY(id)
) ENGINE = InnoDB DEFAULT CHARSET = utf8;
```

(3) 向表中插入空间数据。

插入地点1的数据：

```
INSERT INTO spots (id, name, spot)
VALUES
(1, '江苏省南京市栖霞区尧化街道尧建新村', ST_GeomFromText('POINT(32.1224200000, 118.8779900000)'));
```

插入地点2的数据：

```
INSERT INTO spots (id, name, spot)
VALUES
(2, '江苏省淮安市盱眙县山水大道盱眙象山国家矿山公园', ST_GeomFromText('POINT(33.0289300000, 118.5091300000)'));
```

(4) 计算两个地点之间的距离。

```
SELECT spot INTO @p1 FROM spots WHERE id = 1;
SELECT spot INTO @p2 FROM spots WHERE id = 2;
SELECT TRUNCATE(ST_Distance(@p1, @p2) * 111195 / 1000, 2) AS 距离(km);
```

运行结果如图7-42所示。

距离（km）
108.82

图7-42　运行结果

说明：MySQL 8.0内置的ST_Distance()函数计算的结果单位是度，需要乘以111195(地球半径6371000*PI/180)将值转化为米，再除以1000换算为千米。

用百度地图功能测量两地距离为106.579km，这与MySQL空间函数的计算结果基本上是吻合的，如图7-43所示。

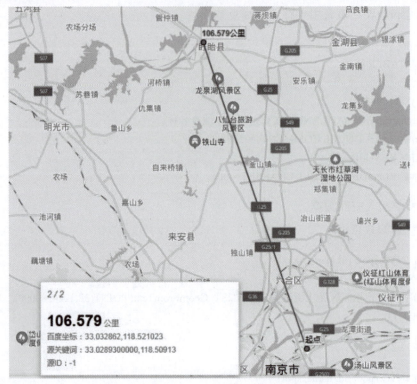

图7-43　验证MySQL空间函数的计算结果

7.5.7　窗口函数

我们对表都是以行(记录)为单位进行操作的，即使将几个表连接起来，使临时生成的表包含多个表的列(c1,c2,c3,…cn)，但计算和处理仍然是在这个临时表列之间进行的。例如，下列输出当前数据库tab1表符合c8=s条件的记录，输出项有3列，其中有2列是经过表达式或者函数处理后的结果。

SELECT c1, c2+LEFT(c4,n), exp1(c3)-fun(c5) FROM tab1 WHERE c8=s;

但无法对记录之间的列值进行处理。只能对表进行横向处理，不能进行纵向处理。而聚合函数(例如count()、sum()等)是将多条记录聚合为一条得到结果。窗口函数可以对表进行纵向处理，它对每条记录都要在此窗口内执行函数。有的函数随着记录的不同，窗口大小都是固定的，称为静态窗口；有的函数则相反，不同的记录对应着不同的窗口，称为滑动窗口。

1. 窗口函数类型及其功能

MySQL支持的窗口函数按照功能分为如下几类。

1) 序号函数

ROW_NUMBER( )：每一行一个序号，例如：1, 2, 3, 4,…。不指定分组，就把所有输出行看成一个组。

例如，查询每个学生的分数最高的前3门课程：

SELECT *
FROM
(
SELE 学号, ROW_NUMBER() OVER (PARTITION BY 学号 ORDER BY 成绩 DESC)
AS 课程排列号, 成绩
FROM 学生成绩表
) mycj#(a)
WHERE 课程排列号<=3; #(b)

说明：
(a) (SELE 学号, ROW_NUMBER() OVER (PARTITION BY 学号 ORDER BY 成绩 DESC) AS 课程排列号, 成绩 FROM 学生成绩表) mycj：相当于查询的结果作为临时的mycj表。

(b) 等价于SELECT * FROM mycj WHERE 课程排列号<=3;。

但如果某学生不同课程的成绩相同，ROW_NUMBER( )会给这两门课排列两个号，这显然不合适，应该换成RANK()和DENSE_RANK()函数。

RANK( )：根据排序为每个分组中的每一行分配一个序号。排名值相同时，序号相同，下一个序号跳过。例如：1, 2, 2, 4, …。

DENSE_RANK( )：根据排序为每个分组中的每一行分配一个序号。排名值相同时，序号相同，序号中没有间隙。例如：1, 2, 2, 3, …。

2) 分布函数

PERCENT_RANK( )：值为每行按照公式(rank-1) / (rows-1)进行计算后得到的。其中，rank为RANK()函数产生的序号，rows为当前窗口的记录总行数。

CUME_DIST( )：值为分组内小于或等于当前rank值的行数 / 分组内的总行数。

3) 前后函数

LEAD(exp, n)：返回分组中当前行之后n行的exp的值。如果不存在对应行，则返回NULL。

LAG(exp, n)：返回分组中当前行之前n行的值。如果不存在对应行，则返回NULL。

4) 头尾函数

FIRST_VALUE(exp)：返回每个分组中第一名对应的列(或表达式)的值。

LAST_VALUE(exp)：返回每个分组中最后一名对应的列(或表达式)的值。

5) 其他函数

NTH_VALUE(exp, n)：返回每个分组中排n名的对应列(或表达式)的值，但小于n的行对应的值是NULL。

NTILE(n)：为每个分组排序数据并将数据分成n组。

2. 窗口函数的基本用法

函数名([exp]) OVER (子句) [AS 窗口列标题]

或者

函数名([exp]) OVER　窗口别名 [AS 窗口列标题]
...
WINDOWS 窗口别名 AS (子句)

子句有如下几种。

(1) PARTITION BY子句：窗口按照指定列进行分组，窗口函数在不同的分组上分别执行。

(2) ORDER BY子句：按照指定列进行排序，窗口函数将按照排序后的记录顺序进行编号。

(3) FRAME子句：FRAME是当前分组的一个子集，子句用来定义子集的规则，通常用来作为滑动窗口使用。

这里先举一个简单示例，让读者初步了解一下窗口函数的使用。

【例7-37】输出订单表(orders)，按照支付金额从小到大排序。

USE emarket;
SELECT *, RANK() OVER(ORDER BY 支付金额) AS 支付金额排序
FROM ORDERS ;

运行结果如图7-44所示。

订单编号	帐户名	支付金额	下单时间	支付金额排序
4	231668-aa.com	29.80	2020-01-12	1
6	sunrh-phei.net	33.80	2020-03-10	2
5	easy-bbb.com	119.60	2020-01-06	3
1	easy-bbb.com	129.40	2019-10-01	4
101	easy-bbb.com	149.00	2021-03-05	5
3	sunrh-phei.net	171.80	2019-12-18	6
8	easy-bbb.com	358.80	2020-05-25	7
2	sunrh-phei.net	495.00	2019-10-03	8
102	sunrh-phei.n	590.00	2021-03-05	9
9	231668-aa.com	821.00	2020-11-11	10

图7-44　窗口RANK()函数使用

说明：

(1) RANK() OVER(ORDER BY 支付金额)：表示按照支付金额排序。

(2) 也可以写成下列语句，结果相同。

SELECT *, RANK() OVER w AS 支付金额排序
　　FROM ORDERS
　　WINDOW w AS (ORDER BY 支付金额);

2. 关于滑动窗口

对于滑动窗口的范围指定，有基于行和基于范围两种方式。

(1) 基于行。通常使用BETWEEN frame_start AND frame_end语法来表示行范围，frame_start和frame_end可以支持如下关键字，来确定不同的动态行记录。

- CURRENT ROW：边界是当前行，一般和其他范围关键字一起使用。
- UNBOUNDED PRECEDING：边界是分组中的第一行。
- UNBOUNDED FOLLOWING：边界是分组中的最后一行。
- exp PRECEDING：边界是当前行减去exp的值。
- expr FOLLOWING：边界是当前行加上exp的值。

例如：

"rows BETWEEN 1 PRECEDING AND 1 FOLLOWING"表示窗口范围是当前行、前一行、后一行一共三行记录。

"rows UNBOUNDED FOLLOWING"表示窗口范围是当前行到分组中的最后一行。

"rows BETWEEN UNBOUNDED PRECEDING AND UNBOUNDED FOLLOWING"表示窗口范围是当前分组中的所有行，等同于不写。

(2) 基于范围。基于范围的有些范围不是直接可以用行数来表示的，如窗口范围是一周前的订单开始，截止到当前行，则无法使用rows来直接表示，而需要使用范围来表示窗口："INTERVAL 7 DAY PRECEDING"。

有的函数不管有没有FRAME子句，它的窗口都是固定的就是静态窗口，这些函数包括CUME_DIST()、DENSE_RANK()、LAG()、LEAD()、NTILE()、PERCENT_RANK()、RANK()和ROW_NUMBER()。

7.5.8 其他函数

其他函数包括判断函数、加密解密函数、聚合函数(常用于SELECT...GROUP BY中)和系统信息函数。

1. 判断函数

ISNULL(x)：如果表达式为NULL，返回真。例如，ISNULL(100/(2-2))为真。

IF(表达式, 值1, 值2)：如果表达式为真，返回值1；否则返回值2。

IFNULL(值1, 值2)：如果值1不为NULL，返回值1；否则返回值2。

NULLIF(值1, 值2)：如果值1=值2，返回空，否则返回值1。

CASE 表达式 WHEN 值1 THEN 结果1, ..., ELSE 结果n END：如果表达式值为值1，返回结果1，…；如果与所有值都不相等，则返回ELSE后面的结果n。

判断函数也称为控制流程函数，它们能根据满足的条件不同，执行不同的流程，在MySQL的SQL复合语句程序设计中有着重要的应用，后续章节还会进一步举例讲解。

2. 加密解密函数

MD5(s)：MD5算法加密函数。它为字符串计算生成一个128比特校验和，以32位十六进制数字的二进制字符串形式返回。

SHA1(s)或SHA(s)：SHA算法加密函数。它为字符串计算生成一个160比特校验和，比之MD5更加安全。

SHA2(str, len)：SHA2算法加密函数。它使用参数len作为长度加密字符串s，len取值为224、256、384、512和0，其中256与0等效。

AES_ENCRYPT(s, key)：返回用密钥key对字符串s利用高级加密标准算法加密后的结果，调用AES_ENCRYPT的结果是一个二进制字符串，以BLOB类型存储。

AES_DECRYPT(s, key)：返回用密钥key对字符串s利用高级加密标准算法解密后的结果。

DECODE(s, key)：使用key作为密钥解密加密字符串s。

ENCRYPT(s, salt)：使用UNIXcrypt()函数，用关键词salt加密字符串s。字符串s是一个可以唯一确定口令的字符串，就像钥匙一样。

ENCODE(s, key)：使用key作为密钥加密字符串s，调用ENCODE()的结果是一个二进制字符串，它以BLOB类型存储。

MD5(s)：计算字符串s的MD5校验和。

PASSWORD(s)：返回字符串s的加密版本，这个加密过程是不可逆转的，和UNIX密码加密过程使用不同的算法。

SHA(s)：计算字符串s的安全散列算法(SHA)校验和。

3. 聚合函数(常用于SELECT…GROUP BY中)

AVG(列名)：返回指定列的平均值。

COUNT(列名)：返回指定列中非NULL值的个数。

MIN(列名)：返回指定列的最小值。

MAX(列名)：返回指定列的最大值。

SUM(列名)：返回指定列的所有值之和。

GROUP_CONCAT(列名)：返回由属于一组的列值连接组合而成的结果。

4. 系统信息函数

DATABASE()、SCHEMA()：返回当前数据库名。

BENCHMARK(count, 表达式)：将表达式重复运行count次。

CONNECTION_ID()：返回当前客户的连接ID。

FOUND_ROWS()：返回最后一个SELECT查询进行检索的总行数。

USER()、SYSTEM_USER()、SESSION_USER()、CURRENT_USER()：返回当前用户名。

VERSION()：返回MySQL服务器的版本。

CHARSET(str)：获取字符串str的字符集。

COLLATION(str)：获取字符串str的字符排序规则。

LAST_INSERT_ID()：获取最近生成的AUTO_INCREMENT值。

7.6 思考和练习

1. 计算"2012-5-16"与当前日期相差的年份数。
2. 声明一个长度为20的字符型变量,并赋值为"SQL Server数据库",然后输出。
3. 定义一个局部变量@score,并为其赋值,判断其是否及格。
4. 使用Transact-SQL语句编程求100以内能被3整除的整数的个数。

第 8 章

视　　图

视图是数据库中的虚拟表，是基于一个或多个基本表的查询结果集。它可以简化复杂查询，以提高查询效率和安全性。视图一经创建便存储于数据库系统中，动态生成查询结果集。通过使用视图，用户可以将复杂的多表查询逻辑封装起来，并使应用程序更加高效。

本章的学习目标：
- 掌握创建视图语法的使用方法
- 掌握查看视图语法的使用方法
- 掌握修改视图语法的使用方法
- 掌握更新视图语法的使用方法
- 掌握删除视图语法的使用方法

8.1　概述

视图是从一个或多个表中导出的虚拟表。视图与表非常相似，与表不同的是，视图并不存储数据，它只是从表中引用数据，用户可以对其使用SELECT查询数据，并使用INSERT、UPDATE和DELETE修改记录。从MySQL 5.0开始支持视图，在操作上更加方便且带来更高的安全性。

定义视图后，它将被存储在数据库中。相比于表，在数据库中不会再为其对应的数据存储另一份副本。因此，从视图中看到的数据只是基本表中的数据。和表一样，可以通过查询、修改和删除来对视图进行操作。当对从视图中看到的数据进行修改时，对应的基本表数据也会发生变化；同理，如果基本表数据发生了变化，这种变化也会自动反映到视图中。

视图的概念在关系数据库中非常重要，它是一种逻辑结构，能够将多个表的数据根据需要组合起来，供用户方便地查询和操作。在MySQL中，视图的创建和使用非常灵活，可以满足各种数据处理和分析需求。

8.1.1 视图的创建与使用

1. 创建视图

在MySQL中，使用CREATE VIEW语句来创建视图。创建视图的一般语法如下：

```
CREATE VIEW view_name AS
SELECT column1, column2, ...
FROM table1
WHERE condition;
```

其中，view_name为视图的名称，column1, column2, ...为视图中包含的列名，table1为视图的基础表，condition为过滤条件。

例如，下面的语句创建了一个名为customer_orders的视图，该视图展示了在orders表和customers表上进行联接后的结果。

```
CREATE VIEW customer_orders AS
SELECT customers.customer_id, customers.customer_name, orders.order_id, orders.order_date
FROM customers
JOIN orders ON customers.customer_id = orders.customer_id;
```

2. 使用视图

一旦视图创建成功，可以像查询表一样使用视图进行查询操作。例如，使用SELECT语句来查询视图中的数据：

```
SELECT * FROM customer_orders;
```

这将返回视图customer_orders中的所有行和列数据。

8.1.2 视图的优点和用途

视图在MySQL中有多种用途和优点。

(1) 简化查询：通过将复杂的查询逻辑封装在视图中，可以减少冗长的查询语句，并提高可读性和可维护性。视图可以将多个表的数据组合成一个逻辑实体，使查询更加简洁。

(2) 数据安全性：通过视图，可以控制用户对底层表的访问权限，只暴露需要的数据给用户，提高数据的安全性。视图可以充当数据安全性的屏障，防止用户直接访问敏感数据。

(3) 隔离性：视图允许创建不同的用户视图，每个用户只能看到其拥有的视图数据，实现数据的隔离。这种隔离性可以通过控制用户对基础表和视图的访问权限来实现。

（4）重用查询逻辑：通过视图，可以将常用的查询逻辑封装起来，供多个查询使用，提高代码的重用性。当一个查询逻辑需要在多个地方使用时，可以将其定义为一个视图，从而避免多次重复编写相同的查询语句。

（5）数据规范化和组织：视图可以将数据从多个表中组合成一个逻辑实体，并将其呈现为单个虚拟表。视图可以帮助理解和处理数据的关系，提高数据的规范化和组织性。

（6）性能优化：在某些情况下，使用视图可以提高查询的性能。由于视图可以预先计算和优化查询结果集，对于相同的查询逻辑，视图往往比单独执行查询语句更高效。

（7）数据控制和限制：通过在视图中添加过滤条件，可以对查询结果进行限制和控制访问数据。这可以用于实施行级别的数据权限控制或实现业务规则的约束。

（8）增强数据的逻辑性：视图可以根据业务需求，为数据赋予更高的逻辑性。用户可以在视图中对数据进行重新排序、聚合、过滤等操作，从而满足特定的查询需求。

8.1.3 视图的限制和注意事项

在使用MySQL视图时，需要注意以下限制和注意事项。

（1）对于复杂的查询逻辑和大量数据的处理，视图可能引入一定的性能开销。因此，在创建和使用视图时，需要在性能和实际需求之间做出权衡。

（2）视图是基于查询语句定义的结果集，因此在实际查询中，对视图的查询操作将转化为基础表上的查询操作。这意味着对视图的性能优化需要从基础表的角度考虑。

（3）视图依赖于底层表的结构和数据。如果底层表的结构或数据发生改变，可能会影响视图的正确性。因此，在修改底层表时，需要谨慎考虑对视图的影响。

（4）视图不支持所有的数据操作，例如对视图进行直接的插入、更新和删除操作是被限制的。通常情况下，修改数据需要针对基础表进行。

（5）在创建视图时，需要确保视图的查询规则正确并且能够正常返回结果集。如果查询规则中包含无效的列或表，创建视图可能会失败。

（6）视图的命名需要遵循MySQL的命名规则，以避免命名冲突和不合法的名称。

综上所述，MySQL视图是一种强大的工具，可以简化查询操作、提高数据安全性，并提供重用的查询逻辑。通过视图，可以抽象和隐藏底层表的细节，提供一个更高层次的数据操控和组织方式。在使用视图时，需要注意其限制和适用情况，以达到更好的效果和性能。

8.2 创建视图

创建视图是一种在关系数据库中组织和管理数据的方式。通过创建视图，用户可以将需要频繁查询的数据进行组合和过滤，形成一个虚拟的表，从而方便用户进行复杂的查询操作。创建视图还可以提高查询效率，因为它允许用户只查看特定的字段或数据子集，而不必查询整个表。本节主要介绍创建视图的方法。

创建视图的语法如下：

```
CREATE [OR REPLACE]
[ALGORITHM = {UNDEFINED | MERGE | TEMPTABLE}]
VIEW 视图名称 [(字段列表)]
AS 查询语句
[WITH [CASCADED|LOCAL] CHECK OPTION]
```

其中，CREATE表示创建新的视图；REPLACE表示替换已经创建的视图；ALGORITHM表示视图的算法；WITH [CASCADED| LOCAL] CHECK OPTION参数表示视图在更新时保证在视图的操作权限范围之内。

ALGORITHM参数的取值有三个，分别是UNDEFINED、MERGE和TEMPTABLE。UNDEFINED表示MySQL将自动选择算法；MERGE表示将使用的视图语句与视图定义合并，使得视图定义的某一部分取代语句对应的部分；TEMPTABLE表示将视图的结果存入临时表，然后用临时表来执行语句。

CASCADED与LOCAL为可选参数，CASCADED为默认值，表示更新视图时要满足视图和表的相关条件；LOCAL表示更新视图时满足该视图本身定义的条件即可。

8.2.1 创建单表视图

单表视图是数据库中的一种视图类型，它是基于单个表的查询结果创建的虚拟表。视图是一种逻辑结构，它通过定义查询来获取和显示特定的数据子集，而无须实际存储这些数据。单表视图旨在简化复杂的查询操作，提供更方便的视图数据访问方式。

创建单表视图时，可以指定需要显示的列，并且可以使用各种查询条件对数据进行过滤、排序和聚合。视图并不存储实际数据，而是在查询时动态生成结果。这意味着当基础表的数据发生变化时，视图的数据也会相应地更新。

通过使用单表视图，可以隐藏底层数据表的复杂性，提供更简洁的数据访问接口。它还可以用于安全性管理，通过给用户提供访问视图而不是基础表的权限，可以限制他们对数据的访问范围。

单表视图是一种方便、灵活的数据库对象，可以根据特定的需求和查询来返回数据的子集，简化数据访问和管理的过程。

【例8-1】在employees表上创建一个名为view_emp的视图。

```
CREATE VIEW view_emp
AS
SELECT * FROM employees;
```

视图创建成功后，可以使用与查询表类似的语法来查询视图，运行结果如图8-1所示。

```
mysql> CREATE VIEW view_emp
    -> AS
    -> SELECT * FROM employees;
Query OK, 0 rows affected (0.12 sec)

mysql> SELECT * FROM view_emp;
+-------------+------+------------------+--------------+----------+---------------+
| employee_id | name | email            | phone_number | salary   | department_id |
+-------------+------+------------------+--------------+----------+---------------+
|        1001 | 王一 | 1001wang@163.com | 13153557688  |  9000.00 |             1 |
|        1002 | 孙程 | 1002sun@163.com  | 13145673441  |  9000.00 |             3 |
|        1003 | 李四 | 1003li@163.com   | 13245678903  | 11000.00 |             1 |
|        1004 | 赵鹏 | 1004zhao@163.com | 18045673473  | 10000.00 |             2 |
|        1005 | 张三 | 1006zhang@163.com| 17445671267  |  9000.00 |             4 |
|        1006 | 琪琪 | 1003qi@163.com   | 13145678888  | 10000.00 |             2 |
|        1007 | 莫莫 | 1005mo@163.com   | 13245679999  |  8000.00 |             1 |
|        1008 | 王平 | 1008wang@163.com | 13145672398  |  8000.00 |             1 |
|        1009 | 孙一 | 1009sun@163.com  | 13245673443  |  9000.00 |             3 |
|        1010 | 李就 | 1010li@163.com   | 18245678977  | 10000.00 |             1 |
|        1011 | 赵哈 | 1011zhao@163.com | 18045673499  |  8000.00 |             2 |
|        1012 | 刘希 | 1012zhang@163.com| 17545671245  |  9000.00 |             4 |
+-------------+------+------------------+--------------+----------+---------------+
12 rows in set (0.00 sec)
```

图8-1 创建名为view_emp的视图

SQL规范中，为了区分表和视图，视图名通常以view_或v_开头。

在创建视图时，没有在视图名后面指定字段列表，则视图中字段列表默认和SELECT语句中的字段列表一致。如果SELECT语句中给字段取了别名，那么视图中的字段名和别名相同。

8.2.2 创建多表联合视图

MySQL中也可以在两个或者两个以上的表上创建视图。多表联合视图是数据库中的一种视图类型，它是基于多个表的查询结果创建的虚拟表。与单表视图类似，多表联合视图也是一种逻辑结构，通过定义查询来获取和展示跨多个相关表的数据。

创建多表联合视图时，可以使用多个表的列进行连接，并且可以使用各种查询条件对连接后的结果进行过滤、排序和聚合。多表联合视图使得查询结果变得更加简洁和易于访问，同时也可以减少烦琐的表关联操作。

多表联合视图可以用于汇总和统计数据，将相关的数据从多个表中提取出来展示。这对于需要跨多个表进行查询的复杂业务逻辑非常有用。视图的查询结果动态更新，当底层表的数据发生变化时，视图的数据也会相应地更新。

通过使用多表联合视图，可以隐藏底层表的复杂性，提供更简便和直观的数据访问接口。它也可以增加数据访问的安全性，通过给用户访问视图而不是底层表的权限，可以限制他们对数据的访问范围。

多表联合视图是一种方便、灵活的数据库对象，可以基于多个相关表的查询结果创建，简化复杂数据查询和访问的过程，提供更好的数据展示和管理方式。

【例8-2】 联合employees表和departments表创建名为view_emp_dept的视图。

```
CREATE VIEW view_emp_dept
AS
SELECT e.employee_id, e.name, e.salary, d.department_name
FROM employees e
INNER JOIN departments d
ON e.department_id = d.department_id;
```

运行结果如图8-2所示。

```
mysql> CREATE VIEW view_emp_dept
    -> AS
    -> SELECT e.employee_id, e.name, e.salary, d.department_name
    -> FROM employees e
    -> INNER JOIN departments d
    -> ON e.department_id = d.department_id;
Query OK, 0 rows affected (0.34 sec)

mysql> SELECT * FROM view_emp_dept;
+-------------+------+----------+-----------------+
| employee_id | name | salary   | department_name |
+-------------+------+----------+-----------------+
|        1001 | 王一 |  9000.00 | 市场部          |
|        1003 | 李四 | 11000.00 | 市场部          |
|        1007 | 莫莫 |  8000.00 | 市场部          |
|        1008 | 王平 |  8000.00 | 市场部          |
|        1010 | 李就 | 10000.00 | 市场部          |
|        1004 | 赵鹏 | 10000.00 | 财务部          |
|        1006 | 琪琪 | 10000.00 | 财务部          |
|        1011 | 赵哈 |  8000.00 | 财务部          |
|        1002 | 孙程 |  9000.00 | 行政部          |
|        1009 | 孙一 |  9000.00 | 行政部          |
|        1005 | 张三 |  9000.00 | 人事部          |
|        1012 | 刘希 |  9000.00 | 人事部          |
+-------------+------+----------+-----------------+
12 rows in set (0.00 sec)
```

图8-2 创建view_emp_dept视图

8.2.3 基于视图创建视图

当创建好一张视图之后，还可以在它的基础上继续创建视图。在数据库中，可以基于已存在的视图创建新的视图，这被称为基于视图的视图或者嵌套视图。基于视图创建视图可以进一步简化复杂的查询操作，提供更方便的数据访问和管理方式。

创建基于视图的视图的步骤与创建基本视图类似。首先，确定要创建的新视图的名称和列。然后，编写查询语句，使用已存在的视图作为查询的来源，并进行相关的过滤、排序和聚合操作。最后，执行创建视图的命令，将查询语句作为视图的定义。

基于视图创建视图的好处之一是可以在已有的视图的基础上进一步筛选和处理数据，使得查询结果更加精确和符合特定需求。此外，基于视图的视图还可以层层嵌套，构建更复杂的查询和数据处理逻辑。

需要注意的是，在创建基于视图的视图时，应当确保底层的视图和表结构保持一致性，以免引起错误或者不符合预期的结果。同时，对于底层的视图和表的修改操作，也会影响基于视图的视图的数据结果。

基于视图创建视图是一种灵活、方便的数据查询和管理方法，可以通过嵌套视图的方式进一步简化和精确化查询的结果，提供更好的数据访问体验。

【例8-3】基于emp_dept_view视图创建名为view_emp_dept01的视图，查询市场部的员工记录。

```
CREATE VIEW view_emp_dept01
AS
SELECT * FROM view_emp_dept WHERE department_name = "市场部";
```

运行结果如图8-3所示。

```
mysql> CREATE VIEW view_emp_dept01
    -> AS
    -> SELECT * FROM view_emp_dept WHERE department_name = "市场部";
Query OK, 0 rows affected (0.36 sec)

mysql> SELECT * FROM view_emp_dept01;
+-------------+------+----------+-----------------+
| employee_id | name | salary   | department_name |
+-------------+------+----------+-----------------+
|        1001 | 王一 |  9000.00 | 市场部          |
|        1003 | 李四 | 11000.00 | 市场部          |
|        1007 | 莫莫 |  8000.00 | 市场部          |
|        1008 | 王平 |  8000.00 | 市场部          |
|        1010 | 李就 | 10000.00 | 市场部          |
+-------------+------+----------+-----------------+
5 rows in set (0.04 sec)
```

图8-3　查询记录

8.3　查看视图

查看视图是指查看数据库中已存在的视图的定义。查看视图必须要有SHOW VIEW的权限，MySQL数据库下的user表中保存着这个信息。要查看数据库中的视图，可以使用以下方法。

(1) 使用SHOW TABLES命令：在大多数数据库管理系统中，SHOW TABLES命令可以显示当前数据库中的所有表，包括视图。可以执行SHOW TABLES命令查看包含视图的表列表。

(2) 使用DESCRIBE命令：DESCRIBE命令可以用来查看表的结构，同样适用于视图。可以执行DESCRIBE view_name命令，其中view_name是要查看的视图的名称，该命令将显示视图的列名和数据类型。

(3) 使用SELECT语句：可以使用SELECT语句查询视图的内容。例如，执行SELECT * FROM view_name命令，其中view_name是要查看的视图名称，将返回该视图的所有行和列数据。

(4) 使用information_schema数据库：在大多数数据库管理系统中，information_schema是一个系统数据库，用于存储数据库的元数据信息。可以使用SELECT语句从information_schema.views表中查询视图信息。例如，执行SELECT * FROM information_schema.views WHERE TABLE_SCHEMA='your_database_name'命令，将返回指定数据库中的所有视图的详细信息。

8.3.1 查看数据库的表对象和视图对象

SHOW TABLES语句可以用来查询数据库中的表和视图。

执行SHOW TABLES语句后，MySQL会返回一个结果集，其中包含了数据库中所有的表和视图的名称。具体语法如下：

```
SHOW TABLES;
```

运行结果如图8-4所示。

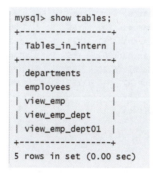

图8-4 查看所有表对象和视图对象

8.3.2 使用DESCRIBE | DESC命令查看视图的结构信息

在MySQL中，使用DESCRIBE或DESC命令查看表的结构和列信息，但是它们无法直接查看视图的结构。因为视图本身没有实际的列，而是基于查询语句构建的。具体的语法如下：

```
DESCRIBE | DESC 视图名
```

【例8-4】通过DESC命令查看view_emp视图的结构信息。

```
DESC view_emp;
```

运行结果如图8-5所示。

```
mysql> DESC view_emp;
+---------------+-------------+------+-----+---------+-------+
| Field         | Type        | Null | Key | Default | Extra |
+---------------+-------------+------+-----+---------+-------+
| employee_id   | int(6)      | NO   |     | NULL    |       |
| name          | varchar(20) | YES  |     | NULL    |       |
| email         | varchar(25) | YES  |     | NULL    |       |
| phone_number  | varchar(20) | YES  |     | NULL    |       |
| salary        | double(8,2) | YES  |     | NULL    |       |
| department_id | int(4)      | YES  |     | NULL    |       |
+---------------+-------------+------+-----+---------+-------+
6 rows in set (0.00 sec)
```

图8-5 查看view_emp结构

结果显示了视图字段名、字段类型、是否为空、是否为主/外键、默认值和额外信息。

再通过DESC命令查看基本表的结构信息，如图8-6所示，对比发现视图结构信息中除了没有主/外键信息，其他信息均与基本表结构信息一致。

```
mysql> DESC employees;
+---------------+-------------+------+-----+---------+-------+
| Field         | Type        | Null | Key | Default | Extra |
+---------------+-------------+------+-----+---------+-------+
| employee_id   | int(6)      | NO   | PRI | NULL    |       |
| name          | varchar(20) | YES  |     | NULL    |       |
| email         | varchar(25) | YES  |     | NULL    |       |
| phone_number  | varchar(20) | YES  |     | NULL    |       |
| salary        | double(8,2) | YES  |     | NULL    |       |
| department_id | int(4)      | YES  | MUL | NULL    |       |
+---------------+-------------+------+-----+---------+-------+
6 rows in set (0.00 sec)
```

图8-6 使用DESC命令查看基本表信息

8.3.3 使用SHOW TABLE STATUS LIKE语句查看视图的属性信息

关于视图属性的信息可以通过SHOW TABLE STATUS LIKE语句查看，具体的语法如下：

SHOW TABLE STATUS LIKE '视图名';

【例8-5】使用SHOW TABLE STATUS LIKE语句查看view_emp视图的属性信息。

SHOW TABLE STATUS LIKE 'view_emp';

运行结果如图8-7所示。Comment的值为view说明该表为视图，其他的信息为NULL说明这是一个虚表。

```
mysql> SHOW TABLE STATUS LIKE 'view_emp'\G
*************************** 1. row ***************************
           Name: view_emp
         Engine: NULL
        Version: NULL
     Row_format: NULL
           Rows: 0
 Avg_row_length: 0
    Data_length: 0
Max_data_length: 0
   Index_length: 0
      Data_free: 0
 Auto_increment: NULL
    Create_time: 2023-04-18 22:42:18
    Update_time: NULL
     Check_time: NULL
      Collation: NULL
       Checksum: NULL
 Create_options: NULL
        Comment: VIEW
1 row in set (0.00 sec)
```

图8-7　查看view_emp视图的属性信息

再使用SHOW TABLE STATUS语句查看employees表信息。

SHOW TABLE STATUS LIKE 'employees';

运行结果如图8-8所示。对比发现基本表的属性信息要比视图信息更完整，显示了基本表的存储引擎、行格式、数据长度等信息，并且Comment值为空，说明该属性信息来自表，而不是视图。

```
mysql> SHOW TABLE STATUS LIKE 'employees'\G
*************************** 1. row ***************************
           Name: employees
         Engine: InnoDB
        Version: 10
     Row_format: Dynamic
           Rows: 12
 Avg_row_length: 1365
    Data_length: 16384
Max_data_length: 0
   Index_length: 16384
      Data_free: 0
 Auto_increment: NULL
    Create_time: 2023-04-18 21:57:05
    Update_time: 2023-04-18 21:57:17
     Check_time: NULL
      Collation: utf8mb4_0900_ai_ci
       Checksum: NULL
 Create_options:
        Comment:
1 row in set (0.00 sec)
```

图8-8　查看employees表信息

执行SHOW TABLE STATUS LIKE语句后，结果返回一个包含多个字段的结果集，每个字段的含义如下。

- Name: 表的名称。
- Engine: 表的存储引擎。
- Version: 存储引擎的版本。
- Row_format: 行的存储格式。
- Rows: 表中的数据行数。
- Avg_row_length: 平均每行的字节数。
- Data_length: 表的数据长度(以字节为单位)。
- Max_data_length: 表的最大数据长度(以字节为单位)。
- Index_length: 表的索引长度(以字节为单位)。
- Data_free: 空闲空间的长度(以字节为单位)。
- Auto_increment: 自增列的下一个值。
- Create_time: 表的创建时间。
- Update_time: 表的最后一次更新时间。
- Check_time: 表的最后一次检查时间。
- Collation: 表的字符集校对规则。
- Checksum: 表的校验和。
- Create_options: 表的创建选项。
- Comment: 表的注释。

这些字段提供了有关表的各种信息，包括存储引擎、行格式、数据和索引长度、创建时间等。可以使用这些信息来了解表的结构特征，以及在调优和管理数据库时的性能指标。请注意，结果集可能会因不同的数据库管理系统而有所不同，并且某些字段可能不适用于特定的存储引擎或表类型。

8.3.4 使用SHOW CREATE VIEW语句查看视图的定义信息

SHOW CREATE VIEW 是一条 MySQL 数据库特定的非标准 SQL 语句，用于查询指定视图的定义。执行 SHOW CREATE VIEW 语句可以获取视图的创建语句，包括视图的名称、列的列表以及与其相关的查询语句。语法如下：

```
SHOW CREATE VIEW view_emp;
```

【例8-6】使用SHOW CREATE VIEW语句查看视图 view_emp的详细定义。

```
SHOW CREATE VIEW view_emp;
```

运行结果如图8-9所示，返回表示视图名的View字段、关于视图定义的Create View字段信息。

```
mysql> SHOW CREATE VIEW view_emp\G
*************************** 1. row ***************************
                View: view_emp
         Create View: CREATE ALGORITHM=UNDEFINED DEFINER=`root`@`localhost` SQL SECURITY DEFINER VIEW
`view_emp` AS select `employees`.`employee_id` AS `employee_id`,`employees`.`name` AS
`name`,`employees`.`email` AS `email`,`employees`.`phone_number` AS `phone_number`,`employees`.`salary`
AS `salary`,`employees`.`department_id` AS `department_id` from `employees`
character_set_client: gbk
collation_connection: gbk_chinese_ci
1 row in set (0.00 sec)
```

图8-9　查看视图 view_emp的详细定义

执行SHOW CREATE VIEW语句后，结果返回一个包含两个字段的结果集。这两个字段的含义如下。

- View：表示视图的名称。这个字段显示了所查询的视图的名称。
- Create View：表示创建视图的SQL语句。这个字段显示了视图的创建语句，包括查询语句和视图的属性信息。

需要注意的是，Create View字段中的SQL语句可能会包含视图所依赖的表、列、JOIN操作、过滤条件等信息，用于定义该视图的结构和逻辑。可以通过观察Create View字段中的SQL语句，来了解视图的具体定义和对应的查询逻辑。

8.3.5　通过系统表查看视图信息

在MySQL中，information_schema数据库下的views表中存储了所有视图的定义。通过对views表的查询，可以查看数据库中所有视图的详细信息。查询语句如下所示：

SELECT * FROM information_schema.views WHERE 条件语句;

【例8-7】在views表中查看视图view_emp的详细定义，代码如下所示：

SELECT * FROM information_schema.views WHERE TABLE_NAME = 'view_emp';

运行结果如图8-10所示。

```
mysql> SELECT * FROM information_schema.views WHERE TABLE_NAME = 'view_emp'\G
*************************** 1. row ***************************
       TABLE_CATALOG: def
        TABLE_SCHEMA: intern
          TABLE_NAME: view_emp
     VIEW_DEFINITION: select `intern`.`employees`.`employee_id` AS
`employee_id`,`intern`.`employees`.`name` AS `name`,`intern`.`employees`.`email` AS
`email`,`intern`.`employees`.`phone_number` AS `phone_number`,`intern`.`employees`.`salary` AS
`salary`,`intern`.`employees`.`department_id` AS `department_id` from `intern`.`employees`
        CHECK_OPTION: NONE
        IS_UPDATABLE: YES
             DEFINER: root@localhost
       SECURITY_TYPE: DEFINER
CHARACTER_SET_CLIENT: gbk
  COLLATION_CONNECTION: gbk_chinese_ci
1 row in set (0.00 sec)
```

图8-10　查看视图view_emp的详细定义

执行SELECT * FROM information_schema.views语句后，将会返回information_schema数据库中的views表的所有字段信息。views表记录了数据库中所有视图的信息。以下是一些常见的字段及其含义。

- TABLE_CATALOG: 视图所属的数据库的目录名称。
- TABLE_SCHEMA: 视图所属的数据库的名称。
- TABLE_NAME: 视图的名称。
- VIEW_DEFINITION: 视图的定义，即创建视图时指定的查询语句。
- CHECK_OPTION: 视图的检查选项，用于指定视图在插入或更新操作时的约束条件。
- IS_UPDATABLE: 表示视图是否可更新，其值为YES或NO。
- DEFINER: 创建视图的用户或角色。
- SECURITY_TYPE: 视图的安全类型，表示在访问视图时安全性验证的方式。
- CHARACTER_SET_CLIENT: 客户端使用的字符集。
- COLLATION_CONNECTION: 连接使用的字符集校对规则。

这些字段提供了有关视图名称、定义、权限、字符集以及其他相关信息的详细描述，可用于查询和分析数据库中的视图结构和属性。请注意，结果集可能会因不同的数据库管理系统而有所不同。

8.3.6 查看视图中的数据

要查看视图中的数据，可以使用与查询表类似的语法来查询视图。以下是一些常用的方法。

（1）使用SELECT语句：使用SELECT语句来查询视图中的数据，就像查询表一样。例如：

```
SELECT * FROM view_name;
```

其中，view_name是要查询的视图的名称。

（2）使用限制条件：可以根据需要在SELECT语句中添加限制条件来过滤查询结果。例如：

```
SELECT * FROM view_name WHERE condition;
```

其中，condition是一个或多个逻辑表达式，用于筛选符合条件的数据。

（3）结合其他查询操作：可以将视图查询与其他查询操作结合使用，例如JOIN和子查询，来获取更复杂的结果。例如：

```
SELECT * FROM view_name1 JOIN view_name2 ON condition;
```

这将执行一个JOIN操作，将两个视图的数据连接起来。

查询视图的语法与查询表的语法基本相同，但是视图是一个虚拟的表，它的数据是由查询定义的，而不是实际存储的。因此，查询视图返回的结果是根据视图定义和底层表的数据计算得出的。

在查看视图中的数据时，有一些注意点和用法需要考虑。

(1) 权限：确保拥有足够的权限来查询视图。如果没有查询视图的权限，将无法查看其中的数据，请联系数据库管理员或拥有相应权限的用户来获取访问权限。

(2) 列名和数据类型：当查询视图时，可以使用SELECT语句中的列名来选择特定的列，或使用"*"选择所有列。确保了解视图定义中的列名和对应的数据类型，以正确地解释和使用查询结果。

(3) 查询结果：查询视图返回的结果是根据视图定义和底层表的数据计算得出的。这意味着查询结果可能不同于直接查询底层表时的结果。确保理解视图的定义和与之相关的表、数据以及可能存在的过滤条件，以便正确地解读查询结果。

(4) 过滤条件：可以在查询视图时使用WHERE子句添加过滤条件，以过滤结果集。这样可以根据需要检索特定条件下的数据，确保提供了正确的过滤条件来获取符合要求的数据。

(5) 关联查询：可以将视图查询与其他表的查询结果进行关联操作，例如使用JOIN语句。这样可以获取更复杂的数据关联结果，确保了解关联查询的语法和使用方式，并根据需要构建正确的关联条件和连接类型。

(6) 性能考虑：查询视图可能会对性能产生影响，特别是当视图涉及复杂的计算或涉及多个底层表时。应确保评估了查询的性能需求，并优化查询语句，如使用合适的索引、限制返回结果的数量等。

总之，查看视图中的数据时，需要注意权限、列名和数据类型、查询结果、过滤条件、关联查询以及性能要求等方面，确保理解视图的定义和查询需求，使用正确的语法和选项来获取准确且符合要求的数据。

8.4 修改视图

修改视图是指修改数据库中存在的视图，当基本表的某些字段发生变化的时候，可以通过修改视图来保持与基本表的一致性。MySQL中通过CREATE OR REPLACE VIEW语句和ALTER语句来修改视图。

修改视图是指对现有视图的定义进行更改。视图是一个虚拟表，它是基于一个或多个基础表的查询结果构建而成的。通过修改视图，可以调整视图的查询逻辑、列的列表、筛选条件等，以满足不同的需求。

修改视图通常包括以下方面。

- 添加或删除列：可以通过 ALTER VIEW 语句添加或删除视图中的列。例如，可以向视图中添加新的计算列或者删除不再需要的列。
- 更改查询逻辑：可以修改视图的查询语句，调整数据的来源和处理方式。这样可以根据实际需求提供更准确或更灵活的数据。
- 调整筛选条件：可以通过修改视图的 WHERE 子句或者使用其他连接条件来过滤视图中的数据。这样可以限制视图中显示的行，从而实现更精确的数据过滤。

在修改视图之前，需要注意以下几点。
- 必须具有足够的权限：只有具有适当的数据库访问权限的用户才能修改视图。
- 视图的定义必须是合法的：确保修改后的视图定义产生正确和有效的结果。
- 视图的依赖关系：修改视图可能会影响到其他依赖该视图的查询或应用程序。在修改视图之前，需要仔细分析其对其他对象的影响。

8.4.1 使用 CREATE OR REPLACE VIEW语句修改视图

在MySQL中修改视图，可使用CREATE OR REPLACE VIEW语句，语法如下：

```
CREATE OR REPLACE VIEW 视图名
AS
查询语句
```

【例8-8】修改视图view_emp。

```
CREATE OR REPLACE VIEW view_emp
AS
SELECT employee_id, name, salary, department_id FROM employees;
```

运行结果如图8-11所示。

```
mysql> CREATE OR REPLACE VIEW view_emp
    -> AS
    -> SELECT employee_id, name, salary, department_id FROM employees;
Query OK, 0 rows affected (0.36 sec)

mysql> DESC view_emp;
+---------------+-------------+------+-----+---------+-------+
| Field         | Type        | Null | Key | Default | Extra |
+---------------+-------------+------+-----+---------+-------+
| employee_id   | int(6)      | NO   |     | NULL    |       |
| name          | varchar(20) | YES  |     | NULL    |       |
| salary        | double(8,2) | YES  |     | NULL    |       |
| department_id | int(4)      | YES  |     | NULL    |       |
+---------------+-------------+------+-----+---------+-------+
4 rows in set (0.00 sec)
```

图8-11　修改视图view_emp

8.4.2 使用ALTER语句修改视图

使用ALTER语句是MySQL提供的另外一种修改视图的方法，语法如下：

```
ALTER VIEW 视图名
AS
查询语句
```

【例8-9】修改视图view_emp。

```
ALTER VIEW view_emp
AS
SELECT employee_id, name, salary FROM employees;
```

运行结果如图8-12所示。

```
mysql> ALTER VIEW view_emp
    -> AS
    -> SELECT employee_id, name, salary FROM employees;
Query OK, 0 rows affected (0.13 sec)

mysql> DESC view_emp;
+-------------+-------------+------+-----+---------+-------+
| Field       | Type        | Null | Key | Default | Extra |
+-------------+-------------+------+-----+---------+-------+
| employee_id | int(6)      | NO   |     | NULL    |       |
| name        | varchar(20) | YES  |     | NULL    |       |
| salary      | double(8,2) | YES  |     | NULL    |       |
+-------------+-------------+------+-----+---------+-------+
3 rows in set (0.00 sec)
```

图8-12　修改视图view_emp

8.5　更新视图

对视图的插入、更新、删除分别使用INSERT、UPDATE、DELETE语句进行操作。在MySQL中，更新视图是指修改已经定义的视图的查询规则，以便返回更新后的结果集。视图是虚拟表，它是由查询语句定义的结果集，并且可以当作普通表一样进行查询操作。

更新视图的过程是修改视图的查询规则，使其返回的结果集与原始表的数据进行同步。具体来说，可以通过更新视图来修改视图查询中的选择条件、连接条件、排序规则等，以满足需要。

需要注意的是，更新视图并不是直接更新底层表中的数据，而是更新视图自身的定义，从而影响后续查询视图时返回的结果集。如果希望更新底层表中的数据，可直接对表进行更新操作。

【例8-10】更新视图记录，把employee_id为1001的员工薪水修改为10000。

```
UPDATE view_emp SET salary = 10000 WHERE employee_id = 1001;
```

执行上面的更新操作后，结果如图8-13所示，把视图中employee_id为1001的员工原来为9000的薪水修改成了10000，查询基本表employees，显示该条记录也被更新。

```
mysql> SELECT employee_id, name, salary FROM view_emp WHERE employee_id = 1001;
+-------------+------+---------+
| employee_id | name | salary  |
+-------------+------+---------+
|        1001 | 王一 | 9000.00 |
+-------------+------+---------+
1 row in set (0.00 sec)

mysql> UPDATE view_emp SET salary = 10000 WHERE employee_id = 1001;
Query OK, 1 row affected (0.12 sec)
Rows matched: 1  Changed: 1  Warnings: 0

mysql> SELECT employee_id, name, salary FROM view_emp WHERE employee_id = 1001;
+-------------+------+----------+
| employee_id | name | salary   |
+-------------+------+----------+
|        1001 | 王一 | 10000.00 |
+-------------+------+----------+
1 row in set (0.00 sec)

mysql> SELECT employee_id, name, salary FROM employees WHERE employee_id = 1001;
+-------------+------+----------+
| employee_id | name | salary   |
+-------------+------+----------+
|        1001 | 王一 | 10000.00 |
+-------------+------+----------+
1 row in set (0.00 sec)
```

图8-13 执行更新操作后的结果

【例8-11】删除 view_emp视图中employee_id为1001的记录。

DELETE FROM view_emp WHERE employee_id = 1001;

执行上面的删除操作后，结果如图8-14所示，查询视图和基本表中的对应记录都被删除。

```
mysql> SELECT * FROM employees WHERE employee_id = 1001;
+-------------+------+-----------------+--------------+----------+---------------+
| employee_id | name | email           | phone_number | salary   | department_id |
+-------------+------+-----------------+--------------+----------+---------------+
|        1001 | 王一 | 1001wang@163.com| 13153557688  | 10000.00 |             1 |
+-------------+------+-----------------+--------------+----------+---------------+
1 row in set (0.00 sec)

mysql> DELETE FROM view_emp WHERE employee_id = 1001;
Query OK, 1 row affected (0.09 sec)

mysql> SELECT employee_id, name, salary FROM view_emp WHERE employee_id = 1001;
Empty set (0.00 sec)

mysql> SELECT employee_id, name, salary FROM employees WHERE employee_id = 1001;
Empty set (0.00 sec)
```

图8-14 删除视图记录

因为视图是基于基本表查询的结果集，所以对基本表的更新操作结果也会反映到视图中。

【例8-12】 在基本表employees中插入一条记录。

```
INSERT INTO employees VALUES(1001, '王一', '1001wang@163.com', '13153557688', '9000', 1);
SELECT * FROM view_emp WHERE employee_id = 1001;
```

运行结果如图8-15所示。

```
mysql> INSERT INTO employees VALUES(1001, '王一', '1001wang@163.com', '13153557688', 9000, 1);
Query OK, 1 row affected (0.17 sec)

mysql> SELECT * FROM view_emp WHERE employee_id = 1001;
+-------------+------+---------+
| employee_id | name | salary  |
+-------------+------+---------+
|        1001 | 王一 | 9000.00 |
+-------------+------+---------+
1 row in set (0.00 sec)
```

图8-15　插入记录

要使视图可更新，视图中的行和底层基本表中的行之间必须存在一对一的关系。另外当视图定义出现如下情况时，视图不支持更新操作。

(1) 在定义视图的时候指定了"ALGORITHM = TEMPTABLE"视图，将不支持INSERT和DELETE操作。

(2) 视图中不包含基本表中所有被定义为非空又未指定默认值的列，视图将不支持INSERT操作。

(3) 在定义视图的SELECT语句中使用了JOIN联合查询，视图将不支持INSERT和DELETE操作；JOIN联合查询可能导致视图结果集中的每一行数据都来自多个表的不同记录。因此，当针对这样的视图进行INSERT操作时，无法直接确定如何将新的记录与底层表相关联。同样地，DELETE操作也会遇到类似的问题，因为无法准确地确定哪些底层表中的记录应该被删除。

(4) 在定义视图的SELECT语句后的字段列表中使用了数学表达式或子查询，视图将不支持INSERT和UPDATE操作。

(5) 在定义视图的SELECT语句中包含了子查询，而子查询中引用了FROM后面的表，视图将不支持INSERT、UPDATE、DELETE操作；当使用子查询引用FROM后面的表时，视图的结果集将不再与底层表一一对应，而是基于子查询的结果进行计算。这种情况下，数据库管理系统无法确定如何直接修改底层表的具体记录，因为子查询可能会返回不同数量或不同内容的数据。

假设有如下视图定义：

```
CREATE VIEW view_name AS
SELECT column1, column2
FROM table1
WHERE column1 IN (SELECT column1 FROM table2);
```

在这个例子中，子查询引用了FROM后面的table2表，并根据一定的条件进行数据筛选。由于子查询的存在，视图的结果集将根据条件和子查询的计算而变化，无法直接映射回底层表的个别记录。因此，对这样的视图进行INSERT、UPDATE、DELETE操作是不支持的。如果需要对底层表进行数据修改操作，应该直接操作底层表而不是视图。

(6) 视图定义基于一个不可更新视图。不可更新视图是通过在视图定义的过程中应用一些限制和条件来定义的。以下是一些常见的情况，其中定义的限制会导致视图成为不可更新的。

- 聚合函数：如果视图定义中包含聚合函数(如SUM、AVG、COUNT等)，视图将返回汇总数据而不是底层表的具体记录，这样的视图无法直接进行数据修改操作。

示例：

```
CREATE VIEW view_name AS
SELECT category, SUM(quantity) AS total_quantity
FROM table_name
GROUP BY category;
```

- DISTINCT关键字：如果视图定义中使用了DISTINCT关键字来去除重复记录，结果将不包含底层表的完整数据，因此无法直接进行数据修改。

示例：

```
CREATE VIEW view_name AS
SELECT DISTINCT column1, column2
FROM table_name;
```

- 子查询：如果视图定义使用了子查询，会导致视图的结果无法直接映射回底层表的具体数据，从而无法直接进行数据修改。

示例：

```
CREATE VIEW view_name AS
SELECT column1, column2
FROM table_name
WHERE column1 IN (SELECT column1 FROM another_table);
```

- JOIN操作：如果视图定义涉及多个表的JOIN操作，并且该操作不满足一定的条件，可能会导致视图变为不可更新。

示例：

```
CREATE VIEW view_name AS
SELECT column1, column2
FROM table1
JOIN table2 ON table1.column = table2.column;
```

需要注意的是，不可更新视图并非绝对的。有些数据库系统支持通过触发器或者其他方式来定义可更新的视图，以提供更灵活的数据修改能力。

在定义不可更新视图时，需要注意视图的定义过程中是否包含了上述限制，理解这些限制可以帮助了解视图的性质和使用方式。

【例8-13】创建view_cnt视图，并对其进行更新。

```
CREATE VIEW view_cnt
AS
SELECT department_id , COUNT(*) cnt FROM employees GROUP BY department_id;

UPDATE view_cnt SET cnt = 1 WHERE department = 1;
```

运行结果如图8-16所示。

```
mysql> CREATE VIEW view_cnt
    -> AS
    -> SELECT department_id , COUNT(*) cnt FROM employees GROUP BY department_id;
Query OK, 0 rows affected (0.40 sec)

mysql> UPDATE view_cnt SET cnt = 1 WHERE department = 1;
ERROR 1288 (HY000): The target table view_cnt of the UPDATE is not updatable
```

图8-16　更新结果

因为在定义视图的SELECT语句中使用了聚合函数COUNT()，导致视图更新失败，结果如图8-16所示。

虽然可以更新视图数据，但总的来说，视图作为虚拟表，主要用于方便查询，不建议更新视图的数据。对视图数据的更改，都是通过对实际数据表里数据的操作来完成的。

8.6　删除视图

当不再需要某个视图时，可以使用DROP VIEW语句来删除视图。删除视图后，不会影响原始数据表中的数据，只是删除了该视图的定义，释放了相关资源。

删除视图的语法如下：

```
DROP VIEW [IF EXISTS] view_name; VIEW IF EXISTS 视图名称;
```

参数说明如下。
- view_name：要删除的视图的名称。
- IF EXISTS(可选)：如果使用该关键字，当要删除的视图不存在时，不会抛出错误。

请注意，执行删除视图的操作需要具有适当的权限。只有具有足够权限的用户才能执行该操作。

【例8-14】删除view_emp_dept01视图。

```
DROP VIEW IF EXISTS view_emp_dept01;
```

查询所有视图，如图8-17所示，显示视图view_emp_dept01已被删除。

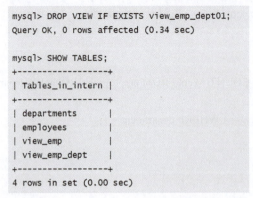

图8-17　删除view_emp_dept01视图

另外，当删除一个基本表后，与该表相关的视图可能会出现以下几种情况。

(1) 视图不存在：如果删除的表是某个视图的依赖表，那么该视图将不再存在。这意味着在尝试查询或使用这些视图时会报错，因为它们所依赖的表已经不存在了。

(2) 视图不受影响：如果删除的表不是任何视图的依赖表，那么与这些视图无关的部分将保持不变，视图将继续存在。这意味着可以继续使用这些视图进行查询和操作，因为它们的定义中没有依赖于被删除的表。

(3) 视图无效：如果删除的表是视图的依赖表之一，而该视图的创建语句中使用了DEFINER或SQL SECURITY DEFINER选项，那么该视图将被标记为无效。这意味着在尝试使用这些视图时，可能会收到一个警告，指示视图无效，并且需要重新定义或修复视图。

(4) 视图被替代：如果删除的表是视图的依赖表之一，而该视图的创建语句中没有使用DEFINER或SQL SECURITY DEFINER选项，那么该视图将被替代为新的定义。这意味着在删除表后，相关的视图将重新编译，以反映被删除的表的更新状态。虽然视图的名称和定义保持不变，但查询的结果可能会受到影响，因为底层表的结构已经改变。

需要注意的是，删除基本表可能会对与之相关的视图产生影响，因此在删除表之前，请确保了解与之关联的视图，并根据实际情况进行相应的处理，例如更新或重新定义视图，以保证数据库的完整性和正确性。

8.7　思考和练习

1. 视图有哪些作用和优势？
2. 如何创建一个简单的视图？写出具体的SQL语句。
3. 如何查看已经创建的视图？列举出至少两种方法。
4. 如何修改视图？
5. 如何查看视图的详细信息？
6. 如何更新视图的内容？
7. 如何理解视图和基本表之间的关系、用户操作的权限？
8. 视图是否占用存储空间？

第 9 章 触 发 器

触发器是嵌入到 MySQL 数据库中的一段程序,它与特定的表相关联,并在表上的特定事件发生时被激活。触发器可以用于在特定事件(如INSERT、UPDATE和DELETE语句)执行之前或之后执行一些操作。

触发器的使用可以用于实现数据的完整性约束、数据验证、日志记录等一系列数据库操作。当定义了触发器后,它会在相应的事件发生时自动激活并执行相应的操作,无须手动调用。

通过使用触发器,可以实现在数据库操作期间自动触发特定的操作,以满足特定的要求。触发器是保持数据一致性和完整性的强大工具,并且可以减少一些重复的操作。

本章的学习目标:
- 了解什么是触发器
- 掌握创建触发器的方法
- 掌握查看触发器的方法
- 掌握删除触发器的方法

9.1 概述

MySQL触发器是一种数据库对象,用于在特定的数据库操作发生时自动触发相应动作。触发器可以与INSERT、UPDATE和DELETE操作相关联。通过定义触发器,可以在数据修改前或修改后执行预定义的操作。触发器可以在每行数据或每个SQL语句的基础上进行触发。常见的触发器动作包括执行SQL语句和调用存储过程,以实现各种操作,如数据约束、审计日志和数据同步。创建触发器,需要使用CREATE TRIGGER语句,删除触发器,需要使用DROP TRIGGER语句。MySQL触发器为开发人员提供了在数据库层面实现自动化业务逻辑和数据处理的能力,提高了数据库的灵活性和功能性。通过触发器,可以实现数据的一致性和完整性,并对数据进行监控和管理,以满足应用程序的需求。

触发器包含两个基本部分:触发事件和触发操作。触发事件是指触发器应该响应的事件类型,如 INSERT、UPDATE 和 DELETE。触发操作是指触发器在激活时执行的具体操作,可以是执行 SQL 语句、调用存储过程或触发其他触发器。

以下是一个示例,展示了如何创建一个简单的触发器:

```
CREATE TRIGGER my_trigger AFTER INSERT ON my_table
FOR EACH ROW
BEGIN
    -- 触发器的操作
    INSERT INTO log_table (message) VALUES ('新记录已插入');
END;
```

在上述示例中,创建了一个名为 my_trigger 的触发器,它在 my_table 表上的每次 INSERT 操作后触发。当触发器被激活时,它会执行 INSERT 语句将一条日志记录插入 log_table 表中。

除了创建触发器,也可以查看已存在的触发器。使用以下语句可以列出当前数据库中的触发器:

```
SHOW TRIGGERS;
```

在需要时,可以修改或删除已存在的触发器。下面是一个删除触发器的示例:

```
DROP TRIGGER IF EXISTS my_trigger;
```

9.1.1 为什么使用触发器

触发器是 MySQL 数据库中的一种重要功能,它可以在特定事件发生时自动触发一些预定义的操作。使用触发器的原因如下。

(1) 数据完整性约束:触发器可以用于强制执行数据库中的数据完整性约束条件。例如,可以使用触发器来确保插入、更新或删除操作满足特定条件,从而维护数据的一致性和准确性。

(2) 复杂业务逻辑:在一些复杂的业务场景中,可能需要在特定事件发生时执行一系列复杂的业务逻辑。触发器可以用于自动化这些逻辑,减少在应用程序中手动处理的工作量。

(3) 数据同步和复制:触发器可以用于在数据库之间实现数据同步和复制。当源数据库中的数据发生变化时,触发器可以自动将这些变化复制到目标数据库中,保持数据的一致性。

(4) 日志记录和审计:触发器可以用于在数据库中记录操作日志和审计信息。例如,可以使用触发器在每次插入、更新或删除数据时自动记录相关的元数据,以供后续审计和分析。

(5) 自动化任务：触发器可以用于执行定期或基于时间的任务。例如，可以使用触发器定期清理数据库中的过期数据，或者在特定时间点执行某些操作。

总之，触发器为MySQL数据库提供了一种强大的机制，可以在特定事件发生时自动执行一些操作，从而增强数据的完整性、一致性和可靠性，并减少在应用程序中处理这些逻辑的工作量。

9.1.2 触发器的优缺点

下面是触发器常见的优点。

- 数据完整性：触发器可以用于强制执行数据完整性约束条件，确保数据的一致性和准确性。
- 自动化操作：触发器可以自动在特定事件发生时执行操作，减少了在应用程序中处理这些逻辑的工作量。
- 数据同步和复制：触发器可以用于在数据库之间实现数据同步和复制，确保数据的一致性。
- 日志记录和审计：触发器可以用于记录操作日志和审计信息，提供更好的可追溯性和安全性。
- 简化业务逻辑：对于一些复杂的业务场景，触发器可以简化应用程序的逻辑，提高代码的可读性和可维护性。

当然，触发器也有一定的缺点，主要有以下几点。

- 隐藏的逻辑：触发器可能导致数据库的逻辑分散在多个地方，增加代码的复杂性和难以维护性。
- 隐式执行：因为触发器是隐式执行的，对于维护人员来说可能不容易直观地理解触发器的执行顺序和逻辑。
- 性能影响：触发器的执行会消耗一定的系统资源，并可能对数据库的性能产生一定的影响。过多或不正确使用触发器可能导致性能下降。
- 调试困难：由于触发器的逻辑是隐式执行的，调试触发器的错误可能会比较困难。
- 数据库依赖：触发器的使用可能会增加数据库的依赖性，降低了数据库的可移植性和灵活性。

因此，在使用触发器时，需要权衡其优点和缺点，并根据具体需求和场景进行合理的使用和设计。

9.1.3 触发器的种类

在MySQL中，触发器可以分为两种类型：DDL(数据定义语言)触发器和DML(数据操作语言)触发器。

1. DDL(数据定义语言)触发器

DDL 触发器是在对数据库中的表、视图、存储过程等对象进行创建、修改或删除时触发的。常见的 DDL 操作包括 CREATE、ALTER 和 DROP 等操作。DDL 触发器主要用于捕捉和记录对数据库结构的变更，可以在数据库结构发生变化时执行一些自定义的操作。

创建 DDL 触发器的例子：

假设希望在数据库中创建新的表时自动记录创建时间和创建人员的信息。可以使用以下触发器来实现：

```
CREATE TRIGGER record_table_creation
AFTER CREATE ON DATABASE
FOR EACH STATEMENT
BEGIN
    INSERT INTO table_log (table_name, created_time, created_by)
    VALUES (EVENT_OBJECT_TABLE, CURRENT_TIMESTAMP(), CURRENT_USER());
END;
```

上述触发器被命名为 record_table_creation，它在数据库中创建新表之后触发。FOR EACH STATEMENT 确保每次创建表时只触发一次触发器的动作。在这个例子中，触发器的动作是将新表的名称、创建时间和创建人员信息记录到 table_log 表中。

2. DML(数据操作语言)触发器

DML 触发器是在对数据库中的表进行插入、更新或删除操作时触发的。常见的 DML 操作包括 INSERT、UPDATE 和 DELETE 等操作。DML 触发器主要用于在数据操作发生时执行一些附加的业务逻辑，例如进行数据验证、记录日志或触发其他的操作。

创建 DML 触发器的例子：

假设有一个名为 orders 的表，希望在每次向该表插入新记录时自动更新一个名为 order_count 的计数器表。可以使用以下触发器来实现：

```
CREATE TRIGGER update_order_count
AFTER INSERT ON orders
FOR EACH ROW
BEGIN
    UPDATE order_count SET count = count + 1;
END;
```

上述触发器被命名为 update_order_count，它在 orders 表上插入记录之后触发。FOR EACH ROW 确保每插入一行就执行一次触发器的动作。在这个例子中，触发器的动作是将 order_count 表中的计数器加一。

无论是 DDL 触发器还是 DML 触发器，它都通过在指定的表上定义触发器来实现。触发器可以在指定的事件(例如 INSERT、UPDATE 或 DELETE)发生前(BEFORE)或发生后(AFTER)被触发，具体取决于触发器的定义方式和需求。

9.2　创建触发器

创建触发器是指在 MySQL 数据库中定义一个新触发器对象的过程。触发器是与特定表相关联的数据库对象，它会在表上的特定事件发生时自动执行一系列指定的操作或逻辑。

9.2.1　创建基本表

创建一个 customers 表，使用这个表记录银行客户的信息。

```
create table customers(
    customer_id BIGINT PRIMARY KEY,
    customer_name VARCHAR(50),
    level VARCHAR(10)
)
Insert into customers (customer_id, customer_name, level )values('1','Jack Ma','BASIC');
Insert into customers (customer_id, customer_name, level )values('2','Robin Li','BASIC');
Insert into customers (customer_id, customer_name, level )values('3','Pony Ma','VIP');
```

创建另一个表 customer_status，用于保存 customers 表中客户的备注信息。

```
Create table customer_status(
    customer_id BIGINT PRIMARY KEY,
    status_notes VARCHAR(50)
)
```

创建一个 sales 表，这个表与 customer_id 关联，用于保存与客户有关的销售数据。

```
Create table sales(
    sales_id BIGINT PRIMARY KEY,
    customer_id BIGINT,
    sales_amount DOUBLE
)
```

创建一个 audit_log 表，用来记录操作员操作客户管理系统时的操作行为。这样方便管理员在发生问题时有 log 可查。

```
Create table audit_log(
    log_id BIGINT PRIMARY KEY AUTO_INCREMENT,
    sales_id BIGINT,
    previous_amount DOUBLE,
    new_amount DOUBLE,
    updated_by VARCHAR(50),
    updated_on DATETIME
)
```

9.2.2 创建只有一个执行语句的触发器

语法如下：

```
CREATE TRIGGER trigger_name trigger_time trigger_event
ON tbl_name FOR EACH ROW trigger_stmt
```

其中，trigger_name标识触发器名称，用户自行指定；trigger_time标识触发时机，可以指定为before或after；trigger_event标识触发事件，包括INSERT、UPDATE和DELETE；tbl_name标识建立触发器的表名，即在哪张表上建立触发器；trigger_stmt标识触发器执行语句。

在 MySQL 中，对于 DML(数据操作语言)触发器，可以通过关键字 NEW 和 OLD 来访问触发器中受影响的行的数据。当触发器被触发时，NEW 表示插入、更新或删除操作引起的新行数据，OLD 表示更新或删除操作引起的旧行数据。

在创建 DML 触发器时，可以引用这些特殊的表来访问受影响行的数据。以下是 NEW 和 OLD 的使用情况。

(1) INSERT 操作：在 INSERT 操作触发的触发器中，可以使用 NEW 表来访问新插入的行的数据。

(2) UPDATE 操作：在 UPDATE 操作触发的触发器中，可以使用 NEW 表来访问新的更新后的行的数据，使用 OLD 表来访问更新前的行的数据。

(3) DELETE 操作：在 DELETE 操作触发的触发器中，只能使用 OLD 表来访问被删除的行的数据。

通过引用这些特殊的关键字，可以在触发器中访问和操作受影响行的数据，从而进行适当的业务逻辑处理，如数据验证、记录日志、触发其他操作等。

需要注意的是，NEW 和 OLD 表的结构与触发器关联的表的结构是相同的，因此可以通过相应的列名来访问具体的数据项。

以下示例演示了当创建一个 DML 触发器时，如何使用 NEW 和 OLD 表来访问受影响的行的数据。

【例9-1】 假设有一个名为 orders 的表，其中包含 id(订单ID)、amount(订单金额)和 status(订单状态)等列。创建一个DML触发器，当在 orders 表中进行更新操作时，记录日志保存旧行的状态和新行的状态。

```
CREATE TRIGGER log_order_status
AFTER UPDATE ON orders
FOR EACH ROW
BEGIN
    DECLARE old_status VARCHAR(20);
    DECLARE new_status VARCHAR(20);

    -- 获取旧行的状态和新行的状态
    SELECT status INTO old_status FROM orders WHERE id = OLD.id;
    SELECT status INTO new_status FROM orders WHERE id = NEW.id;
```

```
    -- 记录日志
    INSERT INTO order_logs (order_id, old_status, new_status) VALUES (OLD.id, old_status, new_status);
    END;
```

在上述示例中，OLD.id 和 NEW.id 分别表示旧行和新行的订单ID。通过在触发器中查询 orders 表，可以获取旧行和新行的订单状态，并将其插入 order_logs 表中，用于记录状态的变化。

总之，DML 触发器中的特殊表 NEW 和 OLD 提供了访问受影响行的数据的能力，可以根据需求，在触发器中进行相应的数据处理和操作。

【例9-2】创建一个名为validate_sales_amount的DML触发器，向sales表中插入数据前检查新记录的 sales_amount 字段的值是否大于 10000。如果是，则触发一个自定义的错误，阻止插入该记录。

```
DELIMITER //
CREATE TRIGGER validate_sales_amount
BEFORE INSERT ON sales
FOR EACH ROW
IF NEW.sales_amount > 10000 THEN
SIGNAL SQLSTATE '45000'
SET MESSAGE_TEXT = "你输入的销售总额超过 10000 元";
END IF //
DELIMITER ;
```

运行结果如图9-1所示。

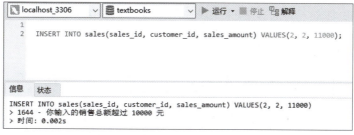

图9-1 运行结果

当往sales表中插入sales_amount字段大于10000的记录时，将会触发该警告。

【例9-3】当向 customers 表插入一条新记录时，在 customer_status 表中插入一条新记录来记录指定客户的账户状态信息，其中包含客户的 customer_id 和一个固定的状态注释"账户创建成功"。运行结果如图9-2和图9-3所示。

```
CREATE TRIGGER customer_status_records
AFTER INSERT ON customers
FOR EACH ROW
insert into customer_status(customer_id, status_notes) values(NEW.customer_id, "账户创建成功");
```

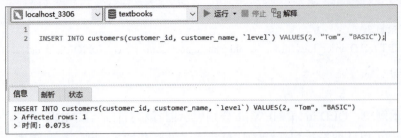

图9-2　运行结果(1)

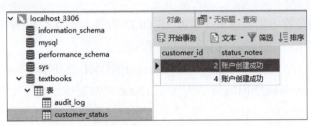

图9-3　运行结果(2)

【例9-4】每次从 customers 表删除记录之前，检查要删除的记录的 customer_id 是否存在于 sales 表的 customer_id 列中。如果存在相关联的销售记录，则触发一个自定义的错误，阻止删除该记录。运行结果如图9-4所示。

DELIMITER //
CREATE TRIGGER validate_related_records
BEFORE DELETE ON customers
FOR EACH ROW
IF OLD.customer_id IN (SELECT customer_id FROM sales) THEN
SIGNAL SQLSTATE "45000"
SET MESSAGE_TEXT = "这位客户有相关联的销售记录，不能删除。";
END IF //
DELIMITER ;

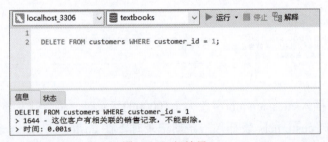

图9-4　运行结果

如果sales表中存在customer_id 为1的记录，试图删除customer表中customer_id为1的记录将会触发该警告，并阻止删除操作。

【例9-5】在每次更新 customers 表中的记录时，检查被更新的记录的级别是否为"VIP"。如果是"VIP"级别，则触发一个自定义的错误，阻止将其降级为普通级别用户。运行结果如图9-5所示。

```
DELIMITER //
CREATE TRIGGER validate_customer_level
BEFORE UPDATE ON customers
FOR EACH ROW
IF OLD.level = "VIP" THEN
SIGNAL SQLSTATE "45000"
SET MESSAGE_TEXT = "VIP 级别客户不能降级为普通级别客户";
END IF //
DELIMITER ;
```

图9-5 运行结果

当试图更新customers表，把customer_id为3的VIP用户降级为普通用户时，会触发更新触发器，发出警告并阻止更新操作。

【例9-6】在每次更新 sales 表中的记录后，将记录的相关信息插入 audit_log 表中，用于记录销售数据的更新历史。插入的信息包括销售ID、旧销售金额、新销售金额、进行更新操作的用户和更新的时间。运行结果如图9-6和图9-7所示。

```
CREATE TRIGGER log_sales_updates
AFTER UPDATE ON sales
FOR EACH ROW
INSERT INTO audit_log(sales_id, previous_amount, new_amount, updated_by, updated_on)
VALUES(OLD.sales_id, OLD.sales_amount, NEW.sales_amount, (SELECT USER()), NOW());
```

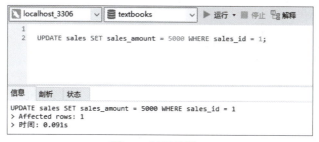

图9-6 运行结果(1)

log_id	sales_id	previous_amount	new_amount	updated_by	updated_on
1	5	8000	9000	root@localhost	2023-07-24 11:29:35
2	1	7700	5000	root@localhost	2023-09-20 09:50:21

图9-7 运行结果(2)

修改sales表中sales_id为1的记录，将其sales_amount字段的值从7700修改到5000，修改成功后，查看audit_log表，显示增加一条记录，记录了sales的更新操作。

【例9-7】在每次从 sales 表删除记录后，删除相关的客户信息。通过将 customer_id=OLD.customer_id 作为条件，删除 customers 表中与被删除的 sales 记录相关联的客户信息。

```
CREATE TRIGGER delete_related_info
AFTER DELETE
ON sales
FOR EACH ROW
DELETE FROM customers WHERE customer_id=OLD.customer_id;
```

9.2.3 创建有多个执行语句的触发器

语法如下：

```
CREATE TRIGGER trigger_name trigger_time trigger_event
ON tbl_name FOR EACH ROW
BEGIN
    语句执行列表
END
```

其中，trigger_name标识触发器的名称，用户自行指定；trigger_time标识触发时机，可以指定为before或after；trigger_event标识触发事件，包括INSERT、UPDATE和DELETE；tbl_name标识建立触发器的表名，即在哪张表上建立触发器；触发器程序可以使用BEGIN和END作为开始和结束，中间包含多条语句。

【例9-8】创建一个触发器，在向 orders 表中插入新记录后，更新 customers 表中对应客户的订单计数和订单总额。

```
CREATE TRIGGER update_customer_orders
AFTER INSERT ON orders
FOR EACH ROW
BEGIN
  -- 增加客户的订单计数
  UPDATE customers
  SET order_count = order_count + 1
  WHERE customer_id = NEW.customer_id;
  -- 增加客户的订单总额
  UPDATE customers
```

```
    SET total_amount = total_amount + NEW.order_amount
    WHERE customer_id = NEW.customer_id;
END;
```

当更新orders表中记录时，触发器会修改customers表中的order_count字段加一并累加order_amount到total_amount字段。

要创建触发器，用户需要具备以下权限之一。

(1) SUPER 权限：具有 SUPER 权限的用户拥有对所有数据库的完全权限，包括创建触发器和修改表结构等操作。

(2) TRIGGER 权限：具有 TRIGGER 权限的用户可以创建和管理触发器，但是不能对表结构进行修改。

通常情况下，用户需要具备至少 CREATE TRIGGER 权限才能创建触发器。

权限拥有者拥有表的完全控制权，包括创建触发器、修改触发器和删除触发器等操作。

在某些情况下，数据库管理员可能会对权限进行定制和管理，以限制用户的操作能力，从而保护数据库的安全性。因此，在具体的数据库环境中，用户可能需要与数据库管理员联系以获取相应的权限来创建和管理触发器。

以下是一些常见的定义触发器时的注意事项。

(1) 触发器只能与表关联：触发器是与特定表相关联的，它的触发是由与其关联的表上的数据操作(例如INSERT、UPDATE、DELETE)触发的。

(2) 触发器的触发时机：在定义触发器时，需要明确指定触发器的触发时机，例如在INSERT、UPDATE或DELETE之前(BEFORE)或之后(AFTER)触发。不同的触发时机适用于不同的业务需求。

(3) 触发器的事件类型：定义触发器时，需要指定触发器的事件类型，例如对于INSERT操作、UPDATE操作的哪些字段发生了改变，或者DELETE操作中的哪些记录被删除了。根据实际需求，选择合适的事件类型。

(4) 触发器的触发条件：可以使用触发器的触发条件(也称为触发器的谓词)来进一步限制触发器的执行条件。触发器的谓词是一个逻辑表达式，只有当该表达式为真时，触发器才会被触发。

(5) 触发器的编写语句：在定义触发器时，需要编写触发器执行的具体语句或语句块。这些语句定义了触发器在触发时所执行的操作，例如对其他表的插入、更新或删除，或者对记录进行修改等。

(6) 触发器的性能影响：触发器可能会对数据库的性能产生一定的影响，特别是在处理大量数据或复杂逻辑的情况下。在定义触发器时，需要评估其可能的性能影响，并确保触发器的执行过程是高效的。

(7) 触发器的命名规范：为了保持代码的清晰和可维护性，建议为触发器选择有意义的名称，并遵循一致的命名规范。

具体的注意事项可能因不同的数据库管理系统版本和具体需求而有所差异，建议查阅相关的 MySQL 文档和资料来获取更详细的信息。

9.3 查看触发器

查看触发器是指在数据库中获取已创建触发器的定义、状态和语法等信息的过程。为了查看已存在的触发器，可以使用不同的方法。本节将介绍两种常用的查看触发器的方法：使用SHOW TRIGGERS语句和在TRIGGERS表中查看触发器信息。

SHOW TRIGGERS语句可以提供数据库中所有触发器的详细信息，包括触发器的名称、关联表、事件类型、触发时机等。此语句将返回一个结果集，其中包含了触发器的各种属性。

另一种方法是通过查询系统表TRIGGERS来获取触发器的信息。TRIGGERS表是MySQL系统表之一，包含了数据库中所有触发器的元数据。通过查询该表，可以获取触发器的定义、状态以及其他相关属性。

通过这两种方法，可以方便地查看已创建触发器的信息，以便了解其结构和配置，并进行必要的调整或修改。

9.3.1 利用SHOW TRIGGERS语句查看触发器信息

使用SHOW TRIGGERS语句可以查看数据库中所有触发器的详细信息。通过SHOW TRIGGERS查看触发器的语句如下：

```
SHOW TRIGGERS;
```

运行的部分结果如图9-8所示。

下面是 SHOW TRIGGERS 返回结果中一些常见字段的含义。

(1) Trigger：触发器的名称。

(2) Event：触发器关联的事件，可以是 INSERT、UPDATE 或 DELETE。

(3) Table：触发器所属的表名。

(4) Statement：触发器的触发时机，可以是 BEFORE 或 AFTER。

(5) Timing：触发器的触发事件，例如 INSERT。

(6) Created：触发器的创建时间。

(7) sql_mode：触发器的 sql_mode 设置。sql_mode是MySQL中的一个系统变量，用于控制SQL的执行行为和语义。它定义了数据库应该遵循的规则和标准。以下是一些常见的sql_mode选项。

- STRICT_ALL_TABLES：严格模式，禁止插入错误数据。如果插入数据违反了表的约束条件，将会抛出错误。
- TRADITIONAL：严格模式，组合了严格检查和其他检查。在插入或更新数据时，会检查数据的有效性，并且在遇到错误时进行报告。
- NO_ENGINE_SUBSTITUTION：如果指定的存储引擎不可用，MySQL将以错误信息返回，而不会替换为其他可用的存储引擎。
- ONLY_FULL_GROUP_BY：在GROUP BY子句中，要求所有非聚合列都出现在

SELECT列表中，或者应用聚合函数。
- NO_ZERO_IN_DATE：日期中的月份和天数不允许出现0值。
- ERROR_FOR_DIVISION_BY_ZERO：在除法运算中，如果除数为0，将会产生错误。
- IGNORE_SPACE：忽略SQL语句中的多余空格，不会报错。

这只是sql_mode的一些常见选项，实际上，MySQL提供了更多的选项，可以根据具体需求设置不同的sql_mode以控制数据库的行为和语义。

```
mysql> SHOW TRIGGERS\G
*************************** 1. row ***************************
             Trigger: customer_status_records
               Event: INSERT
               Table: customers
           Statement: INSERT INTO customer_status(customer_id, status_notes)
VALUES(NEW.customer_id, "账户创建成功")
              Timing: AFTER
             Created: 2023-07-24 11:00:00.13
            sql_mode:
ONLY_FULL_GROUP_BY,STRICT_TRANS_TABLES,NO_ZERO_IN_DATE,NO_ZERO_DATE,ERROR_FOR_DIVISION_BY
_ZERO,NO_ENGINE_SUBSTITUTION
             Definer: root@localhost
character_set_client: utf8mb4
collation_connection: utf8mb4_0900_ai_ci
  Database Collation: utf8mb4_0900_ai_ci
*************************** 2. row ***************************
             Trigger: validate_customer_level
               Event: UPDATE
               Table: customers
           Statement: IF OLD.level = "VIP" THEN
SIGNAL SQLSTATE "45000"
SET MESSAGE_TEXT = "VIP 级别用户不能降级为普通级别用户";
END IF
              Timing: BEFORE
             Created: 2023-07-24 11:16:29.85
            sql_mode:
ONLY_FULL_GROUP_BY,STRICT_TRANS_TABLES,NO_ZERO_IN_DATE,NO_ZERO_DATE,ERROR_FOR_DIVISION_BY
_ZERO,NO_ENGINE_SUBSTITUTION
             Definer: root@localhost
character_set_client: utf8mb4
collation_connection: utf8mb4_0900_ai_ci
  Database Collation: utf8mb4_0900_ai_ci
```

图9-8　查看触发器

9.3.2 在TRIGGERS表中查看触发器信息

在MySQL中，所有触发器的定义都存在INFORMATION_SCHEMA数据库的TRIGGERS表中，可以通过查询命令SELECT查看，具体的语法如下：

SELECT * FROM INFORMATION_SCHEMA.TRIGGERS WHERE condition;

condition 是一个占位符，表示应该指定一个具体的条件来筛选出需要的结果。结果如图9-9和图9-10所示。

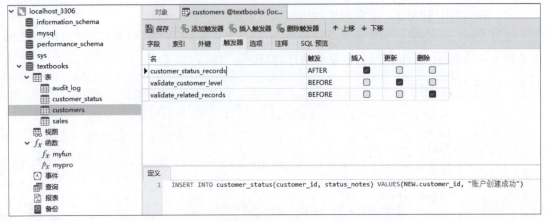

图9-9　查看触发器(1)

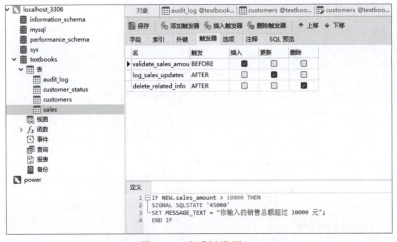

图9-10　查看触发器(2)

在查看触发器时，需要注意以下几个方面。

(1) 访问权限：确保具有足够的访问权限来查看触发器。只有具有适当权限的用户，才能执行 SHOW TRIGGERS 或 SHOW CREATE TRIGGER 命令来查看触发器信息。

(2) 数据库模式：在多个数据库模式中存在相同名称的触发器时，使用 SHOW TRIGGERS 或 SHOW CREATE TRIGGER 命令时要明确指定正确的数据库模式，以防止查看到错误的触发器信息。

(3) SHOW TRIGGERS 的结果：SHOW TRIGGERS 命令会返回触发器的摘要信息，如名称、事件、所属表等，但它可能不会提供触发器的详细定义或动作。要查看完整的触发器定义，应使用 SHOW CREATE TRIGGER 命令。

(4) 触发器定义的复杂性：触发器可以包含复杂的编程逻辑和多个 SQL 语句。当查看触发器时，注意理解其中的逻辑和语句，以确保对触发器的功能和行为有充分的理解。

(5) 依赖关系和命名冲突：触发器可能依赖于其他对象，如表、视图或存储过程。在查看触发器时，要注意检查触发器所依赖的对象是否存在，并了解可能的命名冲突或依赖关系。

(6) 数据库管理系统的差异：不同的数据库管理系统对触发器的支持和语法可能会有所不同。在查看触发器时，要确保参考适用于使用的特定数据库管理系统版本的文档或手册，以便了解相应的语法和规范。

请记住，在对触发器进行任何操作之前，请仔细考虑潜在的风险，并根据数据库的需求和安全性要求来进行相应的操作。

9.4 删除触发器

如果某些触发器不会再使用，那么可以删除触发器。使用 DROP TRIGGER 语句可以删除 MySQL 中已经定义的触发器，删除触发器语句的基本语法格式如下：

DROP TRIGGER [IF EXISTS] [schema_name.]trigger_name;

参数说明：
- IF EXISTS 是一个可选的关键字，当触发器不存在时，不会引发错误并继续执行。
- schema_name 是可选的，指定触发器所属的数据库模式名称。如果不提供，则使用当前数据库模式。
- trigger_name 是要删除的触发器的名称。

【例9-9】假设存在一个名为 order_update_trigger 的触发器，用于在 orders 表上监听 AFTER UPDATE 事件。下面是删除该触发器的示例。

DROP TRIGGER IF EXISTS order_update_trigger;

在上述示例中，DROP TRIGGER 语句用于删除名为 order_update_trigger 的触发器。如果该触发器不存在，设置了 IF EXISTS 选项后，不会引发错误。

在删除触发器时，需要注意以下几个方面。

(1) 权限控制：确保具有足够的权限来删除触发器。只有具有适当权限的用户，才能执行 DROP TRIGGER 命令来删除触发器。

(2) 触发器的存在性：在执行 DROP TRIGGER 之前，最好先检查触发器是否存在。可以使用 SHOW TRIGGERS 命令或查询系统表/视图来查看触发器的存在。使用 IF EXISTS 关键字，可以防止删除不存在的触发器时引发错误。

(3) 删除的影响：在删除触发器之前，应考虑它对数据库的影响。触发器可能通过处理特定的数据操作事件来维护数据的完整性或执行其他附加逻辑。删除触发器可能会导致这些逻辑失效，因此需确保删除触发器不会对数据库的正常运行产生不良影响。

(4) 关联表和依赖关系：删除触发器时要注意与其关联的表和其他对象之间的关联和依赖关系。例如，如果触发器与表之间存在外键关系，删除触发器可能会导致外键约束失效。确保在删除触发器之前了解这些关联关系，并确保删除触发器不会破坏数据库的完整性。

(5) 慎重操作：删除触发器是一个不可逆的操作，一旦删除就无法恢复。在执行删除之前，应谨慎考虑并进行充分的测试，以确保该触发器确实不再需要。

请记住，在删除触发器之前，需备份数据库或相关对象，以防止误操作或需要恢复。在进行任何数据库操作之前，建议先在安全的测试环境中进行测试，并确保了解操作的影响和风险。

9.5　思考和练习

1. 为什么要使用触发器？
2. 如何创建一个触发器？给出具体的SQL语句。
3. 如何查看数据库中的所有触发器？给出具体的SQL语句。
4. 如何删除一个触发器？给出具体的SQL语句。
5. 触发器的特点是什么？简要给出答案。

第 10 章

存储过程和存储函数

存储过程就是一条或者多条SQL语句的集合，可视为批文件，但是其作用不仅限于批处理。本章主要介绍如何创建存储过程和存储函数以及变量的使用，如何调用、查看、修改、删除存储过程和存储函数等。

本章的主要内容：
- 掌握如何创建存储过程
- 掌握如何创建存储函数
- 熟悉变量的使用方法
- 熟悉如何定义条件和处理程序
- 掌握如何调用存储过程和函数
- 熟悉如何查看存储过程和函数
- 掌握修改存储过程和函数的方法
- 熟悉如何删除存储过程和函数

10.1 概述

MySQL存储过程和存储函数是两种用于在数据库中存储和执行一系列SQL语句和逻辑的对象。它们提供了一种在服务器端定义和执行可重复使用的代码块的方式，并且可以大大简化和加快数据库开发过程。

1. 存储过程

MySQL存储过程是一组预定义的SQL语句和逻辑操作，它们被命名并且存储在数据库中。存储过程可以接收参数，并且可以包含条件判断、循环和其他编程结构，以实现更复杂的业务逻辑。存储过程可以在任何需要执行它们的地方被调用，并且可以返回结果集或者输出参数。

2. 存储函数

MySQL存储函数类似于存储过程，但它们主要用于返回一个值。存储函数接收参数并且在执行过程中生成一个结果，这个结果可以在SQL语句中使用。与存储过程不同，存储函数通常被用作查询的一部分，用于对结果进行计算和转换。

总之，存储过程和存储函数是MySQL数据库中的重要组件，它们提供了一种有效管理和执行SQL代码的方式，能够加速开发过程并且提高数据库性能和安全性。

10.1.1 为什么要使用存储过程和存储函数

在数据库开发中使用存储过程和存储函数有以下几个主要原因。

(1) 代码重用和模块化：存储过程和存储函数提供了一种将常用的业务逻辑封装起来的方式。通过定义和编写存储过程和存储函数，可以将一系列SQL语句和业务逻辑组织成一个可重用的模块，提高代码的可维护性和重用性。

(2) 提高性能：在数据库服务器上执行存储过程和存储函数，可减少与客户端的通信开销。由于存储过程和存储函数在数据库服务器上预编译和缓存，可以减少解析和编译时间，以及网络传输的数据量，从而提高数据库的性能。

(3) 安全性和权限控制：通过使用存储过程和存储函数，可以限制用户对数据库的直接访问权限，只允许通过定义好的接口来执行特定的操作。这样可以提高数据库的安全性，确保数据只能通过已定义的接口进行访问和修改。

(4) 数据库一致性和完整性：存储过程和存储函数可以用于实现复杂的数据操作和业务规则。通过将这些业务规则和操作封装在存储过程和存储函数中，可以确保数据的一致性和完整性，避免了由于应用程序错误而导致的数据损坏或不一致的情况。

(5) 简化客户端开发：通过使用存储过程和存储函数，可以将复杂的业务逻辑和数据操作逻辑移至数据库服务器端执行，从而简化了客户端应用程序的开发和维护。客户端只需要调用存储过程或存储函数，而不需要编写复杂的SQL语句和逻辑。

总结而言，存储过程和存储函数提供了一种将常用的业务逻辑组织起来并重用的方式，同时还具有性能优化、安全性控制以及简化客户端开发的好处。通过合理地使用存储过程和存储函数，可以提高数据库应用程序的效率、安全性和可维护性。

10.1.2 使用存储过程和存储函数的缺点

使用存储过程和存储函数的原因已经涵盖了大部分优点，但是它们也存在不可忽视的缺点。

(1) 学习成本：存储过程和存储函数有一定的学习曲线，使用它们可能需要掌握特定的语法和接口，以及了解数据库的内部运作原理。

(2) 可移植性限制：存储过程和存储函数的语法和实现可能会有一些差异，这可能导致在不同的数据库系统之间迁移代码时需要进行修改和调整。

(3) 难以调试：与在应用程序中调试逻辑相比，存储过程和存储函数的调试可能会更加困难。对于复杂的存储过程和存储函数，定位和处理错误可能会变得具有挑战性。

(4) 限制性：存储过程和存储函数通常运行在数据库服务器上，受限于数据库系统的资源和功能。某些高级编程概念和操作可能无法在存储过程和存储函数中使用。

综上所述，存储过程和存储函数在提高性能、代码重用、安全性控制和简化客户端开发方面具有优势。但是，其也存在学习成本较高、可移植性限制、调试困难和功能限制等缺点。在使用存储过程和存储函数时，需要权衡这些优缺点，并根据具体情况进行决策。

10.2 创建存储过程和存储函数

创建存储过程，需要使用CREATE PROCEDURE语句，而创建存储函数，则需要使用CREATE FUNCTION语句。调用存储过程时使用CALL语句，只能通过输出变量返回结果。而函数可以从语句外部直接引用函数名，并返回标量值。同时，存储过程也可以调用其他存储过程实现更复杂的逻辑操作。

10.2.1 创建存储过程

创建存储过程，需要使用CREATE PROCEDURE语句，基本语法格式如下：

```
CREATE PROCEDURE 存储过程名(IN|OUT|INOUT 参数名 参数类型,...)
    [characteristics ...]
    BEGIN
    存储过程体
    END
```

参数前面的符号说明：

- IN表示输入参数，存储过程只是读取这个参数的值。如果没有定义参数种类，默认就是 IN。
- OUT表示输出参数，执行完成之后，调用这个存储过程的客户端或者应用程序就可以读取这个参数返回的值。
- INOUT 表示当前参数既可以为输入参数，也可以为输出参数。形参类型可以是MySQL数据库中的任意类型。

characteristics 表示创建存储过程时指定的对存储过程的约束条件，其取值信息如下。

- LANGUAGE SQL ：说明存储过程执行体是由SQL语句组成的，当前系统支持的语言为SQL。
- [NOT] DETERMINISTIC ：指明存储过程执行的结果是否确定。DETERMINISTIC表示结果是确定的。每次执行存储过程时，相同的输入会得到相同的输出。NOT DETERMINISTIC表示结果是不确定的，相同的输入可能得到不同的输出。如果没有指定任意一个值，默认为NOT DETERMINISTIC。

- { CONTAINS SQL | NO SQL | READS SQL DATA | MODIFIES SQL DATA }：指明子程序使用SQL语句的限制。CONTAINS SQL表示当前存储过程的子程序包含SQL语句，但是并不包含读写数据的SQL语句；NO SQL表示当前存储过程的子程序中不包含任何SQL语句；READS SQL DATA表示当前存储过程的子程序中包含读数据的SQL语句；MODIFIES SQL DATA表示当前存储过程的子程序中包含写数据的SQL语句。默认情况下，系统会指定为CONTAINS SQL。
- SQL SECURITY { DEFINER | INVOKER }：执行当前存储过程的权限，即指明哪些用户能够执行当前存储过程。DEFINER表示只有当前存储过程的创建者或者定义者才能执行当前存储过程；INVOKER 表示拥有当前存储过程的访问权限的用户能够执行当前存储过程。

存储过程必须使用CALL语句调用，并且存储过程和数据库相关，如果要执行其他数据库中的存储过程，需要指定数据库名称，例如CALL dbname.procname。调用存储过程的语法格式如下：

```
CALL 存储过程名 (参数名);
```

下面介绍调用不同模式的参数的示例。
(1) 调用IN模式的参数：

```
CALL 存储过程名 ("值");
```

(2) 调用OUT模式的参数：

```
SET @name;
CALL 存储过程名 (@name);
SELECT @name;
```

(3) 调用INOUT模式的参数：

```
SET @name=值;
CALL 存储过程名 (@name);
SELECT @name;
```

【例10-1】创建两个int型数据之和的存储过程并调用查看。

```
CREATE PROCEDURE mypro(IN a INT, IN b INT, OUT sum INT)
BEGIN
    SET sum = a + b;
END;
CALL mypro(1, 2, @s);
SELECT @s;
```

运行结果如图10-1所示。

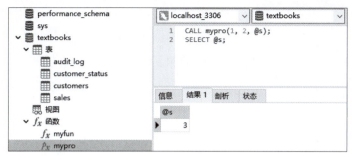

图10-1 运行结果

【例10-2】创建一个实现统计fruit表中数据条数的存储过程。

```
DELIMITER //
  CREATE PROCEDURE CountProc(IN sid INT,OUT num INT)
  BEGIN
  SELECT COUNT(*) INTO num FROM fruits
  WHERE s_id = sid;
  END //
  DELIMITER ;
```

调用存储过程并查看返回结果：

```
CALL CountProc (101, @num);
SELECT @num;
```

该存储过程返回了fruits表中指定 s_id=101 的水果商提供的水果种类，返回值存储在num变量中。

"DELIMITER //"语句的作用是将MySQL的结束符设置为"//"，因为MySQL默认的语句结束符号为英文分号";"。为了避免与存储过程中SQL语句结束符相冲突，需要使用DELIMITER改变存储过程的结束符，并以"END //"结束存储过程。存储过程定义完毕之后，再使用"DELIMITER ;"恢复默认结束符。DELIMITER也可以指定其他符号作为结束符。

【例10-3】创建存储过程，实现累加运算，计算 1+2+…+n 等于多少。

```
DELIMITER //
CREATE PROCEDURE `add_num`(IN n INT)
BEGIN
    DECLARE i INT;
    DECLARE sum INT;
    SET i = 1;
    SET sum = 0;
    WHILE i <= n DO
        SET sum = sum + i;
        SET i = i +1;
    END WHILE;
    SELECT sum;
```

```
END //
DELIMITER ;
```

直接调用以下语句可返回1+2+3+…+50的和。

```
CALL add_num(50);
```

10.2.2 创建存储函数

创建存储函数，需要使用CREATE FUNCTION语句，基本语法格式如下：

```
CREATE FUNCTION func_name ( [func_parameter] )
RETURNS type
[characteristic ...] routine_body
```

CREATE FUNCTION为用来创建存储函数的关键字；func_name表示存储函数的名称；func_parameter为存储函数的参数列表，参数列表形式如下：

```
[ IN | OUT | INOUT ] param_name type
```

其中，IN表示输入参数，OUT表示输出参数，INOUT表示既可以输入也可以输出；param_name表示参数名称；type表示参数的类型，该类型可以是MySQL数据库中的任意类型。RETURNS type语句表示函数返回数据的类型；characteristic指定存储函数的特性，取值与创建存储过程时相同，这里不再赘述。

调用存储函数的语法格式如下：

```
SELECT 存储函数名(参数名);
```

【例10-4】创建存储函数，名称为email_by_id()，参数传入emp_id，该函数查询emp_id的email并返回，数据类型为字符串型。

```
DELIMITER //
CREATE FUNCTION email_by_id(emp_id INT)
RETURNS VARCHAR(25)
DETERMINISTIC
CONTAINS SQL
BEGIN
RETURN (SELECT email FROM employees WHERE employee_id = emp_id);
END //
DELIMITER ;
```

通过调用以下语句，返回employees表中employee_id为1001的全部记录。

```
SELECT email_by_id(1001);
```

【例10-5】创建存储函数count_by_id()，参数传入dept_id，该函数查询dept_id部门的员工人数并返回，数据类型为整型。

```
DELIMITER //
CREATE FUNCTION count_by_id(dept_id INT)
RETURNS INT
LANGUAGE SQL
NOT DETERMINISTIC
READS SQL DATA
SQL SECURITY DEFINER
COMMENT '查询部门平均工资'
BEGIN
    RETURN (SELECT COUNT(*) FROM employees WHERE department_id = dept_id);
END //
DELIMITER ;
```

通过调用以下语句，返回employees表中department_id为50的全部记录。

```
SET @dept_id = 50;
SELECT count_by_id(@dept_id);
```

10.3 存储过程体和存储函数体

存储过程体和存储函数体是指在数据库中定义的可重复使用的程序代码块。存储过程体是一组SQL语句和控制结构，用于执行一系列数据库操作。它可以接收输入参数和返回输出参数，可以包含条件语句、循环、异常处理等逻辑，以实现更复杂的业务逻辑。存储过程可以在需要时被调用，提供了一种在应用程序和数据库之间进行交互的机制。

存储函数体也是一组SQL语句和控制结构，用于执行计算和返回结果。与存储过程不同的是，存储函数必须返回一个值，并且可以像普通函数一样在SQL查询中使用，并且可以像表列一样被选取或过滤。

10.3.1 系统变量

在MySQL数据库的存储过程和函数中，可以使用变量来存储查询或计算的中间结果数据，或者输出最终的结果数据。

在MySQL数据库中，变量分为系统变量和用户自定义变量。在MySQL中有些系统变量只能是全局的，例如max_connections用于限制服务器的最大连接数；有些系统变量作用域既可以是全局又可以是会话，例如character_set_client用于设置客户端的字符集；有些系统变量的作用域只能是当前会话，例如pseudo_thread_id用于标记当前会话的MySQL连接 ID。

```
#查看所有全局变量
SHOW GLOBAL VARIABLES;
#查看所有会话变量
SHOW SESSION VARIABLES;
```

```
或
SHOW VARIABLES;
#查看满足条件的部分系统变量
SHOW GLOBAL VARIABLES LIKE '%标识符%';
#查看满足条件的部分会话变量
SHOW SESSION VARIABLES LIKE '%标识符%';
#举例
SHOW GLOBAL VARIABLES LIKE 'admin_%';
```

MySQL 中的系统变量以两个"@"开头,其中"@@global"仅用于标记全局系统变量,"@@session"仅用于标记会话系统变量。"@@"首先标记会话系统变量,如果会话系统变量不存在,则标记全局系统变量。

```
#查看指定的系统变量的值
SELECT @@global.变量名;
#查看指定的会话变量的值
SELECT @@session.变量名;
#或者
SELECT @@变量名;
```

在MySQL服务运行期间,使用"SET"命令可重新设置系统变量的值。

```
#为某个系统变量赋值
#方式1:
SET @@global.变量名=变量值;
#方式2:
SET GLOBAL 变量名=变量值;
#为某个会话变量赋值
#方式1:
SET @@session.变量名=变量值;
#方式2:
SET SESSION 变量名=变量值;
#举例
SET GLOBAL max_connections = 1000;
SELECT @@global.max_connections;
```

10.3.2 用户变量

　　用户变量是用户自己定义的,作为 MySQL 编码规范,MySQL 中的用户变量以一个"@"开头。根据作用范围不同,用户变量又分为会话用户变量和局部变量。

　　会话用户变量的作用域和会话变量一样,只对当前连接会话有效。局部变量只在BEGIN 和 END 语句块中有效,只能在存储过程和函数中使用。关于会话用户变量和局部变量的说明,详见表10-1。

表10-1 会话用户变量和局部变量的说明

变量类型	作用域	定义位置	语法
会话用户变量	当前会话	会话的任何地方	加@符号，不用指定类型
局部变量	定义它的BEGIN...END中	BEGIN...END的第一句话	一般不用加@，需要指定类型

1. 会话用户变量

1) 定义变量并赋值

```
#方式1："="或":="
SET @用户变量 = 值;
SET @用户变量 := 值;
#方式2：":=" 或 INTO关键字
SELECT @用户变量 := 表达式 [FROM 等子句];
SELECT 表达式 INTO @用户变量 [FROM 等子句];
SET SESSION 变量名=变量值;
```

2) 查看用户变量的值

```
SELECT @a;
SELECT @num := COUNT(*) FROM employees;
SELECT @num;
SELECT AVG(salary) INTO @avgsalary FROM employees;
SELECT @avgsalary;
SELECT @big; #查看某个未声明的变量时，将得到NULL值
```

2. 局部变量

1) 定义变量

```
DECLARE 变量名 类型 [default 值];
```

【例10-6】定义INT类型的myparam变量。

```
DECLARE myparam INT DEFAULT 100;
```

2) 变量赋值

方式一：一般用于赋简单的值

```
SET 变量名=值;
SET 变量名:=值;
```

方式二：一般用于赋表中的字段值

```
SELECT 字段名或表达式 INTO 变量名 FROM 表;
```

3) 查看变量

```
SELECT 局部变量名;
```

说明：其作用域仅仅在定义它的 BEGIN ... END 中有效。该变量只能放在 BEGIN ... END 中，而且只能放在第一句。

```
DECLARE 变量名1 变量数据类型 [DEFAULT 变量默认值];
DECLARE 变量名2,变量名3,... 变量数据类型 [DEFAULT 变量默认值];
#为局部变量赋值
SET 变量名1 = 值;
SELECT 值 INTO 变量名2 [FROM 子句];
#查看局部变量的值
SELECT 变量1,变量2,变量3;
END
```

10.3.3 分支结构IF

分支结构IF是一种编程语言中常见的条件语句，用于根据条件的真假来执行不同的代码块。基本语法格式如下：

```
IF 表达式1 THEN 操作1
    [ELSEIF 表达式2 THEN 操作2]……
    [ELSE 操作N]
    END IF
```

举例：使用IF分支结构创建存储函数，输入并判断socre范围并返回对应等级。

```
DELIMITER //
    CREATE FUNCTION testCase(score int) returns char
        BEGIN
            IF score>=90 AND score<=100 THEN RETURN 'A';
            ELSEIF score>=80 AND score<90 THEN RETURN 'B';
            ELSEIF score>=70 AND score<80 THEN RETURN 'C';
            ELSEIF score>=60 AND score<70 THEN RETURN 'D';
            ELSE return 'E';
            END IF;
        END //
    DELIMITER;
```

10.3.4 分支结构之 CASE

CASE语句是一种在编程语言中常见的条件语句，用于根据条件的匹配来执行不同的代码块。

格式一：类似于switch

```
CASE 表达式
WHEN 值1 THEN 结果1或语句1(如果是语句，需要加分号)
```

WHEN 值2 THEN 结果2或语句2(如果是语句，需要加分号)
...
ELSE 结果n或语句n(如果是语句，需要加分号)
END [case](如果是放在begin end中需要加上case，如果放在select后面不需要)

格式二：类似于多重if

CASE
WHEN 条件1 THEN 结果1或语句1(如果是语句，需要加分号)
WHEN 条件2 THEN 结果2或语句2(如果是语句，需要加分号)
...
ELSE 结果n或语句n(如果是语句，需要加分号)
END [case](如果是放在begin end中需要加上case，如果放在select后面不需要)

举例1：使用CASE流程控制语句的第一种格式，判断val值等于1、等于2，或者两者都不等。

```
DELIMITER //
   CREATE   PROCEDURE test_case1(in val int)
BEGIN
CASE val
WHEN 1 THEN SELECT 'val is 1';
WHEN 2 THEN SELECT 'val is 2';
ELSE SELECT 'val is not 1 or 2';
END CASE;
    END //
   DELIMITER;
```

举例2：使用CASE流程控制语句的第二种格式，判断score范围并输出对应等级。

```
DELIMITER //
    CREATE   PROCEDURE test_case2(in score int)
    BEGIN
      CASE
      WHEN score>=90 AND score<=100 THEN SELECT 'A';
      WHEN score >=80 THEN SELECT 'B';
      WHEN score >=60 THEN SELECT 'C';
      WHEN SELECT 'D';
      END CASE;
    END //
  DELIMITER;
```

10.3.5 循环结构之LOOP

LOOP循环语句用来重复执行某些语句。LOOP内的语句一直重复执行直到循环被退出(使用LEAVE子句)，跳出循环过程。

```
[loop_label:]LOOP
循环体
END LOOP [loop_label:]
```

举例：使用LOOP语句进行循环操作，id值小于10时将重复执行循环过程。

```
DELIMITER //
CREATE PROCEDURE test_loop()
BEGIN
  DECLARE id INT DEFAULT 0;
  add_loop:LOOP
     SET id = id +1;
     IF id >= 10 THEN LEAVE add_loop;
     END IF;
  END LOOP add_loop;
END //
DELIMITER ;
```

10.3.6 循环结构之WHILE

WHILE语句创建一个带条件判断的循环过程。WHILE在执行语句执行时，先对指定的表达式进行判断，如果为真，就执行循环内的语句，否则退出循环。WHILE语句的基本格式如下：

```
[while_label:] WHILE 循环条件 DO
循环体
END WHILE [while_label];
```

举例：WHILE语句示例，i值小于10时，将重复执行循环过程。

```
DELIMITER //
CREATE PROCEDURE test_while()
BEGIN
    DECLARE i INT DEFAULT 0;
    WHILE i < 10 DO
    SET i = i + 1;
  END WHILE;
  SELECT i;
END //
DELIMITER ;
CALL test_while(); #调用
```

10.3.7 循环结构之REPEAT

REPEAT语句创建一个带条件判断的循环过程。与WHILE循环不同的是，REPEAT 循环首先会执行一次循环，然后在 UNTIL 中进行表达式的判断，如果满足条件就退出，即 END REPEAT；如果条件不满足，则会就继续执行循环，直到满足退出条件为止。REPEAT 语句基本格式如下：

```
[repeat_label:] REPEAT
循环体
UNTIL 结束循环的条件表达式
END REPEAT [repeat_label]
```

10.4 查看存储过程和存储函数

MySQL存储了存储过程和函数的状态信息，用户可以使用SHOW STATUS语句或SHOW CREATE语句来查看，也可直接从系统的information_schema数据库中查询。

1. 使用SHOW CREATE语句查看存储过程和函数的创建信息

基本语法结构如下：

```
SHOW CREATE {PROCEDURE | FUNCTION} 存储过程名或函数名
```

示例代码如下：

```
1  mysql> SHOW CREATE PROCEDURE mypro\G;
2  *************************** 1. row ***************************
3             Procedure: mypro
4              sql_mode: ONLY_FULL_GROUP_BY,STRICT_TRANS_TABLES,NO_ZERO_IN_DATE,NO_ZERO_DATE,ERROR_FOR_DIVISION_BY_ZERO,NO_ENGINE_SUBSTITUTION
5      Create Procedure: CREATE DEFINER=`root`@`localhost` PROCEDURE `mypro`(in a int, in b int, out sum int)
6  begin
7  set sum = a + b;
8  end
9  character_set_client: utf8mb4
10 collation_connection: utf8mb4_0900_ai_ci
11   Database Collation: utf8mb4_0900_ai_ci
12 1 row in set (0.00 sec)
```

2. 使用SHOW STATUS语句查看存储过程和函数的状态信息

基本语法结构如下：

```
SHOW {PROCEDURE | FUNCTION} STATUS [LIKE 'pattern']
```

这个语句返回子程序的特征，如数据库、名字、类型、创建者及创建和修改日期。

示例代码如下：

```
 1  mysql> SHOW PROCEDURE STATUS LIKE 'mypro'\G;
 2  *************************** 1. row ***************************
 3                     Db: textbooks
 4                   Name: mypro
 5                   Type: PROCEDURE
 6                Definer: root@localhost
 7               Modified: 2023-07-24 14:15:13
 8                Created: 2023-07-24 14:15:13
 9          Security_type: DEFINER
10                Comment:
11   character_set_client: utf8mb4
12   collation_connection: utf8mb4_0900_ai_ci
13     Database Collation: utf8mb4_0900_ai_ci
14  1 row in set (0.00 sec)
```

3. 从information_schema.Routines表中查看存储过程和函数的信息

MySQL中存储过程和函数的信息存储在information_schema数据库下的Routines表中，可以通过查询该表的记录来查询存储过程和函数的信息。其基本语法形式如下：

SELECT * FROM information_schema.Routines
WHERE ROUTINE_NAME='存储过程或函数的名'
[AND ROUTINE_TYPE = {PROCEDURE|FUNCTION}];

示例代码如下：

```
 1  mysql> SELECT * FROM information_schema.Routines WHERE ROUTINE_NAME='mypro'\G;
 2  *************************** 1. row ***************************
 3            SPECIFIC_NAME: mypro
 4          ROUTINE_CATALOG: def
 5           ROUTINE_SCHEMA: textbooks
 6             ROUTINE_NAME: mypro
 7             ROUTINE_TYPE: PROCEDURE
 8                DATA_TYPE:
 9  CHARACTER_MAXIMUM_LENGTH: NULL
10    CHARACTER_OCTET_LENGTH: NULL
11        NUMERIC_PRECISION: NULL
12            NUMERIC_SCALE: NULL
13       DATETIME_PRECISION: NULL
14       CHARACTER_SET_NAME: NULL
15           COLLATION_NAME: NULL
16           DTD_IDENTIFIER: NULL
17             ROUTINE_BODY: SQL
18       ROUTINE_DEFINITION: begin
19  set sum = a + b;
20  end
21            EXTERNAL_NAME: NULL
22        EXTERNAL_LANGUAGE: SQL
23          PARAMETER_STYLE: SQL
24         IS_DETERMINISTIC: NO
25         SQL_DATA_ACCESS: CONTAINS SQL
26                 SQL_PATH: NULL
27            SECURITY_TYPE: DEFINER
28                  CREATED: 2023-07-24 14:15:13
29             LAST_ALTERED: 2023-07-24 14:15:13
30                 SQL_MODE: 
ONLY_FULL_GROUP_BY,STRICT_TRANS_TABLES,NO_ZERO_IN_DATE,NO_ZERO_DATE,ERROR_FOR_DIVISION_BY_ZERO,NO_ENGINE_SUBSTITUTION
31          ROUTINE_COMMENT:
32                  DEFINER: root@localhost
33     CHARACTER_SET_CLIENT: utf8mb4
34     COLLATION_CONNECTION: utf8mb4_0900_ai_ci
35       DATABASE_COLLATION: utf8mb4_0900_ai_ci
36  1 row in set (0.01 sec)
```

说明：如果在MySQL数据库中存在存储过程和存储函数名称相同的情况，最好指定ROUTINE_TYPE查询条件来指明查询的是存储过程还是存储函数。

4. 在可视化工具Navicat中查看存储过程和函数的信息

在Navicat中，可以通过左侧导航栏中数据库栏目下的"函数"栏查看定义好的存储过程和函数，如图10-2所示。

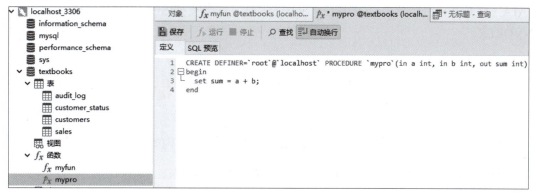

图10-2　在Navicat中查看存储过程和函数

10.5　修改存储过程和存储函数

修改存储过程或存储函数，不影响存储过程或存储函数功能，只是修改相关特性，可使用ALTER语句实现。若要修改存储过程和存储函数体过程，则需要先删除再重新创建。

ALTER {PROCEDURE | FUNCTION} 存储过程或函数的名 [characteristic ...]

characteristic指定存储过程或函数的特性，其取值信息与创建存储过程、函数时的取值信息略有不同。

- CONTAINS SQL：表示子程序包含SQL语句，但不包含读或写数据的语句。
- NO SQL：表示子程序中不包含SQL语句。
- READS SQL DATA：表示子程序中包含读数据的语句。
- MODIFIES SQL DATA：表示子程序中包含写数据的语句。
- COMMENT 'string'：表示注释信息。
- SQL SECURITY { DEFINER | INVOKER }：指明谁有权限来执行。DEFINER表示只有定义者自己才能够执行；INVOKER表示调用者可以执行。

【例10-7】修改存储过程CountProc的定义。将读写权限改为MODIFIES SQL DATA，并指明调用者可以执行，代码如下：

```
ALTER PROCEDURE CountProc
MODIFIES SQL DATA
SQL SECURITY INVOKER ;
```

查询修改后的信息：

```
SELECT specific_name,sql_data_access,security_type
FROM information_schema.`ROUTINES`
WHERE routine_name = 'CountProc' AND routine_type = 'PROCEDURE';
```

结果显示，存储过程修改成功。从查询的结果可以看出，访问数据的权限(SQL_DATA_ACCESS)已经变成MODIFIES SQL DATA，安全类型(SECURITY_TYPE)已经变成INVOKER。

10.6　删除存储过程和存储函数

删除存储过程和存储函数可以使用DROP语句，其语法结构如下：

```
DROP {PROCEDURE | FUNCTION} [IF EXISTS] '存储过程或存储函数的名称'
```

【例10-8】删除存储过程mypro。代码如下：

```
DROP PROCEDURE mypro;
```

10.7　思考和练习

1. 存储过程和存储函数有何特点？
2. 如何创建一个存储过程？写出具体的SQL语句。
3. 如何创建一个存储函数？写出具体的SQL语句。
4. 如何修改存储函数和存储过程？
5. 存储过程体和存储函数体有哪些常见的结构？
6. 如何删除存储函数和存储过程？

第 11 章

访问控制与安全管理

MySQL是一种常用的开源关系数据库管理系统。在使用MySQL时，访问控制和安全管理是非常重要的。访问控制可以控制允许谁访问MySQL数据库以及哪些操作可以执行，而安全管理可以保护MySQL数据库的机密性、完整性和可用性。本章将对MySQL用户账户管理和权限分配方面进行说明。

本章的主要内容：
- 理解MySQL用户账户的创建和管理
- 掌握MySQL权限管理的基本概念和操作方法
- 熟悉MySQL访问控制和安全管理的实践技巧
- 能够在实际应用中应用MySQL用户账户和权限管理

11.1 用户账户管理

在 MySQL 中，用户账户管理是非常重要的，因为它涉及数据的访问控制和安全管理。用户账户管理是指对用户账户的创建、修改、删除和重命名等操作的管理。用户账户是用于认证和授权访问MySQL数据库系统的身份，一个用户账户由用户名和密码组成。MySQL提供了一系列的命令和语句来管理用户账户，例如CREATE USER、DROP USER、RENAME USER和ALTER USER等命令和语句。通过这些命令和语句，管理员可以轻松地管理用户账户，包括创建和删除用户账户，更改用户密码和权限，以及限制用户的访问等。同时，MySQL还提供了一些工具和应用程序来简化用户账户管理的操作，例如MySQL Workbench和phpMyAdmin等。在用户账户管理中，管理员需要注意保护好用户账户的安全性，防止恶意攻击和非法访问。因此，管理员需要采取一系列的安全措施，例如定期更改管理员账户密码、限制用户账户的访问权限、使用SSL协议加密数据传输等，以确保用户账户的安全性和机密性。

11.1.1 用户与角色

在MySQL中，用户和角色都是与数据库访问权限相关的重要概念。它们用于管理谁可以访问数据库，以及他们可以执行什么操作。以下是关于MySQL中用户和角色的解释。

1. 用户(user)

用户是指具体的数据库用户账户，通常对应于一个人、一个应用程序或一个系统进程。每个用户都有自己的用户名和密码，用于身份验证和授权。

用户账户允许MySQL服务器识别和区分不同的数据库连接请求，以便对其进行身份验证和授权。每个用户账户都有自己的一组权限，这些权限确定了他们对数据库的访问和操作权利。

创建用户账户通常需要超级用户或拥有创建用户权限的用户进行管理。创建用户后，可以为其分配数据库级别的权限，以控制他们对不同数据库的操作。

2. 角色(role)

角色是一组权限的抽象集合，它们可以被分配给一个或多个用户账户。角色的存在简化了权限管理，因为可以将一组权限分配给多个用户，而不需要为每个用户单独分配权限。

角色通常用于组织和管理用户，以便更轻松地进行权限的控制和更改。这对于大型数据库系统尤其有用。

创建和管理角色需要具有超级用户或拥有角色管理权限的用户进行操作。可以为角色分配权限，然后将角色分配给一个或多个用户。

3. 用户和角色的层次结构

在MySQL数据库中，用户和角色的层次结构是一种组织和管理权限的方法，它允许更精细地控制哪些用户或角色可以访问数据库的哪些资源以及执行什么操作。这个层次结构的关键思想是用户可以属于一个或多个角色，并且这些角色可以相互嵌套，形成一个层次结构。这种层次结构提供了以下好处。

(1) 权限的继承：用户可以继承他们所属角色的权限。如果一个用户属于多个角色，他们将继承所有这些角色的权限。这简化了权限管理，因为你只需为角色分配权限，而不必为每个用户单独管理权限。

(2) 精细的权限控制：通过将用户组织成角色，并将角色分配给其他角色，可以创建更复杂的权限模型。这允许你实现细粒度的权限控制，以满足不同用户或用户组的不同需求。

(3) 易于管理：如果需要更改某一组用户的权限，你只需更改与相关角色关联的权限，而不必修改每个用户的权限。

4. MySQL的用户密码策略

在MySQL中，实施强密码策略是一项关键的安全措施，可以帮助保护数据库免受未经授权的访问和攻击。下面是有关MySQL用户密码策略的建议。

(1) 密码复杂性：密码应该足够复杂，包括大小写字母、数字和特殊字符，这样可以增加猜测密码的难度。使用密码策略要求密码中包含特定类型的字符(例如，至少一个大写字母、一个小写字母和一个数字)来确保密码的复杂性。

(2) 密码长度：密码的长度应该足够长，通常建议至少8个字符。考虑使用更长的密码，特别是对于敏感数据或高价值的账户。

(3) 密码过期：考虑设置密码过期策略，强制用户定期更改密码。这有助于降低密码泄露的风险。使用MySQL的密码过期功能，用户必须在一段时间后更改密码。

(4) 密码历史：不允许用户在短时间内多次使用相同的密码。使用密码历史策略，确保新密码不同于最近使用的前几个密码。

(5) 账户锁定：在一定数量的登录尝试失败后，暂时锁定用户账户，以防止恶意攻击。使用MySQL的账户锁定策略，配置锁定阈值和锁定时长。

(6) 密码存储安全：MySQL应该以安全的方式存储密码，通常是使用哈希算法(如SHA-256)加密密码，以增加安全性。

(7) 双因素身份验证(2FA)：对于重要的用户账户，考虑启用双因素身份验证，以提供额外的安全层次。

(8) 定期审查和更新：定期审查用户账户的密码策略，以确保它们仍然满足安全要求。这可以强制用户定期更改密码，即使没有密码泄露的迹象也是一个好做法。

(9) 密码生成器和管理器：推荐使用密码生成器和密码管理器来生成和存储强密码，可以帮助用户创建和管理复杂的密码，同时减少密码丢失或泄露的风险。

通过使用用户和角色，可以更好地管理MySQL数据库的权限，确保安全性和可维护性。

11.1.2 账户类别

MySQL中有两种用户账户类型：系统用户(即管理员)和普通用户。系统用户是MySQL内部使用的账户，用于执行一些内部任务。普通用户是由管理员创建的，用于连接和管理MySQL数据库。

在MySQL 8及其他数据库管理系统中，不同类型的用户账户在数据库管理中的作用如下。

(1) 权限分离：不同用户账户可以具有不同的权限。通过将权限细分为不同的账户类型，可以确保数据库用户仅具有执行其工作所需的最低权限，从而降低了潜在的滥用或错误的风险。

(2) 安全性：不同账户类型有助于提高数据库的安全性。例如，根账户(root)通常拥有最高权限，但应该谨慎使用，以减少不必要的风险。其他账户类型可以根据需要创建，以限制访问和操作数据库的范围。

(3) 角色分配：不同账户类型可以用作角色的基础。将一组权限分配给角色，然后将角色分配给用户，以便更轻松地管理用户权限。这样的角色分配简化了权限管理，特别是在大型数据库中。

(4) 应用程序隔离：通过为应用程序创建独立的应用程序账户，可以隔离不同的应用程序，以防止它们意外地干扰彼此或访问不属于它们的数据。这提高了数据库的稳定性和可维护性。

(5) 审计和监控：不同类型的账户使审计和监控变得更容易。这样可以跟踪不同账户类型的活动，从而更好地了解数据库的使用情况和潜在问题。

(6) 合规性：在许多行业中，合规性要求数据库管理员具有严格控制用户访问和操作数据库的能力。通过使用不同类型的账户，可以更容易地满足合规性要求。

(7) 密码策略：不同类型的用户可能需要不同的密码策略。例如，根账户的密码应该特别强，而应用程序账户的密码可能相对简单。这有助于平衡安全性和便利性。

总之，不同类型的用户账户在MySQL 8中有助于实现权限管理、安全性、角色分配、应用程序隔离、审计和监控、合规性以及密码策略等方面的需求。通过合理地创建和管理不同类型的账户，数据库管理员可以更好地维护数据库的安全性和可用性，同时满足不同用户和应用程序的需求。

从MySQL 8.0.16版本之后，MySQL引入了用户账户类别的概念，根据是否拥有SYSTEM_USER权限区分系统用户和普通用户。

- 具有SYSTEM_USER权限的用户为系统用户。
- 没有SYSTEM_USER权限的用户为普通用户。

SYSTEM_USER 权限会影响一个用户可以应用其他权限的账户，以及用户是否受到其他账户的保护。

- 系统用户可以修改系统账户和普通账户。也就是说，一个具有在普通账户上执行某个操作的适当权限的用户，由于拥有SYSTEM_USER权限，也可以在系统账户上执行该操作。系统账户只能由具有适当权限的系统用户修改，而不能由普通用户修改。
- 一个拥有适当权限的普通用户可以修改常规账户，但不能修改系统账户。常规账户可以被拥有适当权限的系统用户和普通用户修改。

如果一个用户有足够的权限在普通账户上执行某个操作，那么SYSTEM_USER使得该用户也能在系统账户上执行相同的操作。SYSTEM_USER并不意味着其他任何权限，因此执行某个账户操作的能力仍取决于拥有任何其他所需权限。例如，如果一个用户可以向普通账户授予SELECT和UPDATE权限，那么在拥有SYSTEM_USER权限的情况下，该用户也可以向系统账户授予SELECT和UPDATE权限。

系统账户和普通账户之间的区别使得在某些账户管理问题上能够更好地进行控制，通过保护拥有SYSTEM_USER权限的账户，使其免受没有该权限的账户的干扰。例如，CREATE USER权限不仅允许创建新账户，还允许修改和删除现有账户。如果没有系统用户概念，拥有CREATE USER权限的用户可以修改或删除任何现有账户，包括系统账户。系统用户的概念使得修改该账户(本身就是系统账户)的权限只能由系统用户进行，从而限制了对该账户的修改。拥有CREATE USER权限的普通用户仍然可以修改或删除现有账户，但只能修改普通账户。

11.1.3 账户管理

MySQL提供了一系列的命令和语句来管理用户账户，如添加账户、删除账户、修改账户等。主要的SQL语句包括CREATE USER语句、ALTER USER语句和DROP USER语句等。

CREATE USER语句用于创建新的MySQL用户账户。其基本语法如下：

```
CREATE USER 'username'@'hostname' [IDENTIFIED BY 'password'];
```

其中，username是要创建的用户名，hostname是指允许该用户从哪个主机访问数据库(可以是IP地址或域名)，password是该用户的密码。如果未指定密码，则该用户将无法使用密码登录MySQL服务器，而必须使用其他认证方式。

CREATE USER语句还可以与其他选项一起使用，例如：
- 指定多个hostname。
- 指定默认角色。
- 指定密码过期时间。
- 指定连接限制等。

CREATE USER语句可以帮助MySQL管理员管理用户账户并设置不同的权限，以确保数据库的安全性和可靠性。

ALTER USER语句用于修改现有用户的属性。其基本语法如下：

```
ALTER USER user [auth_option [value]] [, user [auth_option [value]] ...];
```

其中，user表示要修改的用户名，auth_option表示要修改的用户属性，value表示要修改的属性值。可以使用ALTER USER语句修改的用户属性包括以下选项。
- PASSWORD：修改用户的密码。
- DEFAULT_ROLE：修改用户的默认角色。
- REQUIRE NONE | SSL | X509：设置用户连接 MySQL 时所需的安全连接类型。
- ACCOUNT LOCK | UNLOCK：锁定或解锁用户的账户。
- CONNECTION LIMIT limit：限制用户的并发连接数。
- MAX_QUERIES_PER_HOUR count：限制用户每小时可以执行的查询数量。
- MAX_UPDATES_PER_HOUR count：限制用户每小时可以执行的更新数量。
- MAX_CONNECTIONS_PER_HOUR count：限制用户每小时可以创建的连接数。

例如，要修改名为user_tom的用户的密码。其中，new_password为用户user_tom修改后的密码。可以使用以下ALTER USER语句：

```
ALTER USER 'user_tom' IDENTIFIED BY 'new_password';
```

需要注意的是，使用 ALTER USER语句修改用户属性需要具有相应的权限。例如，要修改用户的密码，需要具有 SET PASSWORD权限。在MySQL 8.0以上版本中，对于账户的操作(如添加账户、删除账户和修改账户)需要按照一定的规定和最佳实践进行，以确保数据库的安全性和稳定性。以下是有关这些操作的详细规定。

(1) 添加账户：每个MySQL账户都由用户名和主机标识。用户名是账户的唯一标识符，主机标识了允许连接到MySQL服务器的来源主机。在添加账户时，应仔细选择用户名和主机，确保其唯一性和安全性。在创建账户时，应使用强密码，包括大小写字母、数字和特殊字符。密码应该足够长，通常至少8个字符，并遵循密码策略要求。在创建账户后，应谨慎分配权限。不要赋予不需要的权限，确保账户只能执行其所需的操作。使用GRANT语句来分配权限，遵循最小化权限原则。新创建的账户默认是启用的，但在某些情况下，可能需要禁用账户，以防止其访问数据库。禁用账户后，用户无法登录。

(2) 删除账户：删除账户前应慎重考虑，确保不再需要该账户。删除账户后，相关的权限将永久失效。在删除账户之前，应使用REVOKE语句取消与该账户相关的所有权限，以确保不会留下不必要的权限。在删除账户之前，应考虑迁移该账户的数据或功能到其他账户，以确保业务连续性。

(3) 修改账户：定期更改密码，以确保密码的安全性。使用ALTER USER语句或SET PASSWORD语句来更改密码。如果用户需要不同的权限或访问不同的数据库，可以使用GRANT和REVOKE语句来更改账户的权限设置。避免频繁更改用户名，因为这可能会影响与账户相关的应用程序。如果需要更改用户名，确保及时更新相关应用程序和脚本。在必要时更改账户的主机，以控制从哪些主机可以连接到该账户。

11.1.4　账户管理示例

以下是基于MySQL 8.0版本及以上的一些账户管理的最佳实践示例。

(1) 使用角色进行权限管理：创建角色并将权限分配给角色，然后将角色分配给用户。这样可以实现更清晰、可维护和可扩展的权限管理。

```
-- 创建一个只读角色
CREATE ROLE readonly;

-- 将SELECT权限分配给只读角色
GRANT SELECT ON database.* TO readonly;

-- 创建用户并将只读角色分配给用户
CREATE USER 'user1'@'hostname' IDENTIFIED BY 'password';
GRANT readonly TO 'user1'@'hostname';
```

(2) 启用多因素身份验证(MFA)：对于敏感或关键账户，启用MFA以提供额外的安全层次。MySQL 8.0支持插件式MFA。

```
-- 启用MFA插件
INSTALL PLUGIN authentication_ldap_sasl SONAME 'authentication_ldap_sasl.so';

-- 配置MFA插件参数
SET GLOBAL ldap_sasl_auth_plugin_config = 'path/to/config';
```

(3) 密码策略强化：设置密码策略要求，包括密码复杂性、长度和历史。MySQL 8.0引入了密码策略功能。

```
-- 启用密码策略
SET GLOBAL validate_password.policy = 'MEDIUM';

-- 设置密码最小长度
SET GLOBAL validate_password.length = 12;
```

(4) 使用外部认证和身份管理系统：将MySQL与外部认证系统(如LDAP或Active Directory)集成，以实现单一身份验证，并维护一个身份源。

```
-- 配置MySQL与LDAP集成
SET GLOBAL ldap_authentication = 'ON';
SET GLOBAL ldap_url = 'ldap://ldap-server:389/ou=users,dc=example,dc=com';
```

(5) 限制连接主机：限制哪些主机可以连接到MySQL服务器，以减少潜在的入侵风险。

```
-- 允许特定IP地址范围连接
GRANT ALL PRIVILEGES ON database.* TO 'user'@'192.168.1.%' IDENTIFIED BY 'password';
```

(6) 定期审查和更新账户：定期审查和更新用户账户，以删除不再需要的账户、撤销不必要的权限和确保密码安全性。

```
-- 删除不再需要的账户
DROP USER 'unused_user'@'hostname';

-- 撤销不必要的权限
REVOKE DELETE ON database.* FROM 'user'@'hostname';

-- 更新密码
ALTER USER 'user'@'hostname' IDENTIFIED BY 'new_password';
```

(7) 实施账户锁定策略：在一定次数的登录尝试失败后，暂时锁定账户，以防止暴力破解。

```
-- 设置账户锁定策略
CREATE USER 'user'@'hostname' FAILED_LOGIN_ATTEMPTS 3 PASSWORD_LOCK_TIME 1;
```

(8) 审计和监控账户活动：启用审计功能，记录用户活动和数据库事件，并使用监控工具定期检查数据库健康。

```
-- 启用审计功能
SET GLOBAL audit_log = 'ON';

-- 查看审计日志
SELECT * FROM mysql.audit_log;
```

11.2 账户权限管理

在MySQL中,账户权限管理是指通过授权和撤销权限控制用户对数据库的操作和访问的过程。MySQL使用访问控制列表(Access Control Lists,ACL)来管理用户的权限。这些权限控制了用户可以访问和操作的数据库对象,如表、列、存储过程等。授权语句(如GRANT)用于向用户授予权限,而撤销语句(如REVOKE)用于撤销已授予的权限。

通过账户权限管理,管理员可以为每个用户指定特定的权限级别,以实现最小权限原则。这意味着用户只能执行他们需要的操作,而不是拥有对整个数据库的完全访问权限。这种做法有助于保护数据库免受潜在的恶意操作和数据泄露。通过精确地控制用户的访问权限,可以保护数据库的完整性和机密性。管理员可以根据具体需求和角色定义不同的权限集合,并将其分配给不同的用户。例如,只允许某个用户执行SELECT和INSERT操作,而不允许其执行UPDATE和DELETE操作。这样的权限控制策略有助于降低风险,并提高数据库的安全性。

MySQL的账户权限管理提供了一套灵活和强大的工具,用于控制和管理用户对数据库的访问和操作。通过合理配置和使用,数据库管理员可以实施有效的权限管理,保护数据库的安全。

11.2.1 MySQL提供的权限

MySQL账户的权限决定了其能够执行的操作。MySQL权限在不同的上下文和操作级别中具有不同的应用。

管理员权限是全局的,可以用来管理MySQL服务器,而不是针对特定数据库。数据库权限适用于数据库及其中的所有对象。这些权限可以针对特定数据或全局授予,以适用于所有数据库。数据库对象权限可以授予数据库中特定的对象,如表、索引、视图和存储过程。

权限分为静态权限和动态权限,两者有所不同。静态权限是内置在服务器中的,而动态权限是在运行时定义的。账户和角色的可用性取决于权限是静态的还是动态的。

关于账户权限的信息存储在MySQL系统数据库中的权限表中。MySQL服务器在启动时将权限表的内容读入内存中,并在权限更改生效时重新加载它们。MySQL服务器根据内存中权限表的副本做出访问控制决策。MySQL账户的权限是非常重要的,它们决定了用户对数据库和其中对象的操作能力。合理分配权限可以保护数据库的安全性,防止未经授权的访问和操作。为了确保安全性,建议管理员按照最小权限原则来授予账户权限。只授予用户所需的最低权限,以限制其对数据库的访问和操作。此外,还应定期审查和更新账户权限,以适应业务需求的变化和维护数据库的安全性。

MySQL账户的权限是保证数据库安全性和管理灵活性的关键因素。管理员应该根据实际需求合理分配权限,并定期审查和更新账户权限,以确保数据库的安全性和可靠性。

11.2.2 静态权限

静态权限是MySQL中一种常见的授权机制，它是指一组与特定MySQL账户关联的权限。这些权限只有在授权用户登录到该账户时才能被执行，这样可以确保只有授权用户才能访问和修改数据库。静态权限是MySQL中的一项重要功能，它可以通过授予或拒绝用户对数据库的访问来保护敏感数据。通过定义静态权限，管理员可以限制用户对数据库的访问权限，从而减少数据泄露和损坏的风险。

在MySQL中，静态权限可以通过GRANT语句来定义。GRANT语句允许管理员授予或撤销MySQL账户的特定权限。GRANT语句的基本语法如下：

GRANT permission_type ON database_name.table_name TO 'username'@'localhost';

其中，permission_type是指要授予或撤销的权限类型，database_name.table_name是指要授权或撤销的数据库和表，'username'@'localhost'是指要授权或撤销的MySQL账户。

在数据库管理系统中，权限是指授予用户或用户组对数据库对象执行特定操作的能力。常见的权限类型包括SELECT、INSERT、UPDATE、DELETE和ALL PRIVILEGES。

- SELECT权限允许用户从指定表中查询数据。该权限通常授予那些需要查看数据但不需要修改数据的用户。
- INSERT权限允许用户向指定表中插入新数据。该权限通常授予那些需要向数据库中添加新数据的用户。
- UPDATE权限允许用户更新指定表中的数据。该权限通常授予那些需要修改数据库中现有数据的用户。
- DELETE权限允许用户从指定表中删除数据。该权限通常授予那些需要删除数据库中现有数据的用户。
- ALL PRIVILEGES权限允许用户执行所有操作，包括SELECT、INSERT、UPDATE和DELETE等操作。该权限通常只授予那些需要完全控制数据库的管理员或超级用户。

在授予权限时，需要谨慎考虑，以确保只有授权用户才能访问和修改数据库。同时，应定期审查和更新权限，以确保数据库安全性和完整性得到维护。

例如，如果要授予用户'john'@'localhost'对数据库'mydb'中表'users'的SELECT和INSERT权限，则可以使用以下GRANT语句：

GRANT SELECT, INSERT ON mydb.users TO 'john'@'localhost';

如果要撤销用户'john'@'localhost'对数据库'mydb'中表'users'的SELECT和INSERT权限，则可以使用以下REVOKE语句：

REVOKE SELECT, INSERT ON mydb.users FROM 'john'@'localhost';

需要注意的是，静态权限只在MySQL账户被授权时生效。如果管理员在MySQL账户被授权后更改了静态权限，这些更改不会立即生效。只有当授权用户退出并重新登录到MySQL账户时，新的静态权限才会生效。因此，管理员在更改静态权限时需要谨慎，并及时通知授权用户重新登录以使更改生效。

管理员应该仔细考虑哪些MySQL账户需要哪些静态权限，并使用GRANT和REVOKE语句来分配和撤销这些权限。静态权限可以帮助管理员保护数据库中的敏感数据，并限制用户对数据库的访问权限。管理员应根据实际需要进行设置，并定期审查和更新权限设置，以确保数据库的安全性和完整性。

　　除了静态权限，MySQL还提供了动态权限。与静态权限不同，动态权限是在运行时确定的。动态权限可以根据用户的当前会话状态和操作来控制对数据库的访问权限。管理员可以使用GRANT和REVOKE语句来分配和撤销动态权限。

11.2.3　动态权限

　　在MySQL中，用户可以根据需要动态地授予或撤销某些权限，这被称为动态权限。与之相对的是静态权限，它是在创建用户时就授予的权限，这些权限在用户连接到数据库时就已经生效，并且在连接结束后仍然有效。

　　动态权限的优点在于它可以根据需要灵活地授予或撤销某些权限，这使得用户可以更好地控制对数据库的访问。例如，在某些情况下，用户可能需要暂时提高某个用户的权限，以便该用户可以执行一些特殊操作。使用动态权限，管理员可以轻松地授予该用户所需的权限，并在操作完成后撤销这些权限，从而保护数据库的安全性。

　　MySQL中有许多动态权限，下面列举一些常用的动态权限。

1. GRANT OPTION

　　在数据库管理中，GRANT OPTION是一种非常特殊的动态权限。它允许用户在当前连接中授予其他用户某些权限。例如，如果用户A拥有GRANT OPTION权限，那么他可以在当前连接中授予用户B对某个数据库的SELECT权限。

　　需要注意的是，GRANT OPTION只能授予当前用户拥有的权限。也就是说，如果用户A没有SELECT权限，那么他也无法授予用户B SELECT权限。这个限制是为了保证权限的安全性和合理性。

　　GRANT OPTION权限只有在满足以下条件时才能使用。

　　(1) 用户必须拥有GRANT OPTION权限。

　　(2) 用户必须拥有待授权的权限。

　　(3) 用户必须在当前连接中。

　　GRANT OPTION权限的安全性是数据库管理中非常重要的问题。如果GRANT OPTION被滥用，可能会导致以下安全问题。

　　(1) 数据库访问权限泄露：如果一个用户拥有GRANT OPTION权限，他可以将访问数据库的权限授予其他用户。如果这些用户没有被授权访问数据库，就会导致数据库访问权限泄露。

　　(2) 数据库数据泄露：如果一个用户拥有GRANT OPTION权限，并且将访问数据库的权限授予其他用户，这些用户可以访问数据库中的数据。如果这些用户没有被授权访问数据，就会导致数据库数据泄露。

　　(3) 数据库权限混乱：如果多个用户拥有GRANT OPTION权限，就会导致数据库权限混乱。这可能会导致不必要的数据访问和修改,从而影响数据库的完整性和安全性。

因此,在使用GRANT OPTION权限时,必须非常小心。只有在必要时才应该授权该权限,并确保被授权者具有足够的信任和责任感。

2. SET PASSWORD

SET PASSWORD是MySQL数据库中的一个动态权限,它允许用户在当前连接中修改自己的密码。需要注意的是,SET PASSWORD只能修改当前用户的密码,如果要修改其他用户的密码,需要使用静态权限或者在拥有GRANT OPTION权限的情况下授予其他用户SET PASSWORD权限。

SET PASSWORD的使用非常简单,只需要在MySQL命令行中输入如下命令即可:

```
SET PASSWORD = 'new_password';
```

其中,new_password是用户要设置的新密码。在输入完命令后,MySQL会提示用户是否确认修改密码。如果确认修改,则新密码会立即生效,用户可以使用新密码登录MySQL。需要注意的是,如果当前用户没有修改密码的权限,则无法使用SET PASSWORD命令。此时,用户需要联系数据库管理员或者拥有GRANT OPTION权限的其他用户来修改密码。

除使用SET PASSWORD命令外,MySQL还提供了其他一些修改密码的方法。例如,可以使用ALTER USER命令来修改用户的密码。此外,MySQL还支持使用GRANT语句来授予其他用户SET PASSWORD权限,从而让他们能够修改自己的密码。

3. RELOAD

MySQL中的RELOAD命令允许用户在当前连接中重新加载MySQL服务器配置文件,以便对配置文件进行修改。这个命令的作用非常重要,因为MySQL服务器的配置文件包含了许多关键参数,例如数据库的大小、缓存大小和连接数等。

使用RELOAD命令需要注意一些事项。首先,只有具有动态权限的用户才能使用这个命令。其次,使用RELOAD命令会影响到MySQL服务器的性能,因为它会重新加载整个配置文件。因此,在使用RELOAD命令之前,必须仔细考虑其影响,并确保在必要时备份数据库。

使用RELOAD命令的方法非常简单。用户只需要在MySQL客户端中输入"RELOAD"即可。MySQL服务器会自动重新加载配置文件,并将新的参数值应用到数据库中。如果用户需要查看新参数的值,可以使用SHOW VARIABLES命令来查看。需要注意的是,RELOAD命令只会重新加载MySQL服务器的配置文件,而不会重新启动服务器。如果用户需要重新启动服务器以应用新的配置文件,可以使用SHUTDOWN和STARTUP命令。

4. SHUTDOWN

SHUTDOWN是MySQL中的一个动态权限,允许用户在当前连接中关闭MySQL服务器。这个权限非常重要,需要注意的是,只有拥有SHUTDOWN权限的用户才能关闭MySQL服务器。因此,管理员需要谨慎授予这个权限。

在MySQL中，SHUTDOWN权限被视为高级权限，因为它允许用户直接影响数据库的运行状态。如果被授予这个权限的用户不小心关闭了MySQL服务器，可能会导致数据丢失或者其他不可预见的后果。因此，管理员需要仔细考虑是否授予SHUTDOWN权限。一般来说，只有在必要的情况下才应该授予这个权限。例如，在进行数据库维护或者升级时，可能需要关闭MySQL服务器。此时，管理员可以授予相应的用户SHUTDOWN权限，以便他们能够安全地关闭服务器。除了SHUTDOWN权限，MySQL还有其他一些重要的动态权限，例如RELOAD、PROCESS、SUPER等。管理员需要了解这些权限的作用和影响，并根据实际情况进行授权。

5. PROCESS

MySQL是一种流行的关系数据库管理系统，它允许用户在其服务器上执行各种操作。其中一个重要的操作是查看MySQL服务器进程列表，以便了解当前正在执行的任务和进程。

为了实现这个目的，MySQL引入了一个动态权限，称为PROCESS。PROCESS允许用户在当前连接中查看MySQL服务器进程列表。这意味着，如果用户需要查看MySQL服务器当前正在执行的进程列表，他可以在当前连接中使用SHOW PROCESSLIST命令。

当用户使用SHOW PROCESSLIST命令时，MySQL服务器会返回当前连接中所有正在执行的进程的详细信息。这些信息包括进程ID、用户、主机、数据库、命令、时间、状态等。用户可以使用这些信息来了解MySQL服务器的当前状态，并根据需要采取适当的措施。

例如，如果用户发现某个进程正在长时间运行而且占用了大量的资源，他可以考虑停止该进程或优化相关查询语句。另外，如果用户需要监控MySQL服务器的性能，他可以定期使用SHOW PROCESSLIST命令来查看服务器的进程列表，并分析服务器的负载情况。

需要注意的是，只有具有PROCESS权限的用户才能使用SHOW PROCESSLIST命令。如果用户没有该权限，则MySQL服务器将拒绝其请求，并返回相应的错误信息。因此，在分配MySQL用户权限时，管理员应该根据实际需求为不同的用户设置不同的权限。用户通过使用SHOW PROCESSLIST命令，可以了解MySQL服务器的当前状态，并根据需要采取适当的措施。管理员应该合理分配MySQL用户权限，以确保服务器的安全和稳定性。

6. SUPER

SUPER是一个非常有用的动态权限，它允许用户在当前连接中执行一些特殊操作。这些操作通常需要高级权限或者管理员权限才能执行，例如修改MySQL服务器全局变量或者执行一些需要特殊权限的操作。使用SUPER命令可以使用户在当前连接中获得这些特殊权限，而无须重新登录或者切换到其他用户。

在MySQL中，SUPER是一个全局权限，只有具有SUPER权限的用户才能使用SUPER命令。通常情况下，只有管理员或者高级用户才会被授予SUPER权限。因此，如果需要使用SUPER命令，请确保已经获得了相应的权限。

使用SUPER命令可以帮助用户轻松地执行许多特殊操作。例如，如果需要修改MySQL服务器全局变量，可以使用SET GLOBAL命令来完成此操作。但是，如果没有足够的权限，该命令将会失败。此时，可以使用SUPER命令来获得相应的权限，然后再执行SET GLOBAL命令。除了修改全局变量，SUPER命令还可以用于执行其他需要特殊权限的操作。例如，如果需要执行一个需要高级权限的存储过程或者函数，可以使用SUPER命令来获得相应的权限。

需要注意的是，使用SUPER命令可能存在一些风险。如果不小心执行了错误的操作，可能会导致系统出现故障或者数据丢失。因此，在使用SUPER命令之前，请务必确认已经获得了相应的权限，并且明确知道要执行什么操作，确保已经备份了相关数据。

要授予MySQL账户动态权限，需要使用GRANT语句。下面是一个授予RELOAD和PROCESS权限的例子：

> GRANT RELOAD, PROCESS ON *.* TO 'user'@'localhost';

需要注意的是，GRANT语句只能授予当前连接中已经存在的权限。如果需要授予其他类型的动态权限，需要查看MySQL文档或者使用SHOW GRANTS命令查看当前用户已经拥有的所有权限。

要撤销MySQL账户动态权限，需要使用REVOKE语句。下面是一个撤销RELOAD和PROCESS权限的例子：

> REVOKE RELOAD, PROCESS ON *.* FROM 'user'@'localhost';

需要注意的是，REVOKE语句只能撤销当前连接中已经存在的权限。如果需要撤销其他类型的动态权限，需要查看MySQL文档或者使用SHOW GRANTS命令查看当前用户已经拥有的所有权限。

MySQL账户权限管理中的动态权限可以让用户根据需要动态地授予或撤销某些权限。这些权限只在当前连接中有效，在连接结束后会自动失效。常用的动态权限包括GRANT OPTION、SET PASSWORD、RELOAD、SHUTDOWN、PROCESS和SUPER。要授予或撤销动态权限，需要使用GRANT和REVOKE语句。

11.3 思考和练习

1. 为什么说MySQL用户账户管理对数据安全很重要？
2. MySQL用户账户由哪些信息组成？
3. MySQL提供了哪些命令和语句来管理用户账户？
4. MySQL Workbench和phpMyAdmin分别是什么？它们有什么作用？
5. 在用户账户管理中，管理员需要注意哪些安全措施？
6. 如何创建一个新的MySQL用户账户？
7. 如何修改一个已有的MySQL用户账户的密码和权限？
8. MySQL 支持哪两种权限类型？
9. 静态权限与动态权限的区别是什么？
10. 静态权限可以被注销吗？
11. 动态权限可以在什么时候注册和注销？
12. 如果一个动态权限未被注册，可以授予给用户吗？

第 12 章

备份与恢复

数据库备份和恢复是确保数据稳定性和可靠性的关键步骤。在MySQL中，有多种备份策略可供选择，以满足不同需求。通过选择适当的备份策略、创建备份、制定备份计划及进行表维护，可以最大限度地减少数据丢失和系统故障对数据库的影响。

备份策略的选择应根据数据库的特点和需求来确定。MySQL提供了多种备份策略，包括物理备份和逻辑备份。物理备份是指将整个数据库或特定的表空间复制到另一个位置。逻辑备份是指将数据库中的数据导出到一个文件中，然后通过该文件进行恢复。选择何种备份策略应根据具体情况来定。创建备份是确保数据安全的重要步骤。在MySQL中，可以使用mysqldump命令来创建备份。该命令可以将整个数据库或特定的表导出到一个文件中。在创建备份时，应该考虑备份文件的存储位置和命名规则，以便在需要时能够方便地找到和恢复备份。制订备份计划是确保数据安全的关键步骤之一。备份计划应该考虑到数据的重要性和频繁程度。对于重要数据，应该选择更频繁的备份计划，以确保数据不会因系统故障或其他原因而丢失。对于不太重要的数据，则可以选择较少的备份计划。

表维护是确保数据库安全运行的重要步骤之一。MySQL提供了多种工具和命令来进行表维护，包括OPTIMIZE TABLE、REPAIR TABLE和ANALYZE TABLE等命令。这些命令可以帮助用户优化表结构、修复损坏的表和更新表统计信息，从而提高数据库的性能和稳定性。

12.1 MySQL数据库备份与恢复方法

为了确保数据的安全性，备份是不可或缺的重要步骤。不同备份方式具有不同效果，我们在数据库数据发生错误时可以使用备份数据进行还原，以最大限度地减少损失。备份数据的方式多种多样，其中最常见的方式是利用数据库管理系统自带的备份工具。这种方式简单易行，备份和还原都相对方便。然而，当数据库遭遇大规模故障时，恢复效率可能会相对较低。另一种备份方式是利用第三方备份工具进行备份。这种方式提供了更多备份选项和高级功能，例如增量备份和差异备份。通过这些功能，我们能够更加灵活地管理备份，提高数据的恢复率。选择合适的备份方式并进行定期备份和测试是确保数据安全性和完整性的重要保障措施。

在备份过程中，我们应注意以下几点以确保数据的安全性。首先，选择可靠的备份存储介质，例如云存储服务或离线存储设备。其次，确保备份数据的加密和访问权限设置，避免未经授权的访问和数据泄露。此外，定期验证备份数据的完整性，以确保备份文件没有损坏或丢失片段。最后，制定紧急情况下的备份恢复计划，并定期进行恢复测试，以确保备份数据的可用性和恢复效率。

通过选择合适的备份方式、定期备份和测试，并采取必要的安全保障措施，我们能够最大限度地保护数据免受损失和风险。数据备份是数据管理中不可或缺的重要环节，值得我们高度重视并严格执行。

12.1.1 数据库备份

数据库备份是一种重要的数据保护措施，旨在确保在发生意外情况时能够恢复数据库的完整性和可用性。

1. 物理备份和逻辑备份

从物理和逻辑两个角度来看，备份可以分为物理备份和逻辑备份。

1) 物理备份

物理备份是对数据库操作系统的物理文件进行备份，包括数据文件、日志文件等。物理备份方法主要有以下几种。

- 文件副本备份。文件副本备份是最简单的物理备份方法，它是将数据库文件复制到另一个存储介质中，以实现备份的目的。这种方法的优点是备份速度快，操作简单，但是缺点也很明显，备份文件占用空间大，而且无法进行增量备份。
- 磁盘影像备份。磁盘影像备份是将整个磁盘或分区进行备份的方法。这种方法的优点是备份速度快，可以进行增量备份，并且可以还原整个磁盘，但是缺点也很明显，备份文件占用空间大。
- 数据库管理系统提供的备份工具。许多数据库管理系统都提供了自己的备份工具，如Oracle、SQL Server等。这些工具通常都支持增量备份、差异备份等高级备份功能，可以大大减少备份文件的大小。
- 第三方备份软件。第三方备份软件通常都具有更为丰富的备份功能，如备份加密、压缩、增量备份、差异备份等，可以根据实际需求进行选择。此外，第三方备份软件还可以对备份文件进行管理和监控，提高备份的可靠性。

根据备份方式的不同，物理备份又可分为冷备份、热备份和温备份。

(1) 冷备份(脱机备份)是一种常见的数据库备份方法，它依赖于数据文件，在关闭数据库的情况下进行备份。虽然这种备份方法需要停止数据库的运行，可能会导致数据库暂时不可用，但备份过程相对较快，因此在某些情况下，冷备份是一种比较方便的备份方法。

在进行冷备份之前，需要先关闭数据库。关闭数据库可以通过多种方式实现，比如使用数据库管理工具或者执行相应的命令。关闭数据库后，可以将数据文件复制到备份设备中，完成备份操作。由于数据文件是数据库的核心组成部分，因此备份数据文件可以保证数据库的完整性。

冷备份相对于其他备份方法的优点在于备份过程相对较快。由于数据库已经关闭，因此备份操作不会受到数据库运行的影响。此外，在备份完成后，可以立即启动数据库，使其重新运行。这种方法适用于需要快速备份数据的情况，比如在数据量较小的情况下或者需要频繁备份的情况下。

然而，冷备份也存在一些缺点。首先，由于需要关闭数据库，因此备份期间数据库无法使用。如果在备份期间有用户需要访问数据库，就会导致访问失败。其次，冷备份只能备份数据文件，不能备份日志文件等其他重要组成部分。因此，在进行恢复操作时可能需要使用其他备份方法。

总之，冷备份是一种常见的数据库备份方法，在某些情况下非常适用。但是，在选择备份方法时需要考虑到自身的需求以及数据量等因素，综合选择最适合的备份方法。同时，在进行备份操作时也需要注意数据的完整性和安全性，以保证备份数据的可靠性。

(2) 热备份(联机备份)是一种数据库备份方法，它能够在数据库正常运行期间进行备份，不会影响数据库的可用性。这种备份方法依赖于数据库的日志文件，能够保证备份数据的完整性和一致性。

相比于其他备份方法，热备份的优势在于不需要停止数据库服务，能够保证数据库的连续性和稳定性。但是，由于备份过程需要读取数据库的日志文件，因此备份速度相对较慢。

在进行热备份时，需要注意以下几点。

① 确保数据库的日志文件正常运行，并且有足够的空间存储备份数据。

② 避免在备份过程中进行大量的写操作，这可能会影响备份的速度和效果。

③ 定期检查备份数据的完整性和一致性，确保数据的可用性和正确性。

热备份能够保证数据库的连续性和稳定性，减少数据丢失的风险。在实际应用中，需要根据具体情况选择合适的备份方法，并且定期测试和验证备份数据的可用性和正确性。

(3) 温备份指在数据库锁定表格的状态下进行备份操作，表格不可写入但可读取。这种备份方法可以在一定程度上保证备份的一致性，避免备份期间出现数据不一致的情况。但需要注意的是，在备份期间，读取操作可能会受到限制，需要特别注意。

温备份的实现需要依赖于数据库的锁定机制。在备份过程中，数据库会锁定表格，防止其他用户对表格进行写入操作。这样可以保证备份数据的完整性和一致性。但是，由于锁定表格会影响其他用户的读取操作，因此需要在备份时谨慎处理。

温备份的优点在于可以保证备份数据的一致性，避免备份数据出现不一致的情况。同时，由于只锁定表格而不锁定整个数据库，因此可以最大限度地减少对用户操作的影响。但是，温备份也有一些缺点。由于需要锁定表格，因此备份时间较长，可能会影响用户的正常操作。此外，在备份期间，读取操作可能会受到限制，需要特别注意。

在进行温备份时，需要注意以下几点。

① 备份前需要对数据库进行彻底检查，确保数据库中没有任何错误或异常情况。

② 在备份期间需要严格控制其他用户对表格的读取操作，避免出现数据不一致的情况。

③ 备份完成后需要对备份数据进行验证，确保备份数据的完整性和一致性。

2) 逻辑备份

逻辑备份则是对数据库的逻辑组件进行备份，包括表、数据库对象等。逻辑备份不关注数据库的物理文件，而是关注数据库的结构和数据。常见的逻辑备份方法包括导出为SQL脚本或使用特定的工具进行逻辑备份。

2. 完全备份、差异备份和增量备份

根据数据库备份策略的角度来看，备份可以分为完全备份、差异备份和增量备份。

1) 完全备份

完全备份是一种常用的备份方式。它的特点是每次对数据进行完整的备份，包括所有的数据文件和日志文件。这样的备份可以确保在恢复时能够还原数据库到最新状态，但备份过程相对较慢且需要较大的存储空间。

完全备份是一种非常安全可靠的备份方式，因为它可以备份所有的数据和日志文件。这意味着，在恢复时，可以将数据库还原到最新状态，保证数据的完整性和一致性。同时，由于备份了所有数据，因此在恢复时不需要进行增量备份或差异备份等操作，简化了恢复过程。

然而，完全备份也存在一些缺点。首先，备份过程相对较慢，需要较长时间来完成。其次，由于备份了所有数据和日志文件，因此需要较大的存储空间来存储备份数据。这对于存储资源有限的系统来说可能会成为一个问题。为了解决这些问题，可以采用增量备份或差异备份等方式来进行备份。增量备份只备份自上次备份以来新增或修改的数据，而差异备份则备份自上次完全备份以来发生变化的数据。这样可以减少备份所需的时间和存储空间。

2) 差异备份

差异备份是一种常见的备份方式，它能够减少备份所需的时间和存储空间，提高备份效率。差异备份的原理是：备份那些自从上次完全备份之后被修改过的文件。通过记录上次完全备份后的所有修改操作，差异备份只需要备份最新修改的文件，而不需要重新备份所有文件，从而减少备份所需的时间和存储空间。

对于大型企业而言，其数据量庞大，备份工作也相应变得十分复杂。传统的完全备份需要花费大量的时间和存储空间，而且每次备份都会重复备份所有数据，效率低下。而采用差异备份方式，可以大大缩短备份时间，减少存储空间的占用，提高备份效率。

在实施差异备份时，需要注意以下几点。

(1) 需要进行一次完全备份，这是因为差异备份是以完全备份为基础的，只有在完全备份完成之后才能进行差异备份。

(2) 需要记录上次完全备份后的所有修改操作。这些操作包括文件的创建、修改、删除等。记录这些操作可以便于差异备份时快速定位被修改过的文件。

(3) 在进行差异备份时，需要根据记录的修改操作，只备份被修改过的文件。这些文件

可以是新增的文件、修改过的文件，或者是被删除后重新创建的文件等。

（4）差异备份完成后，需要更新记录的修改操作。这样，在下一次差异备份时，可以根据最新的修改操作进行备份。

3）增量备份

增量备份是一种备份策略，它只备份自上次完全备份或增量备份以来被修改的文件。这种备份方式与差异备份相似，可以减少备份所需的时间和存储空间，但也有一些不同之处。与差异备份不同的是，增量备份只备份自上次备份以来被修改的文件，而不是备份整个文件。这意味着增量备份所需的存储空间比差异备份更少。另外，增量备份的还原时间也比差异备份更短，因为增量备份只需要还原最近一次备份之后被修改的文件。

增量备份的实现方式有很多种，其中最常见的是基于时间戳的增量备份和基于日志的增量备份。基于时间戳的增量备份通过比较文件的修改时间来确定哪些文件需要备份。而基于日志的增量备份则通过记录文件的修改操作来确定哪些文件需要备份。

3. 确定合适的备份方案

综合考虑物理备份和逻辑备份的方法以及备份策略的选择，可以根据具体的需求和数据库环境来确定适合的备份方案，以保证数据库的安全性和可恢复性。同时，定期测试和验证备份的可用性也是至关重要的，以确保在关键时刻能够快速有效地恢复数据。

常见的备份方法有物理冷备、启用二进制日志进行增量备份以及使用第三方工具进行备份。物理冷备是一种备份方法，它要求在备份过程中关闭数据库，并直接打包数据库文件。这种备份方式速度快，恢复时也相对简单。专用备份工具如mydump或mysqlhotcopy可以用于执行物理冷备。其中，mysqldump是常用的逻辑备份工具，而mysqlhotcopy则只能备份MyISAM和ARCHIVE表。

启用二进制日志进行增量备份是另一种常见的备份方法。增量备份需要刷新二进制日志以记录数据库变更。通过使用二进制日志，可以只备份自上次完整备份以来的数据变更，从而减少备份的时间和空间消耗。

随着数据量的增大，MySQL数据库备份成了每个DBA必须面对的问题。传统的备份方法需要停止数据库服务，这样会造成一定的影响。而现在，通过第三方工具进行备份已成为DBA备份的首选。

Percona XtraBackup是一个免费的MySQL热备份软件，它可以实现高性能的备份和恢复操作。该工具能够在运行中的数据库上执行备份，而无须停止数据库服务。这意味着，DBA可以在不影响业务的情况下，对数据库进行备份。Percona XtraBackup提供了许多高级功能，如增量备份、并行备份和压缩备份，使得备份和恢复过程更加高效和灵活。

Percona XtraBackup具有以下特点。

（1）高性能。Percona XtraBackup采用多线程技术，能够高效地备份大型数据库。此外，它还支持增量备份，只备份发生变化的部分，大大减少了备份时间和存储空间。

（2）热备份。Percona XtraBackup可以在运行中的数据库上执行备份，而无须停止数据库服务。这使得DBA可以在不影响业务的情况下进行备份和恢复操作。

（3）多种备份方式。Percona XtraBackup支持全量备份、增量备份和压缩备份。DBA可以根据业务需求选择不同的备份方式。

(4) 安全可靠。Percona XtraBackup使用InnoDB存储引擎的快照技术，确保备份数据的一致性和可靠性。此外，它还支持数据校验功能，可以检测备份数据是否完整和正确。

(5) 易于使用。Percona XtraBackup提供了简单易用的命令行工具和图形化界面，使得DBA可以轻松地进行备份和恢复操作。

12.1.2 完全备份

数据库管理是现代企业不可或缺的一部分。随着企业数据的增长，数据库备份和恢复变得尤为重要。在数据库备份中，完全备份是一种重要的备份策略。它涵盖了整个数据库的备份，包括数据库结构和文件结构的备份。通过完全备份，可以在备份完成时保存数据库的所有数据和内容。

完全备份通常在特定时间点进行，以确保备份的完整性和一致性。在进行完全备份时，系统将复制和保存数据库中的所有数据和对象，包括表、索引、视图以及其他相关的数据元素。这使得在恢复过程中能够还原到备份完成时刻的数据库状态。因此，在设计备份策略时，完全备份应该是首要考虑的。另一个重要的概念是增量备份。增量备份只备份自上一次备份以来发生变化的数据和文件。而完全备份则为增量备份提供了基础。首先进行完全备份，然后进行增量备份，以记录自上次备份以来的所有更改。这种组合备份策略能够减少备份所需的时间和存储空间，并且在需要进行恢复时也更加高效。完全备份对于数据库管理至关重要。它提供了一个可靠的手段来保护数据库的完整性和可用性。无论是出于安全考虑还是灾难恢复的需求，完全备份都是必不可少的。通过定期进行完全备份，数据库管理员可以确保即使发生故障或数据丢失的情况，仍能够恢复数据库到备份完成时的状态。

除了完全备份和增量备份，还有其他备份策略可供选择。例如差异备份、镜像备份等。不同的备份策略适用于不同的场景和需求。在设计备份策略时，需要根据实际情况进行选择。此外，在进行备份时，还需要考虑存储介质和存储位置。存储介质可以选择硬盘、光盘、磁带等。存储位置可以选择本地存储或远程存储。在选择存储介质和存储位置时，需要考虑安全性、可靠性、成本等方面。

完全备份MySQL数据库可以使用两种主要方法：物理冷备份与恢复、mysqldump备份与恢复。

物理冷备份与恢复是一种直接对数据库文件进行打包和替换的方法，它在MySQL数据库中得以应用。下面是物理冷备份与恢复的步骤。

首先，为了确保数据的完整性，需要关闭MySQL数据库。这个步骤非常重要，因为在备份和恢复过程中，数据库文件可能会发生变化，如果数据库仍处于活动状态，可能会导致备份数据不一致或恢复失败。

通过使用tar等打包工具，将整个MySQL数据库文件夹进行打包。这个文件夹通常包含数据库的数据文件、日志文件、配置文件等。将这些文件打包成一个整体，可以方便地进行备份和恢复。

对于物理冷备份，可以选择将打包后的文件移动至安全的位置，例如外部硬盘、网络存储设备等。这样可以防止备份文件与原数据库文件放在同一个位置，避免备份数据因为硬盘故障或其他原因而丢失。

如果需要进行恢复操作，可以直接替换当前正在使用的MySQL目录。在替换之前，一定要确保关闭MySQL数据库，以免出现数据冲突或文件被锁定的情况。将备份文件解压缩并替换MySQL目录后，重新启动MySQL数据库。此时，MySQL将使用备份文件中的数据库文件来恢复数据。确保恢复过程顺利完成后，可以进行必要的测试和验证，以确保数据库的完整性和可用性。

物理冷备份与恢复是一种相对简单直接的方法，适用于小型数据库或需要快速备份和恢复的场景。但需要注意的是，物理冷备份与恢复过程中，数据库将无法正常提供服务，因此需要在合适的时间进行操作，以避免对业务产生太大影响。另一种备份方法是使用mysqldump工具。这是MySQL自带的备份工具，非常方便实现对MySQL数据库的备份。通过mysqldump，可以选择导出指定的数据库或表，并将其导出为SQL脚本文件。在需要恢复数据时，可以使用mysql命令将备份的数据导入MySQL中。

具体实现如下。

- 备份单个库：

mysqldump -u 用户名 -p [密码] [选项] [库名] > /备份路径/备份文件名
mysqldump -u root -p cd > /backup/cd.sql

- 备份多个库：

mysqldump -u 用户名 -p [密码] [选项] --databases 库名1 [库名2] ... > /备份路径/备份文件名

- 对所有库进行备份：

mysqldump -u 用户名 -p [密码] [选项] --all-databases > /备份路径/备份文件名

- 使用 mysqldump备份表的操作：

mysqldump -u 用户名 -p [密码] [选项] 数据库名 表名 > /备份路径/备份文件名

- 使用 mysqldump备份表的结构：

mysqldump -u 用户名 -p [密码] [选项] -d 数据库名 表名 > /备份路径/备份文件名

12.1.3 数据恢复

数据恢复是数据库管理中的一项重要任务。在进行数据恢复时，我们通常会使用备份文件来还原数据。而在MySQL中，我们可以使用mysqldump命令来导出备份文件。但是，在导出备份文件后，我们还需要将其导入MySQL中才能完成数据恢复。本文将介绍两种方法来导入由mysqldump命令导出的SQL备份脚本。

第一种方法是使用source命令。source命令是MySQL中的一个内置命令，可以用来执行SQL脚本文件。我们可以使用source命令来导入由mysqldump命令导出的备份脚本。

在使用source命令前，我们需要先登录到MySQL中。假设我们已经将备份文件保存在/home/user/backup.sql路径下，我们可以在MySQL中执行以下命令：

```
mysql> use database_name;
mysql> source /home/user/backup.sql;
```

其中，database_name是我们要将备份文件导入的数据库名，/home/user/backup.sql是备份文件的路径。执行完上述命令后，MySQL会自动读取备份文件，并执行其中的SQL语句。这样，我们就成功将备份文件导入到了MySQL中。

第二种方法是使用mysql命令。mysql命令是MySQL提供的一个命令行工具，可以执行各种数据库操作。要使用mysql命令导入备份脚本，也需要先登录到目标MySQL数据库。然后，在命令行中运行以下命令：

```
mysql> mysql -u username -p database_name < /path/to/backup.sql
```

在上述命令中，username是数据库用户的用户名，database_name是要导入数据的目标数据库的名称，/path/to/backup.sql是备份脚本文件的路径。执行该命令后，MySQL将读取备份脚本文件中的语句并将其应用于目标数据库，从而实现数据恢复。

无论是使用source命令还是mysql命令，导入备份脚本时都需要确保备份脚本文件的路径和文件名正确，并且具有适当的访问权限。此外，还应注意备份脚本文件的格式和编码是否与目标数据库兼容，以确保成功导入数据并进行恢复操作。

12.1.4　第三方数据库备份工具

在数据库备份和恢复领域，有许多第三方工具可用于提供更高级别的功能和灵活性。以下是几个常用的第三方数据库备份工具。

- Veeam Backup & Replication: Veeam是一个备受信赖的备份和复原解决方案，支持各种数据库平台，包括MySQL、Oracle、SQL Server等。它提供全面的备份、还原、复制和灾难恢复功能，具有强大的备份管理和监控功能。
- Commvault: Commvault是一款全面的企业级备份和恢复软件，支持各种主流数据库系统。它提供了可靠的数据保护、深入的备份管理、跨平台的复原和灾难恢复功能，并具有强大的数据压缩和去重能力。
- Acronis Backup: Acronis Backup是一款跨平台的备份和恢复工具，支持多种数据库。它提供全面的数据保护功能，包括本地和远程备份、快速恢复和灾难恢复功能。
- Dell EMC NetWorker: Dell EMC NetWorker是一款业界领先的备份和恢复软件，适用于各种复杂的数据库环境。它提供了全面的数据保护功能，并具备高效的备份和复原性能。
- Veritas NetBackup: Veritas NetBackup是一款广泛应用于企业级环境的备份和恢复软件，支持多种数据库平台。它提供了高级的数据保护、灾难恢复和集中式管理功能。

这些第三方数据库备份工具通常具有高级的功能和灵活性，可满足不同规模和需求的组织。使用这些工具可以简化备份和恢复过程，提高数据保护的可靠性和效率。

12.2　MySQL日志文件

MySQL数据库的日志操作是一项基本且重要的任务。在维护MySQL数据库时，启用、查看、停止和删除日志文件等操作都非常必要。日志文件记录了MySQL服务器中发生的事件，如用户登录、执行操作以及错误信息等。当MySQL服务器发生故障时，我们可以通过错误日志文件查看错误原因。而通过二进制日志文件，我们可以了解用户执行的操作和对数据库文件所做的修改。根据二进制日志中的记录，还可以修复数据库。因此，日志操作是数据库维护中不可或缺的一环。

在MySQL中，有多种类型的日志文件可供使用。除二进制日志文件外，MySQL支持的其他日志文件都是文本文件。默认情况下，MySQL只会启用错误日志文件，而需要手动启用其他类型的日志。使用不同类型的日志文件可以满足不同的需求。

启用日志文件有优点和缺点。启用日志文件后，可以进行性能维护，但可能会降低MySQL的执行速度。例如，在频繁查询的MySQL中，记录通用查询日志和慢查询日志会消耗大量时间。此外，日志文件会占用大量硬盘空间。对于用户量大且操作频繁的数据库，日志文件所需的存储空间可能比数据库文件还要大。因此，是否启用日志以及启用哪种类型的日志应根据具体应用来决定。

12.2.1　二进制日志

二进制日志是MySQL数据库中非常重要的组成部分，它记录了数据库中所有改变数据的操作，包括插入、更新和删除等。这些操作以二进制格式进行记录，因此被称为二进制日志。

二进制日志在多个方面都起着重要的作用。首先，在主从复制中，二进制日志被用于将主数据库的更改同步到从数据库中。在这种情况下，主数据库上的所有更改都会被记录到二进制日志中，并通过网络传输到从数据库，从而确保从数据库与主数据库中的数据一致。其次，在数据恢复方面，二进制日志也是非常有用的。如果数据库发生了故障，管理员可以使用二进制日志来还原数据库的历史操作，从而恢复数据。这对于那些需要高可用性的应用程序来说尤为重要。最后，在故障排查方面，二进制日志也可以提供有用的信息。管理员可以通过分析二进制日志来确定某些操作是否已经执行，以及执行的时间和顺序等信息。这对于排查一些难以定位的问题非常有帮助。

默认情况下，二进制日志功能是关闭的。可以通过以下命令查看二进制日志是否开启，命令如下：

```
mysql> SHOW VARIABLES LIKE 'log_bin';
+---------------+-------+
```

```
| Variable_name | Value |
+---------------+-------+
| log_bin       | OFF   |
+---------------+-------+
1 row in set, 1 warning (0.02 sec)
```

在 MySQL 中，可以通过在配置文件中添加 log-bin 选项来开启二进制日志，格式如下：

[mysqld]
log-bin=dir/[filename]

在MySQL中，有两个参数用于配置二进制日志文件：dir 和 filename。

- 参数 dir 用于指定二进制文件的存储路径。
- 参数 filename 用于指定二进制文件的文件名，其格式为 filename.number，其中 number 是一个递增的数字，通常以 6 位数(如 000001、000002)进行表示。

每次重启 MySQL 服务之后，都会生成一个新的二进制日志文件。这些日志文件的文件名中的 filename 部分保持不变，但 number 会不断递增。如果没有指定 dir 和 filename 参数，二进制日志文件将默认存储在数据库的数据目录下。默认的文件名形式为 hostname-bin.number，其中 hostname 表示主机名。

可以使用如下命令查看 MySQL 中有哪些二进制日志文件：

```
mysql> SHOW binary logs;
+-----------------------------------+-----------+
| Log_name                          | File_size |
+-----------------------------------+-----------+
| LAPTOP-UHQ6V8KP-bin.000001        |       177 |
| LAPTOP-UHQ6V8KP-bin.000002        |       154 |
+-----------------------------------+-----------+
2 rows in set (0.00 sec)
```

二进制日志使用二进制格式存储，不能直接打开查看。如果需要查看二进制日志，必须使用 mysqlbinlog 命令。

mysqlbinlog filename.number

mysqlbinlog 命令只在当前文件夹下查找指定的二进制日志，因此需要在二进制日志所在的目录下运行该命令，否则将会找不到指定的二进制日志文件。

二进制日志中记录着大量的信息，如果很长时间不清理二进制日志，将会浪费很多的磁盘空间。删除二进制日志的方法很多，下面介绍几种删除二进制日志的方法。

- 删除所有二进制日志：

RESET MASTER;

- 根据编号删除二进制日志：

PURGE MASTER LOGS TO 'filename.number';

- 根据创建时间删除二进制日志：

PURGE MASTER LOGS TO 'yyyy-mm-dd hh:MM:ss';

二进制日志中记录了用户对数据库更改的所有操作，如 INSERT 语句、UPDATE 语句、CREATE 语句等。如果数据库因为操作不当或其他原因丢失了数据，可以通过二进制日志来查看在一定时间段内用户的操作，结合数据库备份来还原数据库。

二进制日志还原数据库的命令如下：

mysqlbinlog filename.number | mysql -u root -p

12.2.2 重做日志

MySQL使用重做日志(redo log)来确保事务的持久性，并在发生故障时防止数据丢失。当执行事务时，MySQL会将事务所做的修改记录到重做日志中，而不是立即将数据写入磁盘。重做日志是一个循环写入的日志文件，它持续记录数据库中每个事务所做的修改操作，包括插入、更新和删除等。当事务提交时，重做日志会被写入磁盘，以确保持久性。

在发生故障时，例如电源故障或系统崩溃，MySQL可以利用重做日志来恢复未完成的事务。当MySQL重新启动时，它会检查重做日志并根据其中的记录进行重做操作，将尚未写入磁盘的脏页恢复到内存中，从而达到事务的持久性。通过重做日志，MySQL可以快速回滚未完成的事务或者重做已提交但尚未写入磁盘的事务，这样可以减少数据丢失的风险，并提高数据库的可靠性和恢复能力。

需要注意的是，重做日志只能保证事务的持久性，但不能保证数据的一致性。为了保证数据的完整性和一致性，MySQL还使用了Undo日志(undo log)和binlog等机制。

重做日志是MySQL数据库中非常重要的一部分，它记录了对数据库的修改操作，以便在发生故障时进行恢复。在事务开始后，重做日志会持续记录对数据库的修改操作，而不是在事务提交时才写入。这种设计可以确保即使在事务提交之前发生了故障，已经完成的事务操作也能够通过重做日志进行恢复。重做日志的落盘是指将重做日志写入到物理磁盘中，以便在发生故障时可以进行恢复。当对应事务的脏页(指被修改但还未写入磁盘的页)被写入到磁盘之后，表示相关的修改已经持久化到数据库文件中，此时重做日志的使命也就完成了。为了节省空间并允许重用，重做日志占用的空间可以被覆盖。

默认情况下，重做日志文件位于数据库的data目录下的ib_logfile1和ib_logfile2。可以调整其配置参数，以下是一些常用的配置参数。

(1) innodb_log_file_size：指定每个重做日志文件的大小，默认值为48MB。可以根据实际情况进行调整，以免出现重做日志文件过小或过大的情况。

(2) innodb_log_files_in_group：指定每个日志文件组中的重做日志文件数量，默认值为2。可以根据实际情况进行调整，以免出现重做日志文件数量过多或过少的情况。

(3) innodb_log_buffer_size：指定重做日志缓冲区的大小，默认值为8MB。可以根据实际情况进行调整，以免出现重做日志缓冲区过小或过大的情况。

(4) innodb_flush_log_at_trx_commit：指定事务提交时是否将重做日志写入物理磁盘，默认值为1(表示每次事务提交时都将重做日志写入物理磁盘)。可以将该参数设置为0或2，以提高性能。

需要注意的是，在配置参数时需要根据实际情况进行调整，以免出现不必要的性能问题。同时，重做日志也需要定期备份，以便在发生故障时进行恢复。

12.2.3 查询日志

查询日志(query log)是MySQL数据库的一项重要功能。查询日志可以记录MySQL服务器的所有查询语句，包括SELECT、UPDATE、DELETE、INSERT等操作。当MySQL服务器执行这些语句时，查询日志会将这些语句记录下来，并保存在指定的日志文件中。在MySQL数据库中，查询日志可以用于查找数据库性能瓶颈、分析数据库操作、还原数据等方面。

查询日志的作用主要有以下几个方面。

(1) 分析数据库性能瓶颈：查询日志可以记录所有SQL语句的执行时间、执行次数、执行结果等信息。通过分析这些信息，可以找出SQL语句执行效率低下的原因，从而优化数据库性能。

(2) 分析数据库操作：查询日志可以记录所有SQL语句的执行过程，包括SQL语句的执行顺序、执行结果等信息。通过分析这些信息，可以了解数据库的操作情况，从而更好地管理数据库。

(3) 还原数据：如果数据库出现了故障或数据丢失等情况，可以通过查询日志来还原数据。查询日志可以记录所有SQL语句的执行过程，包括SQL语句的执行顺序、执行结果等信息。通过分析这些信息，可以还原出丢失的数据。

(4) 安全审计：查询日志可以记录所有客户端连接MySQL服务器的操作，包括远程连接和本地连接。通过分析这些信息，可以了解用户的操作情况，从而进行安全审计。

查询日志的开启和关闭非常简单，在MySQL配置文件中设置即可。开启查询日志后，MySQL服务器会将所有SQL语句的执行过程记录在指定的日志文件中。但是需要注意的是，开启查询日志会对MySQL服务器的性能产生一定的影响，因此在使用过程中需要根据实际需求进行开启和关闭。

查询日志的功能可以通过在MySQL配置文件中设置相应的参数来开启或关闭。在MySQL 5.1及以后的版本中，查询日志的默认值为"关闭"，需要手动开启。下面是开启查询日志的命令：

```
mysql> set global general_log=on;;
```

执行该命令后，MySQL服务器将开始记录所有客户端连接执行的语句，并将其保存到指定的日志文件中。查询日志文件的位置可以通过在MySQL配置文件中设置相应的参数来指定。

查询日志文件可以使用文本编辑器或者命令行工具进行查看和分析。下面是一个查询日志文件的示例：

```
2019-01-01 00:00:00    2    Query    SELECT * FROM users WHERE id=1;
2019-01-01 00:00:01    3    Query    UPDATE users SET name='Tom' WHERE id=2;
2019-01-01 00:00:02    4    Query    DELETE FROM users WHERE id=3;
```

以上示例展示了三条记录，分别对应了一次SELECT查询、一次UPDATE更新和一次DELETE删除操作。每条记录包含了时间戳、客户端连接ID、操作类型和执行语句等信息。

通过分析查询日志文件，我们可以了解哪些语句被执行得最频繁，哪些语句执行时间最长，哪些语句执行出现了错误等情况。这些信息有助于我们优化SQL语句和提高MySQL服务器的性能。

12.2.4 慢查询日志

慢查询日志(slow query log)是 MySQL 数据库中的一个重要功能，它可以记录执行时间超过指定时间的查询语句。在 SQL 优化过程中，慢查询日志是一个非常有用的工具。通过分析慢查询日志，我们可以找出执行效率低、耗时严重的查询语句，从而优化数据库的性能。

慢查询日志的开启和配置非常简单，只需要在 MySQL 配置文件中设置相应的参数即可。一般来说，我们会将执行时间超过 1 秒的查询语句记录到慢查询日志中。当然，这个时间可以根据实际情况进行调整。

通过慢查询日志，我们可以找出哪些查询语句执行效率低下，从而进行优化。例如，我们可以对这些查询语句进行索引优化、SQL 重构等操作，以提高其执行效率。此外，慢查询日志还可以帮助我们发现一些潜在的问题，例如表锁定、死锁等。

在使用慢查询日志时，需要注意以下几点。

(1) 慢查询日志会占用一定的磁盘空间，因此需要定期清理。

(2) 慢查询日志只记录执行时间超过指定时间的查询语句，因此并不是所有的查询语句都会被记录下来。

(3) 慢查询日志记录的是SQL语句本身以及执行时间等信息，而不包括执行计划等信息。

除慢查询日志外，还有一些其他的工具可以帮助我们进行 SQL 优化。例如 Explain 工具可以分析 SQL 查询语句的执行计划，从而找出可能存在的问题。同时，我们还可以使用 MySQL 自带的性能分析工具 Performance Schema，进行更加深入的性能分析。

总之，慢查询日志是 MySQL 中非常有用的一个功能。通过分析慢查询日志，我们可以找出数据库中存在的性能问题，并进行针对性的优化。同时，在使用慢查询日志时，需要注意其可能占用的磁盘空间以及记录的信息范围等问题。

为了考虑性能方面的因素，一般只有在排查慢SQL或者调试参数时才会开启慢查询日志。默认情况下，慢查询日志功能是关闭的。可以使用以下命令来检查慢查询日志是否已开启：

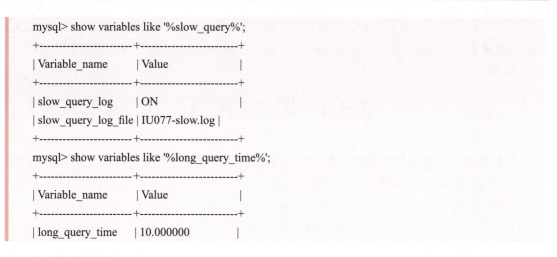

12.2.5 错误日志

MySQL的错误日志是一种非常重要的工具,它主要用于记录MySQL服务器的启动和停止时间,以及诊断和错误信息。此外,错误日志还可以记录MySQL服务器的启动和停止时间,这对于系统管理员来说非常有用。

在MySQL的错误日志中,可以看到很多不同类型的错误信息。例如,当MySQL无法连接到数据库时,就会在错误日志中记录相应的错误信息。另外,如果MySQL在执行某个操作时出现了问题,也会在错误日志中记录相应的错误信息。这些错误信息可以帮助管理员快速地定位问题,并进行相应的修复。

除了记录错误信息,MySQL的错误日志还可以记录MySQL如何启动InnoDB表空间文件、初始化存储引擎和缓冲池等过程。这些信息对于系统管理员来说也非常有用,因为它们可以帮助管理员更好地了解MySQL服务器的运行情况。

默认情况下,MySQL的错误日志是开启的。如果想关闭错误日志,可以通过在my.cnf文件中设置log_error参数来实现,将log_error参数设置为"/dev/null",这样所有的错误信息都会被重定向到/dev/null文件中。

在使用MySQL时,我们应该始终保持错误日志的开启状态,并且定期地查看错误日志中的信息,以便及时发现和解决问题。

可以通过show variables like '%log_error%'命令查看。

```
mysql> show variables like '%log_error%';
+-----------------------------+------------------------------------------+
| Variable_name               | Value                                    |
+-----------------------------+------------------------------------------+
| binlog_error_action         | ABORT_SERVER                             |
| log_error                   | .\IU077.err                              |
| log_error_services          | log_filter_internal; log_sink_internal   |
| log_error_suppression_list  |                                          |
| log_error_verbosity         | 2                                        |
+-----------------------------+------------------------------------------+
```

其中，log_error是定义是否启用错误日志的功能和错误日志的存储位置，可以修改/etc/my.cnf配置文件，添加参数log_error=/home/keduw/mysql/mysql.err指定错误日志的路径。

12.3　思考和练习

1. 什么是MySQL备份？为什么备份数据库是很重要的？
2. 列举一些常见的MySQL备份方法。
3. 如何使用mysqldump命令备份MySQL数据库？
4. 怎样恢复使用mysqldump备份的MySQL数据库？
5. 什么是MySQL二进制日志？它们的作用是什么？
6. 如何启用和配置MySQL二进制日志？
7. 如何查看和分析MySQL二进制日志文件？
8. 如何使用二进制日志进行故障恢复？
9. 什么是MySQL重做日志(redo log)？它们的作用是什么？
10. 如何启用和配置MySQL事务日志？

第 13 章

PHP 与 MySQL 数据库编程

PHP和MySQL是两个非常流行的编程工具，在数据库开发和管理领域广泛应用。作为一种服务器端脚本语言，PHP提供了强大的功能和灵活性，而MySQL则是一个可靠、高效的开源关系数据库系统。

这两个工具的结合使得开发人员能够轻松地连接到MySQL数据库，并进行各种数据操作，如数据的插入、查询、更新和删除等。PHP与MySQL的默契配合使得开发人员能够处理复杂的业务逻辑，有效地管理用户输入、存储和检索数据，构建出高性能、可扩展的动态网页、应用程序和交互式网站。PHP提供了丰富的函数和扩展，使得开发人员能够更加轻松地处理各种数据操作。例如，PHP中的mysqli扩展提供了一组面向对象的API，使得开发人员能够更加方便地连接到MySQL数据库，并进行各种数据操作。此外，PHP还提供了PDO扩展，它是一个通用的数据库抽象层，可以支持多种数据库系统，包括MySQL、Oracle、PostgreSQL等。

MySQL作为一个开源的关系数据库系统，具有很高的可靠性和性能。它支持大规模数据存储和高并发访问，并且具有良好的扩展性。MySQL还支持多种数据类型和索引类型，使得开发人员可以更加灵活地设计和管理数据库。PHP和MySQL的组合在数据库开发和管理领域具有广泛的应用。无论是构建简单的登录系统还是开发庞大的电子商务平台，PHP和MySQL都为开发人员提供了强大的工具，助力他们开发出优质、可靠的数据库应用。因此，掌握PHP和MySQL成了现代软件开发人员必备的技能之一。

13.1 PHP编程基础

PHP是一种服务器端脚本语言，其全称为超文本预处理器(Hypertext Preprocessor)。它可以嵌入HTML，运行于跨平台环境中。PHP语法独特，融合了C语言、Java语言和Perl语言的特点，因此被广泛应用于开源多用途的脚本编程领域，尤其在Web开发方面表现出色。PHP最初由拉斯马斯·勒德尔夫(Rasmus Lerdorf)开发，它的前身是Personal Home Page工具集，旨在帮助Web开发者快速创建动态Web页面。随着时间的推移，PHP逐渐演化成为一种强大的服务器端脚本语言，支持各种数据库和操作系统。

PHP被广泛应用于Web开发领域，它可以用来处理表单数据、生成动态页面、管理会话、访问数据库等。PHP还支持各种Web服务协议，如SOAP、XML-RPC和RESTful等。

PHP的优点在于它易于学习和使用，同时它也是一种高效的编程语言。PHP代码可以嵌入HTML中，这使得Web开发人员可以很容易地创建动态页面。此外，PHP还支持各种数据库和操作系统，这使得它成为一种非常灵活的编程语言。

13.1.1 PHP标记符

PHP标记符是一种语法结构，用于标识PHP代码的开头和结尾。它的主要作用是让Web服务器能够识别PHP代码，并将其解释执行。在PHP标记符之间的文本会被视为PHP代码进行解释，而标记符之外的文本则被视为普通的HTML内容。

PHP标记符的语法结构非常简单，只需要在PHP代码的开头和结尾加上特定的标记符即可。一般来说，PHP标记符的开头和结尾分别为"<?php"和"?>"，其中"php"可以替换成其他自定义的字符串。在使用PHP标记符时，需要注意以下几点。

首先，PHP标记符必须被正确地嵌套使用。也就是说，在一个PHP标记符内部不能再嵌套另一个PHP标记符。否则，会导致程序出错或无法正常执行。其次，PHP标记符的开头和结尾必须位于同一行上。否则，会导致程序出错或无法正常执行。最后，PHP标记符必须被正确地放置在HTML文档中。一般来说，PHP代码应该放置在HTML文档的<body>标签内部，这样才能正确地与HTML文档进行交互。

除基本的语法结构外，PHP标记符还有一些高级用法。例如，可以使用echo语句将输出内容发送到客户端浏览器上；可以使用include和require语句将其他PHP文件包含到当前文件中；还可以使用if、for等控制语句实现条件判断和循环操作等功能。

- XML风格：

```
<?php
echo "这是标准风格的标记";
?>
```

- 脚本风格：

```
<script   language="php">
echo '这是脚本风格的标记';
</script>
```

- 简短风格：

```
<?
echo "这是简短风格的标记";
?>
```

- ASP风格：

```
<%
echo "这是ASP风格的标记";
%>
```

13.1.2 PHP注释

程序注释可以被视为对代码的解释和说明，通常放置在代码上方或末尾。使用程序注释不仅可以提升代码的可读性，还有助于后续的代码维护工作。注释部分在代码执行时会被解释器忽略，因此不会对程序的执行产生影响。PHP语言支持以下三种风格的程序注释。

(1) 单行注释：以双斜线(//)开头，注释内容位于斜线后方，可用于单行注释或在代码行的末尾添加注释。 例如：

```
// 这是一个单行注释
$x = 5; // 设置变量$x的值为5
```

(2) 多行注释：以斜线和星号(/)开头，以星号和斜线(/)结尾，注释内容位于两个符号之间。可用于多行注释或注释大块的代码。 例如：

```
/*
这是一个多行注释
可以跨越多行
*/


/*
 * 这也是一个多行注释
 * 适合注释大段的代码
 */
```

(3) 文档注释：以斜线和两个星号(/**)开头，以星号和斜线(*/)结尾，注释内容位于两个符号之间。文档注释通常用于为类、函数或方法提供详细的文档说明，并遵循特定的注释格式规范，如PHPDoc。它们可以包含参数说明、返回值说明、用法示例等。 例如：

```
/**
 * 这是一个示例函数
 *
 * @param int $x 参数x(整数类型)
 * @return int 返回计算结果(整数类型)
 */
function exampleFunction($x) {
    return $x * 2;
}
```

13.1.3　PHP语句和语句块

　　PHP程序是一种用于服务器端编程的脚本语言，由一条或多条PHP语句构成。每条语句都以英文分号";"结束，这种语法风格类似于C语言。PHP程序可以用于处理网页表单、生成动态页面、访问数据库等多种应用场景。

　　在PHP程序中，如果多条PHP语句之间存在着某种联系，可以使用花括号"{"和"}"将这些PHP语句包含起来形成一个代码块。这种代码块可以用于定义函数、循环结构、条件语句等复杂的程序逻辑。在代码块中，可以使用变量、常量、运算符、函数等多种语言元素来实现所需的功能。

　　PHP程序的执行过程是由服务器端完成的。当用户访问包含PHP程序的网页时，服务器会解析PHP程序并执行其中的语句。执行结果会被转换为HTML代码并返回给用户，用户在浏览器中看到的页面就是由PHP程序生成的。

　　PHP程序具有良好的可移植性和可扩展性。它可以运行在多种操作系统上，包括Windows、Linux、UNIX等。同时，PHP程序可以与其他编程语言(如JavaScript、HTML、CSS等)结合使用，实现更加复杂的应用场景。

　　当需要多条PHP语句组成一个代码块时，可以使用花括号"{"和"}"将它们包裹起来。这样的代码块通常用于控制流语句(如条件语句和循环语句)或函数和方法的定义。

示例一：使用花括号将多条PHP语句组成一个代码块。

```php
if ($condition) {
    // 执行语句1
    // 执行语句2
    // ...
} else {
    // 执行语句3
    // 执行语句4
    // ...
}
```

示例二：函数或方法的定义，其中花括号将函数体包裹起来。

```php
function myFunction() {
    // 函数的语句1
    // 函数的语句2
}
class MyClass {
    public function myMethod() {
        // 方法的语句1
        // 方法的语句2
    }
}
```

　　语句块一般不会单独使用，只有在和条件判断语句、循环语句、函数等一起使用时，语句块才会有意义。

13.1.4　PHP的数据类型

PHP是一种弱类型的编程语言，这意味着在使用变量时不需要预先声明变量的数据类型。这使得PHP的编写过程更加简便，但也需要开发人员对变量类型进行更加谨慎的处理。

PHP支持多种数据类型，包括整数、浮点数、布尔值、字符串、数组、对象和空值。其中，整数是一种没有小数点的数字类型，可以是正数、负数或零。浮点数则是一种带有小数点的数字类型，也可以是正数、负数或零。布尔值只有两个取值：true和false，用于表示逻辑真和逻辑假。字符串是一种包含文本字符的数据类型，可以是单引号或双引号括起来的文本。

PHP中的数组是一个非常强大的数据类型，它可以存储多个值，并且可以按照键值对的方式进行访问。对象是一种由类定义的自定义数据类型，它包含属性和方法。空值表示一个变量没有被赋值，它在PHP中被表示为NULL。

除了这些常见的数据类型，PHP还支持其他一些特殊的数据类型，例如资源和回调函数。资源是一种表示外部资源(如文件或数据库连接)的数据类型，而回调函数则是一种可以作为参数传递给其他函数的函数。

在使用PHP时，开发人员需要根据具体的应用场景选择合适的数据类型，并且对变量类型进行正确的处理，这样才能保证程序的正确性和稳定性。同时，开发人员还需要了解PHP中各种数据类型的特点和用法，才能更好地应对各种编程需求。

以下是PHP中常见的数据类型。

1. 标量数据类型

标量数据类型是计算机科学中最基本的数据类型之一，它们只能存储一个单一的值。在PHP编程语言中，标量数据类型包括四种：整数、浮点数、布尔值和字符串，其说明如表13-1所示。

表13-1　标量数据类型

类型	说明
boolean(布尔值)	这是最简单的类型，只有两个值，即真值(true)和假值(false)
string(字符串)	字符串就是连续的字符序列，可以是计算机能表示的一切字符的集合
integer(整数)	整型数据类型只能包含整数，可以是正整数或负整数
float(浮点数)	浮点数据类型用来存储数字，和整型不同的是它有小数位

2. 复合数据类型

复合数据类型是一种将多个简单数据类型组合在一起，存储在一个变量名中的数据类型。它包括两种形式，即数组和对象。

数组是PHP中最常用的复合数据类型之一。它可以存储多个值，并通过索引或关联键访问这些值。在PHP中，数组可以是索引数组或关联数组。索引数组使用数字索引来访问元素，而关联数组使用字符串键来访问元素。例如，以下代码创建了一个索引数组和一个关联数组：

```
$fruits = array("apple", "orange", "banana");
$prices = array("apple" => 0.99, "orange" => 1.25, "banana" => 0.50);
```

对象是PHP中另一个重要的复合数据类型。对象是由属性和方法组成的数据结构，它可以封装数据和行为。在PHP中，对象是通过类来创建的。类是一个模板，它定义了对象的属性和方法。以下代码创建了一个名为Person的类：

```
class Person {
  public $name;
  public $age;

  function __construct($name, $age) {
    $this->name = $name;
    $this->age = $age;
  }

  function greet() {
    echo "Hello, my name is " . $this->name . " and I am " . $this->age . " years old.";
  }
}

$person = new Person("John", 30);
$person->greet();
```

3. 特殊数据类型

特殊数据类型包括两种，即资源和空值。

资源类型是一种用于表示系统中的外部资源或对象的数据类型。它可以包括文件、数据库连接、网络套接字等。资源类型通常需要在使用后进行显式释放，以确保系统资源的正确管理和回收。例如，在访问文件时，可以打开文件资源，并在使用完毕后关闭该资源，以防止资源泄露。

例如，以下代码创建了一个MySQL数据库连接：

```
$conn = mysqli_connect("localhost", "username", "password", "database");
```

空值类型是一种表示缺少有效值的数据类型。它通常用于表示变量未初始化、函数没有返回值或者表达式无效等情况。在许多编程语言中，空值类型有不同的表示方式，如null、nil、none等。通过将变量设置为空值，可以在程序中明确地表示该变量当前没有有效的值。

例如：

```
$var = NULL;
if (is_null($var)) {
  echo "The variable is NULL.";
}
```

这两种特殊的数据类型对于程序的正确性和资源管理都非常重要。资源类型的正确释放可以避免内存泄漏和其他资源相关的问题，而空值类型的使用可以处理缺失值和错误情况，从而提高程序的稳定性和可靠性。

4. 检测数据类型

PHP内置了一些函数用于检测数据类型。可以对不同类型的数据进行检测，判断其是否属于某个类型。表13-2所示是一些常用的函数。

表13-2　检测数据类型的常用函数

函数信息	说明
is_bool	检测变量是否为布尔类型
is_string	检测变量是否为字符串类型
is_float/is_double	检测变量是否为浮点类型
is_integer/is_int	检测变量是否为整数
is_null	检测变量是否为null
is_array	检测变量是否为数组类型
is_object	检测变量是否为一个对象类型
is_numeric	检测变量是否为数字或由数字组成的字符串

除了以上这些函数，还有一些其他的函数可以用于检测数据类型。例如，gettype()函数可以获取一个变量的数据类型，并返回该数据类型的字符串表示形式。

在PHP中，检测数据类型非常重要。正确地检测数据类型可以避免一些常见的错误，并且可以提高代码的可读性和可维护性。因此，在编写PHP代码时，请务必注意数据类型的检测，并使用适当的函数来确保数据类型的正确性。

13.1.5　PHP数据的输出

在 PHP 中，print 和 echo 是两个常用的内置函数，用于将输出发送到浏览器或命令行。虽然它们都可以完成相同的任务，但是它们之间还是存在一些区别。

```
print "输出当前的日期和时间：";
echo date("Y-m-d H:i:s");
```

它们的主要区别如下。

(1) 语法：print 是一个打印函数，可以像这样使用：

```
print expression;
```

而 echo 是一个函数，可以使用以下两种语法：

```
echo expression;
echo(expression);
```

(2) 返回值：print 返回值为1，表示成功。而 echo 没有返回值。

(3) 输出内容：print 在输出之前会将表达式转换为字符串，并输出该字符串。echo 直接输出一个或多个逗号分隔的表达式，不需要转换为字符串。

(4) 多个参数：echo 可以一次性输出多个参数，例如：echo "Hello", "World";。而 print 只能输出单个参数。

(5) 使用上的灵活性：由于 echo 是一个函数，因此可以在表达式中使用(例如：echo ($x + $y);)，也可以与其他函数嵌套使用。而 print 不能在表达式中使用，也不能像 echo 那样以函数的形式嵌套使用。

print 和 echo 都是非常实用的 PHP 函数，可以将数据输出到浏览器或命令行。在选择使用哪个函数时，应该根据具体情况来决定。如果只需要输出一个值，可以使用 print；如果需要输出多个值或者需要更高的性能，则应该选择 echo。

13.1.6　PHP编码规范

编码规范是软件开发过程中非常重要的一环。它是一种统一的编程风格，通过整合开发人员长期积累的经验而形成。遵循编码规范可以带来许多效益，尤其在团队开发或二次开发中更加明显。编码规范并非强制性规则，而是一份总结性的说明和介绍。考虑到项目的长远发展和团队的效率，遵守编码规范是非常必要的。

1. 使用PSR-2标准

PHP FIG制定了PSR-2代码规范，包括使用4个空格缩进、每行最多80个字符、使用UNIX换行符等。遵循该标准可以使代码更加易读、易维护。

2. 命名约定

使用驼峰命名法(CamelCase)来命名变量、函数和类。变量和函数应该以小写字母开头，而类名应该以大写字母开头。这样可以使命名更加清晰明了，易于理解。

3. 注释

为代码添加必要的注释，解释代码的功能、用途和实现方式。特别是对于复杂的算法或不太容易理解的部分，注释可以帮助其他人更好地理解代码。

4. 括号和空格

在控制结构(如if、for、while等)的条件和代码块之间加上空格，并且始终使用大括号来定义代码块，即使只有一行代码。这样可以使代码更加易读、易维护。

5. 函数和方法

函数和方法应该尽可能小而简洁，每个函数应该只负责一个具体的任务。同时，函数和方法的命名应该清晰明了，能够准确描述其功能。

6. 错误处理

应该始终进行错误处理并提供适当的错误消息。可以使用try-catch块来捕获异常，并使用合适的日志记录工具记录错误信息。

7. 引用外部代码

如果需要使用第三方库或框架,应该遵循其官方提供的编码规范和最佳实践。这样可以避免因为编码规范不一致而出现问题。

8. 代码重用

尽量避免重复代码,可以将常用的功能封装成函数或类,并在需要时进行调用。这样可以提高代码的复用性和可维护性。

9. 文件和目录结构

按照项目规模和需求,合理组织代码文件和目录结构,使其易于管理和维护。这样可以提高代码的可读性和可维护性。

10. 编码风格一致性

无论选择哪种编码规范,最重要的是始终保持一致性。所有开发人员都应该遵循相同的规范,以便代码具有一致的风格和可读性。这样可以提高团队协作效率,减少因为风格不一致而出现的问题。

13.2 PHP函数

PHP是一种流行的服务器端脚本语言,它提供了许多内置函数,用于执行常见的任务和操作。这些函数可用于处理字符串、日期和时间、数组、文件操作、数据库连接等各种任务。

13.2.1 PHP内建函数

PHP内建函数是指在PHP编程语言中,已经预先定义好的函数库,这些函数可以直接使用,而无须进行额外的编写或者导入。这些内建函数可以帮助开发者更加高效地完成各种任务,从而提高开发效率。

PHP内建函数库包含了众多函数(见表13-3至表13-7),这些函数可以完成各种不同的任务,例如字符串操作、数组操作、文件操作等。其中一些函数的用法和参数可能比较复杂,但是掌握它们可以使开发者更加灵活地运用PHP语言完成各种任务。

表13-3 字符串函数

函数信息	说明
strlen()	返回字符串的长度
strpos()	在字符串中查找子字符串的位置
substr()	返回字符串的子串
strtolower()	将字符串转换为小写

表13-4 数组函数

函数信息	说明
count()	返回数组中元素的个数
array_push()	向数组末尾添加一个或多个元素
array_pop()	从数组末尾移除并返回最后一个元素
array_merge()	合并一个或多个数组

表13-5 文件函数

函数信息	说明
fopen()	打开文件或URL
fwrite()	将数据写入文件
fread()	从文件中读取数据
fclose()	关闭打开的文件

表13-6 日期和时间函数

函数信息	说明
date()	格式化日期和时间
time()	返回当前的UNIX时间戳
strtotime()	将文本日期转换为UNIX时间戳
mktime()	返回指定日期的UNIX时间戳

表13-7 数据库函数

函数信息	说明
mysqli_connect()	连接到MySQL数据库
mysqli_query()	执行数据库查询
mysqli_fetch_array()	从结果集中获取一行作为关联数组、数字数组或两者兼有
mysqli_connect()	连接到MySQL数据库

13.2.2 PHP用户定义函数

函数是一种编程结构，用于封装可重复使用的代码块。除内建的PHP函数外，可以创建函数来实现特定的功能。

在PHP中，通过使用关键字function来定义一个函数。函数可以包含一系列的语句和算法，用于完成特定的任务。当需要执行函数时，可以通过函数名加上括号来调用该函数。

以下是一个简单的示例，演示如何定义和调用一个自定义函数：

```
function add($a, $b) {
    return $a + $b;
}
$result = add(1, 2);
echo $result; // 输出 3
```

为了给函数添加更多的功能，添加参数以及返回值。

参数就在函数名称后面的一个括号内指定，下面是一个PHP函数的示例，它接受两个参数并返回它们的和：

```php
function add_numbers($a, $b) {
    $sum = $a + $b;
    return $sum;
}
$result = add_numbers(5, 3);
echo $result; // 输出：8
```

在上述示例中，add_numbers 函数有两个参数 $a 和 $b。函数将这两个参数相加，并将结果存储在变量 $sum 中。最后，使用 return 语句返回计算得到的和。将数字 5 和 3 作为参数传递给 add_numbers 函数，并将返回的结果存储在变量 $result 中。然后使用 echo 语句打印出结果 8。

除上面的示例外，还可以定义更加复杂的函数，例如用于处理字符串、数组、文件等操作的函数。在编写函数时，需要注意以下几点。

(1) 函数名应该具有描述性，能够清晰地表达该函数的作用。
(2) 函数应尽可能地独立，不依赖于外部变量或状态。
(3) 函数应该具有良好的输入输出规范，能够清晰地表达参数和返回值的类型和含义。
(4) 函数应该具有良好的错误处理机制，能够处理各种异常情况。

在使用自定义函数时，需要注意以下几点。

(1) 函数名和参数名应该与定义时一致。
(2) 参数类型和个数应该与定义时一致。
(3) 返回值类型和含义应该与定义时一致。
(4) 如果函数抛出异常，则需要进行适当的处理。

总之，自定义函数是 PHP 编程中非常重要的一部分，能够提高代码的可读性、可维护性和可重用性。在编写和使用自定义函数时，需要遵循一定的规范和标准，以确保代码的质量和可靠性。

13.3 数组的使用

数组(Array)，即数据的组合，指将一组数据(多个)存储到一个指定的容器中，用变量指向该容器，然后可以通过变量一次性得到该容器中的所有数据。PHP中的数组是一种非常强大和灵活的数据结构，它允许在单个变量中存储多个值。在PHP中，数组可以包含不同类型的值，如字符串、整数、浮点数、布尔值、对象等。

PHP中的数组有两种类型：索引数组和关联数组。索引数组是指使用数字作为键名的数组，而关联数组则是指使用字符串作为键名的数组。可以使用多种方式来创建和操作这两种类型的数组。

13.3.1 数组定义语法

PHP中的数组是一种多功能的数据结构，用于存储和操作数据。数组定义的语法非常灵活，允许开发人员以多种方式组织数据。最常见的数组类型包括以下几种。

- 索引数组：使用数字索引，通常用于列表或集合。
- 关联数组：使用字符串键与值关联，用于创建具有描述性标签的数据。
- 混合数组：可以同时包含索引和关联元素。
- 多维数组：用于构建复杂的数据结构。数组还可以通过简化的语法(如方括号)进行快速定义。此外，PHP提供了丰富的数组操作函数，可用于添加、删除、修改和遍历数组元素。无论是处理简单的数据列表还是构建复杂的数据结构，PHP数组的灵活性和强大功能使其成为PHP编程的核心元素之一。

在PHP中，系统提供多种定义数组的方式，下面列举常用的几种。

(1) 使用array()函数：这是最常用的一种方式。可以使用array()函数来创建一个数组，并在括号中添加任意数量的元素，每个元素之间用逗号分隔。基本语法为：

```
$my_array = array('1', 2, 'apple');
```

(2) 使用[ ]语法：这是PHP 5.4及以上版本支持的一种新语法。可以使用[ ]来创建一个数组，并在括号中添加任意数量的元素，每个元素之间用逗号分隔。基本语法为：

```
$my_array = ['1', 2, 'apple'];
```

(3) 使用range()函数：如果需要创建一个连续的数字数组，可以使用range()函数。这个函数接受三个参数：起始值、结束值和步长。基本语法为：

```
$my_array = range(1, 10, 2);   //生成1，3，5，7，9
```

(4) 使用关联数组：关联数组是指使用字符串作为键名的数组。可以使用array()函数或[ ]语法来创建一个关联数组。基本语法为：

```
$my_array = array('name' => 'Tom', 'age' => 30, 'gender' => 'male');
//或者
$my_array = ['name' => 'Tom', 'age' => 30, 'gender' => 'male'];
```

(5) 混合数组：PHP允许在同一个数组中混合索引和关联元素。基本语法为：

```
$mixedArray = array(1, "apple", "color" => "red", 2, "banana");
```

(6) 多维数组：多维数组是包含一个或多个子数组的数组。基本语法为：

```
$matrix = array(
    array(1, 2, 3),
    array(4, 5, 6),
    array(7, 8, 9)
);
```

(7) 空数组：可以通过以下方式创建一个空数组。基本语法为：

```
$emptyArray = array();
// 或者使用简化语法
$emptyArray = [];
```

PHP提供了多种方式来定义数组，用户可以根据不同的需求选择不同的方式。

13.3.2 数组特点

PHP数组具有灵活性、可扩展性、索引和关联、丰富的数组函数和多维数组等特点，这些特点使得PHP数组在处理动态数据和复杂数据结构时更加方便和高效。与其他编程语言相比，PHP的数组功能更加强大和灵活。

（1）灵活性：PHP数组可以包含不同类型的值，如字符串、整数、浮点数、布尔值、对象等，而且可以在单个变量中存储多个值。这使得PHP数组非常灵活，可以适用于各种不同的应用场景。与其他编程语言相比，PHP数组更加灵活。

（2）可扩展性：PHP数组可以动态添加或删除元素，这使得它们非常适合用于处理动态数据。可以使用array_push()、array_pop()、array_shift()、array_unshift()等函数来添加或删除数组元素。与其他编程语言相比，PHP数组可扩展性更强。

（3）索引和关联：PHP数组支持两种类型，即索引数组和关联数组。索引数组是指使用数字作为键名的数组，而关联数组则是指使用字符串作为键名的数组。用户可以根据不同的需求选择不同的数组类型。

（4）数组函数：PHP提供了许多函数来处理数组，如count()、sort()、array_merge()、array_slice()等。这些函数可以帮助用户对数组进行排序、搜索、过滤、合并等操作，提高了开发效率。与其他编程语言相比，PHP的数组函数更加丰富。

（5）多维数组：PHP还支持多维数组，即在一个数组中嵌套另一个数组。这可以处理更加复杂的数据结构，如二维表格等。

（6）动态性：PHP数组是动态的，可以根据需要随时添加、删除和修改元素，无须预先指定大小。这种灵活性使其适用于各种数据操作。

注意：PHP中的数组是很庞大的数据结构，所以存储的位置在堆区，会为当前数组分配一块连续的内存空间。

13.3.3 多维数组

在PHP中，多维数组是指在一个数组中嵌套另一个数组，也就是说，一个数组的元素可以是另一个数组。可以使用以下两种方式来创建多维数组。

（1）直接创建：可以在数组中嵌套另一个数组，从而创建一个多维数组。基本语法为：

```
$my_array = array(
    array('apple','banana','orange'),
    array('red','green','blue'),
```

```
        array('dog','cat','bird')
);
```

上述代码创建了一个3×3的二维数组，其中每个元素都是一个包含三个元素的一维数组。

(2) 逐个添加：可以先创建一个空的多维数组，然后逐个添加元素。基本语法为：

```
$my_array = array();
$my_array[0][0] = 'apple';
$my_array[0][1] = 'banana';
$my_array[0][2] = 'orange';
$my_array[1][0] = 'red';
$my_array[1][1] = 'green';
$my_array[1][2] = 'blue';
$my_array[2][0] = 'dog';
$my_array[2][1] = 'cat';
$my_array[2][2] = 'bird';
```

上述代码也创建了一个3×3的二维数组，其中每个元素都是一个包含三个元素的一维数组。

在访问多维数组时，可以使用嵌套的索引来访问各个元素。例如，要访问上述示例中的第二行第三列的元素，可以使用以下代码：

```
echo $my_array[1][2];    //输出blue
```

PHP的多维数组非常强大和灵活，并且多维数组没有维度限制，可以处理各种不同类型的数据结构，但是不建议使用超过三维以上的数组，会增加访问的复杂度，降低访问效率。

13.3.4 数组的遍历

普通数组数据的访问都是通过数组元素的下标来实现访问的，如果说数组中所有的数据都需要依次输出出来，就需要使用到一些简化的规则来实现自动获取下标以及输出数组元素。在PHP中，可以使用多种方式来遍历数组，以下是其中几种常用的方式。

(1) for循环。使用for循环可以遍历索引数组，例如：

```
$my_array = array('apple', 'banana', 'orange');
for ($i = 0; $i < count($my_array); $i++) {
    echo $my_array[$i]. "<br>";
}
```

(2) foreach循环。使用foreach循环可以遍历索引数组和关联数组，例如：

```
$my_array = array('name' => 'Join', 'age' => 30, 'gender' => 'male');
foreach ($my_array as $key => $value) {
    echo "Key: " . $key . ", Value: " . $value . "<br>";
}
```

(3) while循环。使用while循环也可以遍历索引数组，例如：

```
$my_array = array('apple', 'banana', 'orange');
$i = 0;
while ($i < count($my_array)) {
    echo $my_array[$i] . "<br>";
    $i++;
}
```

(4) do-while循环。使用do-while循环也可以遍历索引数组，例如：

```
$my_array = array('apple', 'banana', 'orange');
$i = 0;
do {
    echo $my_array[$i] . "<br>";
    $i++;
} while ($i < count($my_array));
```

无论使用哪种方式，遍历数组都是常见和重要的操作，它可以对数组中的元素进行处理和操作。在实际开发中，需要根据具体的需求选择合适的遍历方式。

13.3.5　数组操作的相关函数

PHP数组是一种非常实用和灵活的数据类型，而PHP数组函数则是对数组进行操作和处理的重要工具。这些函数可以对数组进行计算、排序、添加、删除、合并、搜索、过滤等操作，从而实现各种不同的功能。使用这些函数可以提高开发效率，减少编写代码的工作量，并且使得程序更加简洁、可读性更高。总的来说，PHP数组函数是PHP编程语言的重要组成部分，也是PHP开发者必须掌握的基本技能之一，表13-8列出了常用的数组函数。

表13-8　常用的数组函数

函数信息	说明
array_shift( )	弹出数组中的第一个元素
array_unshift( )	在数组的开始处压入元素
array_push( )	向数组的末尾处压入元素
array_pop( )	弹出数组末尾的最后一个元素
current( )	读出指针当前位置的值
key( )	读出指针当前位置的键
next( )	指针向下移
prev( )	指针向上移
reset( )	指针到开始处
end( )	指针到结束处
array_combine( )	生成一个数组，用一个数组的值作为键名，另一个数组值作为值
range( )	创建并返回一个包含指定范围的元素的数组
compact( )	创建一个由参数所带变量组成的数组
array_fill( )	用给定的值生成数组
array_chunk( )	将一个数组分割成多个数组块，每个数组块包含指定数量的元素
array_merge( )	将两个或或多个数组合并为一个数组

使用这些函数可以极大地提高开发效率,同时也使得PHP成为一种非常强大和实用的编程语言。掌握这些函数是PHP开发者必不可少的技能之一。

13.3.6　PHP数组操作案例

1. 创建数组

创建一个新的PHP数组,用于存储一组数据。数组可以包含不同类型的元素,例如字符串、数字、布尔值等。

```
$fruits = array("apple", "banana", "cherry");
```

或使用简化语法:

```
$fruits = ["apple", "banana", "cherry"];
```

2. 添加元素

向数组末尾添加一个新元素。通过将值赋给数组未定义的索引,可以动态扩展数组的大小。

```
$fruits[] = "orange";              // 添加元素到末尾
```

3. 访问元素

使用索引值来访问数组中的特定元素。索引从0开始,表示第一个元素,以此类推。

```
$firstFruit = $fruits[0];          // 访问第一个元素
```

4. 修改元素

使用数组的索引,可以更改特定元素的值。这对于更新数组中的数据非常有用。

```
$fruits[1] = "grape";              // 修改第二个元素的值
```

5. 删除元素

使用unset函数可以从数组中删除指定索引的元素。删除后,数组的大小会减小。

```
unset($fruits[2]);                 // 删除第三个元素
```

6. 计算数组长度

使用count函数可以获取数组中元素的数量,也就是数组的长度。

```
$count = count($fruits); // 计算数组长度
```

7. 遍历数组

遍历数组是指逐个访问数组中的每个元素。使用foreach循环可以轻松遍历数组，无须知道数组的大小。

```php
foreach ($fruits as $fruit) {
    echo $fruit . " ";
}
```

获取键和值：

```php
foreach ($fruits as $key => $value) {
    echo "Key: " . $key . ", Value: " . $value . " ";
}
```

8. 检查元素是否存在

使用in_array函数可以检查数组中是否存在特定的值，这对于查找数组中的元素非常有用。

```php
if (in_array("apple", $fruits)) {
    echo "Apple exists in the array.";
}
```

9. 合并数组

使用array_merge函数可以将两个或多个数组合并成一个新数组。合并后的数组包含了所有输入数组的元素。

```php
$moreFruits = ["kiwi", "melon"];
$combined = array_merge($fruits, $moreFruits);
```

10. 按值排序

使用sort函数可以按升序对数组中的元素进行排序，这会改变数组的顺序，使其按照字母或数字的顺序排列。

```php
sort($fruits);                          // 按升序排序
```

13.4　PHP面向对象程序设计

PHP中的面向对象编程是一种编程范式，它将代码组织为对象，每个对象包含数据和操作数据的方法。本节主要介绍面向对象编程的主要概念，包括面向对象编程的特点、类和对象等内容。

13.4.1 面向对象编程的特点

面向对象编程具有以下特点。

(1) 封装性：封装是将对象的状态和行为包装在一起，以避免外部代码直接访问和修改对象的内部状态。在PHP中，可以使用public、private和protected关键字来定义属性和方法的访问级别，以实现封装。

(2) 继承性：继承是一种机制，允许创建一个新类，从现有类中继承属性和方法。在PHP中，可以使用extends关键字来创建继承关系，并使用parent关键字调用父类的方法。

(3) 多态性：多态性是一种机制，它允许不同的对象对同一个方法做出不同的响应。在PHP中，可以使用多态性来实现方法重写和方法重载。

(4) 抽象性：抽象是一种机制，它允许定义抽象类和抽象方法，用于描述对象的通用特征和行为。在PHP中，可以使用abstract关键字来定义抽象类和抽象方法。

(5) 接口性：接口是一种特殊的抽象类，它定义了一组公共方法，用于描述对象的行为。在PHP中，可以使用interface关键字来定义接口，并使用implements关键字实现接口。

面向对象编程提供了一种更加模块化、可重用和易于扩展的编程方式，使代码更加清晰、简洁和易于维护。

13.4.2 类

在PHP中，类是一种用户自定义的数据类型，它定义了一组属性和方法，用于描述对象的行为和特征。类是面向对象编程的基本概念之一，它将代码组织为可重用的模块，并提供了封装、继承和多态性等重要特性。

要定义一个类，可以使用class关键字，后跟类名和一对花括号。类名通常采用驼峰命名法，第一个字母大写。在类的花括号中，可以定义属性和方法。

属性是类中的变量，用于存储对象的状态信息。可以使用public、private和protected关键字来定义属性的访问级别，以控制外部代码对属性的访问权限。

方法是类中的函数，用于执行对象的操作。可以使用public、private和protected关键字来定义方法的访问级别，以控制外部代码对方法的访问权限。

下面是一个简单的PHP类的代码示例：

```php
class Person {
    private $name;
    private $age;

    public function _construct($name, $age) {
        $this->name = $name;
        $this->age = $age;
    }

    public function getName() {
        return $this->name;
```

```
        }
        public function getAge() {
            return $this->age;
        }
    }
```

在上面的示例中,定义了一个名为Person的类,它有两个私有属性name和age,以及一个公共构造参数_construct( )和两个公共方法getName( )和getAge( )。构造函数用于初始化name和age属性,getName( )和getAge( )方法用于获取name和age属性的值。

在PHP中,可以使用构造函数和析构函数来创建和销毁对象。构造函数在创建对象时自动调用,用于初始化对象的属性;析构函数在销毁对象时自动调用,用于清理对象占用的资源。这些是PHP中类的基本概念和特性。类是面向对象编程中的核心概念,它创建可重用、模块化的代码,并以更结构化和可维护的方式处理复杂性。通过定义类和对象,可以将数据和行为封装在一起,使代码更具可读性和可维护性。

13.4.3 对象

在PHP中,对象是类的一个实例,它包含了类中定义的属性和方法。对象是面向对象编程的核心概念之一,它以一种更加模块化、可重用和易于扩展的方式组织代码。

要创建一个对象,需要先定义一个类。类是一个抽象的概念,它定义了一组属性和方法,用于描述对象的行为和特征。在PHP中,可以使用class关键字来定义一个类。

一旦定义了一个类,就可以使用new关键字创建一个对象。例如,假设有一个名为Person的类,它有两个属性name和age,以及两个方法getName( )和getAge( ),可以使用以下代码创建一个Person对象:

```
$person = new Person("John", 30);
```

在上面的代码中,使用new关键字创建了一个Person对象,并传递了name和age参数给构造函数。构造函数将这些参数分别赋值给name和age属性。

一旦创建了一个对象,就可以使用箭头运算符->来访问对象的属性和方法。例如,要获取对象的$name属性,可以使用以下代码:

```
$name = $person->getName();
```

在上面的代码中,使用箭头运算符->调用了对象的getName()方法,并将返回值赋值给$name变量。

13.4.4 PHP中的继承与接口

继承和接口是PHP面向对象编程中的两个关键概念,它们在构建灵活、可维护的代码中发挥着重要作用。

继承允许一个类(子类)继承另一个类(父类)的属性和方法，从而实现代码的重用和扩展。这种层次结构有助于组织代码，提高了代码的可维护性和可扩展性。子类可以继承父类的行为，同时可以添加新的功能或修改现有功能。

接口定义了一组方法的契约，但没有提供方法的实现细节。类可以实现一个或多个接口，以确保它们提供了指定的方法。接口为多态性和代码交互性提供了基础，因为不同的类可以实现相同的接口并以相同的方式被使用。

继承和接口通常一起使用，使得PHP程序更加模块化和灵活。通过继承父类和实现接口，开发者可以构建具有高度可重用性的代码，同时保持了代码的清晰性和可维护性。这两个概念在PHP开发中是强大的工具，有助于构建现代化、可扩展的应用程序。

1. 类的继承

```php
class Vehicle {
    protected $name;
    public function __construct($name) {
        $this->name = $name;
    }
    public function start() {
        return "{$this->name} is starting.";
    }
}
class Car extends Vehicle {
    public function drive() {
        return "{$this->name} is driving.";
    }
}
$car = new Car("Toyota");
echo $car->start();          // 输出：Toyota is starting.
echo $car->drive();          // 输出：Toyota is driving.
```

在这个示例中，Car类继承了Vehicle类的属性和方法。Car类继承了start()方法，并添加了自己的drive()方法，实现了代码的重用和扩展。

2. 接口的实现

```php
interface Shape {
    public function area();
}

class Circle implements Shape {
    private $radius;

    public function __construct($radius) {
        $this->radius = $radius;
    }
```

```php
        public function area() {
            return pi() * $this->radius * $this->radius;
        }
}

class Rectangle implements Shape {
        private $width;
        private $height;
        public function __construct($width, $height) {
            $this->width = $width;
            $this->height = $height;
        }
        public function area() {
            return $this->width * $this->height;
        }
}
$circle = new Circle(5);
$rectangle = new Rectangle(4, 6);
// 输出：Circle Area: 78.539816339745
echo "Circle Area: " . $circle->area();
// 输出：Rectangle Area: 24
echo "Rectangle Area: " . $rectangle->area();
```

在这个示例中，定义了一个Shape接口，要求实现一个area()方法。Circle和Rectangle类都实现了Shape接口，分别计算了圆形和矩形的面积，实现了多态性。

3. 多重继承和接口

```php
interface Flying {
        public function fly();
}

interface Swimming {
        public function swim();
}

class Bird implements Flying {
        public function fly() {
            return "Bird is flying.";
        }
}

class Fish implements Swimming {
        public function swim() {
            return "Fish is swimming.";
        }
}
```

```php
}

class Duck implements Flying, Swimming {
    public function fly() {
        return "Duck is flying.";
    }

    public function swim() {
        return "Duck is swimming.";
    }
}

$bird = new Bird();
$fish = new Fish();
$duck = new Duck();

echo $bird->fly();              // 输出：Bird is flying.
echo $fish->swim();             // 输出：Fish is swimming.
echo $duck->fly();              // 输出：Duck is flying.
echo $duck->swim();             // 输出：Duck is swimming.
```

在这个示例中，定义了Flying和Swimming接口，然后实现了Bird和Fish类来分别表示飞行和游泳。Duck类实现了两个接口，允许它既能飞行又能游泳。这展示了如何使用接口实现多重继承的效果。

13.4.5　魔术方法

在PHP中，魔术方法是一组特殊的方法，它们在特定的情况下自动调用。以下是面向对象编程中常用的魔术方法。

(1) _construct()：构造函数，用于在创建对象时初始化对象的属性。

(2) _destruct()：析构函数，用于在销毁对象时清理对象占用的资源。

(3) _get()：访问不存在或不可访问属性时自动调用。

(4) _set()：设置不存在或不可访问属性时自动调用。

(5) _isset()：判断不存在或不可访问属性是否被设置时自动调用。

(6) _unset()：将不存在或不可访问属性设置为null时自动调用。

(7) _call()：调用不存在或不可访问方法时自动调用。

(8) _toString()：将对象转换为字符串时自动调用。

(9) _clone()：克隆对象时自动调用。

魔术方法可以提高代码的灵活性和可维护性，使代码更加易于理解和扩展。在使用魔术方法时，需要注意遵循一定的规范和约定，以确保代码的正确性和可读性。

_construct() 方法在对象创建时自动调用，用于对象的初始化。_destruct() 方法在对象不再被引用且将被销毁时自动调用，用于清理对象的资源。下面给出示例：

```php
class MyClass {
    public function _construct() {
        echo "对象已创建<br>";
    }

    public function doSomething() {
        echo "执行操作<br>";
    }

    public function _destruct() {
        echo "对象将被销毁<br>";
    }
}

$obj = new MyClass();              // 输出：对象已创建
$obj->doSomething();               // 输出：执行操作
unset($obj);                       // 输出：对象将被销毁
```

_get() 方法在尝试访问不可访问的属性时自动调用，允许自定义属性的读取操作。_set() 方法在尝试设置不可访问的属性时自动调用，允许自定义属性的设置操作。下面给出示例：

```php
class Person {
    private $name;
    public function _get($property) {
        if ($property === 'name') {
            return $this->name;
        }
    }

    public function _set($property, $value) {
        if ($property === 'name') {
            $this->name = $value;
        }
    }
}

$person = new Person();
$person->name = 'John';
echo $person->name; // 输出：John
```

_call() 方法在尝试调用不可访问的方法时自动调用，允许捕获方法调用并根据需要执行相应的操作，这对于实现动态方法调用非常有用。下面给出示例：

```php
class Calculator {
    public function add($a, $b) {
        return $a + $b;
    }

    public function _call($method, $args) {
        if ($method === 'multiply') {
            return $args[0] * $args[1];
        }
    }
}

$calc = new Calculator();
echo $calc->add(2, 3);              // 输出：5
echo $calc->multiply(2, 3);         // 输出：6
```

_toString() 方法在尝试将对象转换为字符串时自动调用，允许定义对象的字符串表示形式，这对于自定义对象的输出非常有用。下面给出示例：

```php
class MyClass {
    public function _toString() {
        return "这是一个MyClass对象";
    }
}

$obj = new MyClass();
echo $obj;                          // 输出：这是一个MyClass对象
```

_clone() 方法在对象克隆时自动调用，允许自定义对象的克隆行为。在方法内部，可以实现对对象属性的深度复制，以确保克隆对象的独立性。下面给出示例：

```php
class MyClass {
    public $data = [];

    public function _clone() {
        $this->data = array_map('clone', $this->data);
    }
}

$obj1 = new MyClass();
$obj1->data[] = new stdClass();

$obj2 = clone $obj1;
var_dump($obj1 !== $obj2); // 输出：true，表示两个对象不同
var_dump($obj1->data !== $obj2->data); // 输出：true，表示数组也不同
```

13.5 在PHP中访问MySQL数据库

PHP是一种流行的Web编程语言，它可以轻松地访问MySQL数据库。要访问MySQL数据库，可以使用MySQLi或PDO扩展。这些扩展提供了一组API，用于连接到MySQL服务器、执行SQL查询、处理查询结果等。使用这些API，可以编写高效、安全和可维护的代码，以满足各种Web应用程序的需求。无论是开发一个简单的博客还是一个复杂的电子商务平台，PHP和MySQL都是非常强大和灵活的工具。

13.5.1 PHP操作MySQL数据库的方法

在PHP中，可以使用MySQLi或PDO扩展来访问MySQL数据库。MySQLi和PDO都是PHP中用于访问MySQL数据库的扩展，它们之间的主要区别如下。

(1) 支持的数据库：MySQLi扩展只支持MySQL数据库，而PDO扩展支持多种数据库，包括MySQL、SQLite、Oracle等。

(2) 编程风格：MySQLi扩展采用面向过程的编程风格，而PDO扩展采用面向对象的编程风格。

(3) 预处理语句：PDO扩展支持预处理语句，可以提高代码的安全性和性能，而MySQLi扩展只支持简单的查询。

(4) 错误处理：PDO扩展具有更加强大和灵活的错误处理机制，可以使用try-catch语句捕获异常，而MySQLi扩展只能使用函数返回值来判断错误。

(5) 性能：MySQLi扩展比PDO扩展略微快一些，但是在大多数情况下，它们的性能差异不大。

MySQLi和PDO都是PHP中用于访问MySQL数据库的重要扩展，它们各有优缺点，用户可根据自己的需求选择合适的扩展。

以下是使用MySQLi扩展访问MySQL数据库的示例：

```php
// 连接数据库
$servername = "localhost";
$username = "username";
$password = "password";
$dbname = "myDB";

$conn = new mysqli($servername, $username, $password, $dbname);

// 检查连接是否成功
if ($conn->connect_error) {
    die("连接失败: " . $conn->connect_error);
}

// 执行SQL查询
```

```php
$sql = "SELECT * FROM myTable";
$result = $conn->query($sql);
// 处理查询结果
if ($result->num_rows > 0) {
    while($row = $result->fetch_assoc()) {
        echo "id: " . $row["id"]. " - Name: " . $row["name"]. "<br>";
    }
} else {
    echo "0 结果";
}

// 关闭连接
$conn->close();
```

在上面的示例中,使用mysqli_connect( )函数连接到MySQL数据库,并执行一个SELECT查询。查询结果存储在result变量中,并使用num_rows属性获取结果集的行数。然后,使用fetch_assoc( )方法遍历结果集,并输出每行数据的id和name字段。

以下是使用PDO扩展访问MySQL数据库的示例:

```php
// 连接数据库
$servername = "localhost";
$username = "username";
$password = "password";
$dbname = "myDB";
try {
    $conn = new PDO("mysql:host=$servername;dbname=$dbname", $username, $password);
    // 设置 PDO 错误模式为异常
    $conn->setAttribute(PDO::ATTR_ERRMODE, PDO::ERRMODE_EXCEPTION);

    // 执行SQL查询
    $sql = "SELECT * FROM myTable";
    $result = $conn->query($sql);

    // 处理查询结果
    if ($result->rowCount() > 0) {
        foreach($result as $row) {
            echo "id: " . $row["id"]. " - Name: " . $row["name"]. "<br>";
        }
    } else {
        echo "0 结果";
    }
} catch(PDOException $e) {
    echo "连接失败: " . $e->getMessage();
}
```

```
// 关闭连接
$conn = null;
```

在上面的示例中，使用PDO构造函数连接到MySQL数据库，并执行一个SELECT查询。查询结果存储在$result变量中，并使用rowCount()方法获取结果集的行数。然后，使用foreach循环遍历结果集，并输出每行数据的id和name字段。

13.5.2 管理MySQL数据库中的数据

使用MySQLi或PDO扩展管理MySQL数据库中的数据，主要有以下常见操作。

(1) 插入数据：使用INSERT INTO语句向表中插入新数据。可以使用MySQLi或PDO扩展的query()方法执行SQL语句。

(2) 更新数据：使用UPDATE语句更新表中的数据。可以使用MySQLi或PDO扩展的query()方法执行SQL语句。

(3) 删除数据：使用DELETE FROM语句从表中删除数据。可以使用MySQLi或PDO扩展的query()方法执行SQL语句。

(4) 查询数据：使用SELECT语句从表中检索数据。可以使用MySQLi或PDO扩展的query()方法执行SQL语句，并使用fetch()方法获取查询结果。

(5) 事务处理：使用事务可以确保一组操作要么全部成功，要么全部失败。可以使用MySQLi或PDO扩展的beginTransaction()、commit()和rollback()方法来处理事务。

(6) 预处理语句：预处理语句可以提高代码的安全性和性能。可以使用MySQLi或PDO扩展的prepare()方法和execute()方法来执行预处理语句。

通过这些操作，可以轻松地管理MySQL数据库中的数据，并实现各种Web应用程序的需求。以下为对应的示例语句。

- 连接到MySQL数据库：

```
// 连接到MySQL数据库
$servername = "localhost";
$username = "root";
$password = "your_password";
$dbname = "your_database";

$conn = new mysqli($servername, $username, $password, $dbname);

// 检查连接是否成功
if ($conn->connect_error) {
    die("连接失败："  . $conn->connect_error);
}
```

// 描述：此示例演示了如何使用MySQLi扩展连接到MySQL数据库。连接成功后，可以查询和操作数据库中的数据。

- 查询数据：

```php
// 查询数据
$sql = "SELECT id, name, email FROM users";
$result = $conn->query($sql);
if ($result->num_rows > 0) {
    while ($row = $result->fetch_assoc()) {
        echo "ID: " . $row["id"] . " - Name: " . $row["name"] . " - Email: " . $row["email"] . "<br>";
    }
} else {
    echo "没有数据";
}
```

// 描述：此示例演示了如何执行SELECT查询以检索数据库中的数据，并使用fetch_assoc()方法获取查询结果的行。

- 插入数据：

```php
// 插入数据
$name = "John";
$email = "john@example.com";

$sql = "INSERT INTO users (name, email) VALUES ('$name', '$email')";

if ($conn->query($sql) === true) {
    echo "数据插入成功";
} else {
    echo "错误：" . $conn->error;
}
```

// 描述：此示例演示了如何向数据库插入新数据。请注意，为了安全起见，最好使用预处理语句来防止SQL注入。

- 更新数据：

```php
// 更新数据
$newName = "Jane";
$idToUpdate = 1;

$sql = "UPDATE users SET name='$newName' WHERE id=$idToUpdate";

if ($conn->query($sql) === true) {
    echo "数据更新成功";
} else {
    echo "错误：" . $conn->error;
}
```

// 描述：此示例演示了如何更新数据库中的数据，通过使用UPDATE语句来修改特定行的数据。

- 删除数据：

```
// 删除数据
$idToDelete = 2;

$sql = "DELETE FROM users WHERE id=$idToDelete";

if ($conn->query($sql) === true) {
    echo "数据删除成功";
} else {
    echo "错误：" . $conn->error;
}
```

// 描述：此示例演示了如何从数据库中删除数据，通过使用DELETE语句来删除特定行的数据。

这些示例涵盖了使用PHP管理MySQL数据库中数据的常见操作。使用MySQLi或PDO等扩展，可以连接到数据库、查询数据，以及插入、更新和删除记录，以满足应用程序的需求。请注意，为了安全性和性能，最好使用预处理语句和数据库转义函数来处理数据。

13.5.3 预处理语句

在PHP中，使用预处理语句是一种安全且有效地执行SQL查询的方法，可以防止SQL注入攻击，并提高代码的性能。预处理语句通常与MySQL数据库一起使用。以下是PHP中操作MySQL数据库的预处理语句的示例。

(1) 使用MySQLi扩展的预处理语句：

```
// 准备SQL语句
$sql = "INSERT INTO users (name, email) VALUES (?, ?)";

// 创建预处理语句
$stmt = $conn->prepare($sql);
// 绑定参数
$name = "John";
$email = "john@example.com";
$stmt->bind_param("ss", $name, $email);
// 执行预处理语句
if ($stmt->execute()) {
    echo "数据插入成功";
} else {
    echo "错误：" . $stmt->error;
}
```

(2) 使用PDO扩展的预处理语句：

```php
// 准备SQL语句
$sql = "INSERT INTO users (name, email) VALUES (:name, :email)";

// 创建预处理语句
$stmt = $conn->prepare($sql);

// 绑定参数
$name = "Jane";
$email = "jane@example.com";
$stmt->bindParam(':name', $name);
$stmt->bindParam(':email', $email);

// 执行预处理语句
$stmt->execute();
```

这些示例演示了如何使用MySQLi扩展和PDO扩展创建和执行预处理语句，以插入数据。可以使用类似的方法来执行其他SQL操作，如查询、更新和删除。预处理语句将SQL查询与参数分离，从而提高了安全性，并允许多次执行相同的查询，提高了性能。

13.5.4　PHP访问MySQL数据库案例

下面是一个简单的PHP示例，展示了如何连接到MySQL数据库、查询数据并进行展示。在此示例中，假设已经安装了MySQL服务器，并创建了一个名为test的数据库，并在其中创建了一个名为users的表。

目标：创建一个数据库连接，连接到MySQL服务器，查询数据库中的用户数据，将查询结果在网页上展示出来。

1. 代码实现

```php
<!DOCTYPE html>
<html>
<head>
    <title>MySQL数据库访问示例</title>
</head>
<body>
    <h1>用户列表</h1>

    <?php
    // 1. 连接到MySQL服务器
    $servername = "localhost";    // MySQL服务器地址
    $username = "root";           // MySQL用户名
    $password = "password";       // MySQL密码
```

```php
        $dbname = "test";              // 数据库名

        $conn = new mysqli($servername, $username, $password, $dbname);

        // 检查连接是否成功
        if ($conn->connect_error) {
            die("连接失败: " . $conn->connect_error);
        }

        // 2. 查询数据库中的用户数据
        $sql = "SELECT id, username, email FROM users";
        $result = $conn->query($sql);
if ($result->num_rows > 0) {
            // 输出数据
            echo "<table border='1'>
                <tr>
                    <th>ID</th>
                    <th>用户名</th>
                    <th>邮箱</th>
                </tr>";
while($row = $result->fetch_assoc()) {
                echo "<tr>
                    <td>" . $row["id"]. "</td>
                    <td>" . $row["username"]. "</td>
                    <td>" . $row["email"]. "</td>
                </tr>";
            }
            echo "</table>";
        } else {
            echo "0 结果";
        }

        // 3. 关闭数据库连接
        $conn->close();
        ?>
</body>
</html>
```

2. 相关说明

(1) 首先，需要建立一个HTML页面，用于展示从数据库中检索的用户数据。

(2) 在PHP代码块中，建立PHP与MySQL数据库的连接，连接信息包括MySQL服务器地址、用户名、密码和数据库名。

(3) 接下来执行SQL查询以检索用户数据，并将结果存储在$result变量中。

(4) 如果查询返回结果，则使用HTML表格将用户数据显示在网页上。

(5) 最后，关闭与MySQL数据库的连接。

3. 运行要求

(1) 确保PHP环境已经配置并运行。可以使用XAMPP、WAMP或MAMP等工具来搭建本地PHP开发环境。

(2) 确保MySQL服务器正在运行，并且已创建数据库test和表users，其中包含一些用户数据。

(3) 将上面的代码保存为一个.php文件(例如database_example.php)。

(4) 将该文件放置在Web服务器的文档根目录下。

(5) 打开Web浏览器，访问http://localhost/database_example.php来查看结果。

13.6　思考和练习

1. PHP有哪几种标记符？
2. 介绍PHP的编码规范。
3. 简述PHP的内建函数与自定义函数的区别。
4. 在PHP中如何定义数组？
5. PHP中的数组分为几种？
6. 如何操作PHP数组中的元素？
7. 面向对象编程有哪些特点？
8. 在PHP中，类、对象、属性、方法是什么？
9. 在PHP中如何定义一个类？
10. 在PHP中类之间如何继承？
11. PHP连接数据库有几种方式？
12. 如何使用MySQLi连接MySQL数据库？
13. 在PHP中有几种操作MySQL数据库的方法？

第 14 章

MySQL 数据库发展历程与展望

数据库作为数字经济基础底座,展现出巨大价值和潜能。在数字经济时代,数字产业发展有良好的机遇,同时也面临严峻的挑战。数据库作为一种高效、可靠和安全的数据存储和管理方式,极大地提高了数据的利用率、准确性和可靠性,被广泛应用于各个领域。

数据库作为连接上层应用和底层基础资源的纽带,具有重大的价值。首先,数据库为上层应用提供高效的数据管理和操作功能。数据库提供了易于使用的接口和查询语言,使得应用程序可以轻松地与数据库进行交互。通过数据库连接,上层应用可以实现数据的存储、检索、更新和删除等操作,满足应用程序对数据的需求。其次,数据库为底层基础资源提供统一的数据访问接口。通过连接底层基础资源,数据库能够直接与存储设备、网络通信和系统资源进行交互。这种连接能力使得数据库能够有效地管理数据的物理存储,实现数据的持久性和可靠性,同时也为应用程序提供了高度的可扩展性和可定制性。

近几年,随着数字化转型深入推进和数据量的爆炸式增长,行业应用对数据库的需求变化推动数据库技术加速创新,其中以MySQL数据库为代表的开源数据库发展迅速。目前共有268款,占全部数据库比例40.9%。MySQL数据库由于低成本、高可靠性等优势特性,成长为目前最流行的开源数据库之一。我国紧跟MySQL数据库主流技术,基于MySQL技术路线的数据库持续发展与完善,应用场景不断丰富。

14.1 MySQL数据库发展过程

MySQL数据库的发展过程主要分为四个时期。

1. 孵化期

1996年,MySQL 1.0发布,同年10月,MySQL首个稳定版本3.11.1发布。1999年,MySQL AB公司成立,并开发出Berkeley DB引擎,MySQL开始支持事务处理。

2. 起步期

2000年，MySQL公布了自己的源代码，并采用GPL(GNU General Public License)许可协议，正式进入开源世界。在MySQL开源后，平均2~3年便能够进行一次较大规模的版本更新，开发进度大大加快。2000年4月，MySQL对旧的存储引擎进行了整理，命名为MyISAM。2005年10月，MySQL发布了里程碑的一个版本MySQL 5.0。MySQL 5.0中加入了游标、存储过程、触发器、视图和事务支持。在5.0之后的发布版本，MySQL明确地表现出迈向高性能数据库的发展步伐。

3. 成长期

2008年1月，MySQL AB公司被Sun公司以10亿美金收购，MySQL数据库进入Sun时代。同年11月，MySQL 5.1发布，它提供了分区、事件管理，以及基于行的复制和基于磁盘的NDB集群系统，同时修复了大量的缺陷。2009年4月，Oracle公司以74亿美元收购Sun公司，自此MySQL数据库进入Oracle时代。在Oracle的管理下，MySQL的发展方向发生了变化。Oracle不仅加强了MySQL的商业化开发，也积极推广MySQL的社区版。这使得MySQL的用户和开发者得到了更多的选择和支持，同时也加快了MySQL的开发和更新。2010年12月，MySQL 5.5发布，其主要新特性包括半同步的复制及对SIGNAL/RESIGNAL的异常处理功能的支持，最重要的是InnoDB存储引擎终于变为当前MySQL的默认存储引擎。2011年4月，MySQL 5.6发布，作为被Oracle收购后第一个正式发布并做了大量变更的版本，对复制模式、优化器等做了大量的变更，其中最重要的主从GTID复制模式大大降低了MySQL高可用操作的复杂性。

4. 成熟期

2013年4月，MySQL 5.6版本发布后，新特性的变更开始作为独立的5.7分支进行进一步开发，在并行控制、并行复制等方面进行了大量的优化调整，5.7版本正式发布于2015年10月份，这是MySQL到目前为止最稳定的版本分支。2016年9月，Oracle决定跳过MySQL 5.x命名系列，并抛弃之前的MYSQL 6、7两个分支，直接进入MySQL 8版本命名，2018年4月，MySQL 8.0正式发行。

14.2　MySQL数据库的特点

14.2.1　MySQL是目前流行的开源数据库

在全球主流数据库中，MySQL一直是流行的开源数据库，拥有广泛的受众。目前全球前四的数据库依次为Oracle、MySQL、Microsoft SQL Server和PostgreSQL，均为关系数据库。

MySQL是一种开源关系数据库管理系统(RDBMS)，以其高性能、可靠性和可扩展性而闻名，广泛应用于各种规模的应用程序和网站。它支持标准的SQL查询语言，并具有丰富的特性和功能，如事务支持、复制、集群和分区等。在DB-Engines流行度排名中，MySQL已连续数年位于流行度前两位。在关系数据库中，MySQL也有着较高的市场份额。根据2022年Slintel网站的统计数据，在全球关系数据库市场中，MySQL市场份额最高，达到43.04%，排名第二的Oracle仅为16.76%。MySQL市场份额几乎占据关系数据库市场半壁江山，已经成为全球范围内影响最广泛的开源数据库。

14.2.2　MySQL数据库全面赋能产业优化升级

MySQL数据库为传统行业带来了数字化新契机。通过将传统行业的数据存储于MySQL数据库中，能够更好地管理和分析数据，提升产业工程效率和生产效能。MySQL提供了高效可靠的数据存储和访问方式，使得各传统行业能够实时获取和处理数据。企业能够更好地监控和控制生产流程，优化资源配置，减少浪费，提高生产效率。这可以帮助企业挖掘潜在商机和趋势，做出更明智的决策。

我国数据库市场规模快速增长。2023年中国数据库市场总规模达403.6亿元，同比增长16.1%。根据中国信通院2023年发布《中国数据库产业图谱》，目前我国数据库产品共有200余款。其中关系数据库有122个，占比超过60%。

2023年国内数据库市场上开源数据库市占率达65%，MySQL、PostgreSQL、MongoDB和Redis是当前最受欢迎的开源数据库。其中MySQL数据库凭借其稳定性能、低成本、高可用、成熟生态等优势，装机量领先，达到42.6%。未来随着开源数据库技术的不断成熟，预计市占率会不断提升。

14.2.3　MySQL数据库开源风险不断加剧

数据库开源风险不断加剧，开源使用问题凸显。由于数据库开源技术往往迭代更新迅速，同时缺乏相应的安全机制，因此数据库开源风险也随着开源在数据库领域的持续渗透有不断加剧之势。常见的开源数据库软件风险包括安全风险、合规风险、供应链风险三大方面。

1. 安全风险

安全风险包括开源软件本身安全漏洞所导致的风险，以及因依赖开源软件而产生的安全漏洞风险。数据库开源软件具有漏洞数量多、漏洞影响范围大的特点。

2. 合规风险

合规风险包括开源许可证协议、版权和出口管制等方面的合规风险。虽然大部分数据库开源项目会采用比较宽松的MIT、Apache License等许可协议，但由于数据库依赖的复杂性，需要特别注意依赖软件引入的许可证和版权合规风险。从授权协议看，MySQL有两种授权协议，一种是GPL授权协议，只有使用协议下的开源代码进行二次开发并转发、商业化，需要按照协议将开源代码及二次开发代码提供给使用者或进行开源。另外一种是商业授权协议，针对OEM、ISV、VAR和分销商，如果不想开源代码，则必须与Oracle签订商用授权协议。

3. 供应链风险

开源供应链产品更新迭代速度快、软件模块数量多、生产线上化、供应全球化、仓储集中化、用户多样化等特点，加剧了软件供应链的安全风险。根据Shadowserver Foundation 在2022年5月发布的MySQL扫描报告，在MySQL不同版本的使用情况占比中，MySQL 8.0占比为8%，MySQL 5.7占比为46.7%，MySQL 5.6占比为30%，MariaDB版本占比为14%。可以看出，MySQL 5.7依旧为当前最主流的版本，根据MySQL官方规划，MySQL 5.7版本已经在2023年10月停止对其版本的支持。5.7版本的停服将直接影响我国数据库产业用户，也大大加剧了MySQL的供应链风险。

14.2.4 MySQL赋能国产开源数据库快速演进

我国紧跟MySQL主流技术，基于海量场景不断深化技术发展。全球目前共有360万个MySQL实例，其中中国MySQL实例数占比为15.8%，仅次于美国的32.5%。根据2022年CSDN的中国开发者调查报告数据，中国有73%的开发者都在使用MySQL，稳居第一名。其中，涌现出了一批优秀的基于MySQL技术路线的开源社区，如万里数据库旗下的开源技术社区GreatSQL。

GreatSQL开源社区运营单位是北京万里开源软件有限公司，成立于2000年10月，是一家专注于做国产、自主可控数据库研发与销售的国家高新技术企业。公司前身是中国MySQL研发中心与教育中心，通过早期与MySQL技术合作积累，以及二十余年的自主研发与应用经验，万里开源数据库产品在功能、性能、稳定性、易用性等方面均已具备业界领先水平，产品广泛应用于能源、通信、金融、政府、交通等多个行业。其技术底蕴源自对底层核心代码的掌控。万里开源产品以"极致稳定、极致性能、极致易用"为目标，通过20多年的技术积累与实战经验，拥有多项数据库发明专利及软件著作权，用户遍及各个行业及应用领域。

GreatSQL 社区成立于 2021 年，由万里数据库发起，致力于通过开放的社区合作，构建国内开源数据库技术及开源数据库社区，推动中国开源数据库及应用生态繁荣发展。

GreatSQL 是国内最主要的MySQL开源分支之一。GreatSQL开源分支专注于提升MGR可靠性及性能，支持InnoDB并行查询特性，是适用于金融级应用的MySQL分支版本；可以作为MySQL或Percona Server的可选替代方案，用于线上生产环境；且完全免费并兼容MySQL或Percona Server。

GreatSQL社区于2021年8月发布首个版本8.0.25-15，并于2022年成为首个加入openEuler生态的MySQL技术系国产开源数据库。2022年4月，GreatSQL发布5.7系列大版本。目前GreatSQL社区结合当前国内开源数据库市场需求，保持每半年发布一个产品新版本的节奏。GreatSQL社区拥有活跃的社区微信群、QQ群、公众号，社区活跃参与者超1500人。

14.3 GreatSQL开源数据库技术增强功能

14.3.1 组复制技术增强

随着用户对高可用需求的增加，相关的数据库技术也在不断发展。用户需要采用更强大的技术来管理节点损坏、数据的完整性和集群的维护。组复制是MySQL官方推出的高可用与高扩展的复制技术，可用于实现容错系统，也可以实现完全同步的复制，提供更强的数据一致性。组复制是一个通过消息传递相互交互的server集群，通信层提供原子消息和完全有序信息交互等保障机制，实现了基于复制协议的多重更新。

国内MySQL技术路线开源社区GreatSQL，针对组复制进行了大量深入的源码级优化，新增诸如地理标签、仲裁节点等实用功能；同时修复大量严重故障场景下的稳定性和可靠性问题，并对性能吞吐、稳定性、安全性进行了大幅提升，可适用于金融级应用。

14.3.2 双活架构实现数据库高可用

在实际的生产环境中，企业对于数据库的灾备要求更高，传统部署架构存在三个痛点。
- 数据丢失。传统数据库部署往往在一个机房内无法解决机房发生故障后数据丢失的问题。
- 业务中断。传统架构下业务系统整体强耦合，数据库层面也存在单点故障问题，影响业务连续性。
- 恢复时效。传统的双活架构中，数据是单副本或多副本异步复制，当主中心故障发生后，备中心数据库无法与主中心保持一致，无法保证RTO、RPO。

为实现机房级的容灾，进一步保障数据库高可用，GreatSQL数据库通过半同步+多数派协议满足双活高可用架构的需要。多数派协议采用Paxos协议，Paxos协议是一种基于消息传递且具有高度容错特性的共识协议，主要解决分布式系统中的一致性问题。

14.3.3 GreatSQL数据库优化突破性能瓶颈

当今的数据处理大致可以分成两大类：联机事务处理(OLTP)、联机分析处理(OLAP)。
- OLTP是传统的关系数据库的主要应用，主要面向基本、日常的事务处理，例如银行储蓄业务的存取交易、转账交易等。
- OLAP是数据仓库系统的主要应用，支持复杂的分析操作，侧重决策支持，并且提供直观易懂的查询结果。典型应用就是复杂、动态的报表系统。

国内MySQL技术路线数据库厂商GreatSQL针对OLTP和OLAP场景做了大量性能优化工作，实现了数据库整体性能的提升。
- OLTP性能优化。MySQL数据库中OLTP场景下DML语句的大量并发操作，访问全局锁保护的关键数据结构，造成锁竞争严重，因而导致性能下降。针对此问题，

GreatSQL开源社区在内核事务吞吐性能方面做了大量优化，包括大量的锁拆解和无锁化优化改造。例如lock_sys全局大锁拆分、改进readview事务快照获取对于trx_sys大锁的依赖及其他trx_sys大锁内部所保护的各类对象的锁接口，实现改造以避开trx_sys锁的获取或长时间持有，整体事务吞吐性能大幅提升。

- OLAP性能优化。GreatSQL开源社区针对OLAP性能提升也做了相关改进。MySQL查询场景中，MySQL单SQL查询只能调度单线程，多核CPU无法使用，单线程查询性能差，难以满足查询场景的性能要求。GreatSQL从并行执行角度进行优化，针对每一个InnoDB子树进行并行。该特性有效解决了MySQL最多只能一个线程一个core来执行复杂语句的性能低效问题。针对TPCH场景，优化后的数据库在查询效率方面可以提升最多30倍的性能。

14.3.4　GreatSQL数据库增强安全功能

一般来说，数据库安全的防护技术有数据库加密、数据库防火墙、数据脱敏等。具体到GreatSQL数据库，主要通过以下方式保证数据库安全。

(1) 访问控制安全。在数据库中定义账户及相关权限设置。

(2) MySQL网络安全。仅允许有效的主机可以连接服务器，并且需要账户权限。

(3) 数据安全。确保已经对MySQL数据库文件、配置文件、日志文件进行了充分且可靠的备份。

国内MySQL技术路线数据库厂商在官方MySQL安全性的基础上，为进一步保证数据库安全性，针对密码限制和权限回收两项功能做了专门改进优化。

- 密码限制增强。在开源MySQL里，一个密码被修改后下次可以被继续使用，由于老密码可能已被泄露，因此存在安全隐患。密码限制增强功能提供如下能力：使用的口令在指定时间内无法再度使用，以提高数据库安全性。
- 级联权限回收。在开源MySQL里，一个用户A赋权给另一个用户B后，即使把A的权限回收，也无法控制B已经获得的权限。如果A是一个恶意用户的话，他所授权的用户以及这些用户继续传播下去的用户很可能也都是恶意的。级联权限回收功能可以直接将用户A归为祖先，所产生的权限传播整体级联回收，高效且全面地解决恶意用户权限传播问题，提高数据库安全性。

此外，GreatSQL开源社区为进一步增强数据库安全性，新增表空间国密算法支持功能。在开源MySQL原有的keyring架构上，通过国密算法增强开源MySQL keyring架构安全性，从而提升数据库整体安全性。

14.3.5　GreatSQL助力MySQL数据库上云

当前，大多数业务系统使用的MySQL数据库部署在物理机或虚拟机上，存在资源利用率低、调度不灵活、横向扩展差、维护成本高等诸多问题。MySQL数据库通过上云，将数据库部署在云端，通过互联网连接方式，提供可扩展、高可靠、高性能的数据存储服务，用于改善大型应用程序的数据管理，以及大规模数据的存储和访问需求。以下是常见的

MySQL数据库迁移上云方法。

(1) 使用 mysqldump 命令进行数据库迁移上云操作。

(2) 数据库复制技术。该方法通常用于更改架构、升级 MySQL 版本、创建实时备份、迁移数据库到新的服务器等场景。

(3) 使用ETL(Extract-Transform-Load)工具。该工具支持从不同数据源(包括MySQL)提取数据、转换数据和将数据加载到目标系统。

(4) 使用SQL dump，将数据库中的表和数据导出到SQL脚本中。使用该方法将数据导出到目标系统中，然后使用MySQL命令将文件中的内容上传到目标服务器上相应的MySQL数据库中。

(5) 使用迁移工具。迁移工具可以让 MySQL迁移更容易、快捷。有多种数据库迁移工具可以选择，如MySQL Workbench、DataGrip等。

未来MySQL数据库将更加趋向云端。云计算的发展使得MySQL在安全、高效、低成本的同时提供更为强大的功能和性能。由于GreatSQL的开源特性，它在未来的发展将更加灵活，用户也将更多地参与到GreatSQL的开发中，使其更加完善和强大。

14.4 国内MySQL数据库产业应用现状

当前，数据库在金融、电信、能源、政务等关键行业起着至关重要的作用，为了满足经济、社会信息化和数字化转型的快速发展需求，各行业可能面临服务器操作系统升级迭代等问题。我国数据库经过20余年的发展，在技术、产品、市场、应用等方面取得了明显进展，一些产品已经达到国际成熟软件和巨头水平，并在国防、电信、能源、金融、电子政务、电子商务、互联网、信息安全等领域得到较好应用。

14.4.1 金融行业

金融行业积极探索开源数据库的使用，应用场景广泛。2021年10月，中国人民银行联合五部委发布了《关于规范金融业开源技术应用与发展的意见》，鼓励金融机构将开源技术应用纳入自身信息化发展规划，建立健全开源技术应用管理制度体系，推动金融机构合理使用开源技术并防范化解应用风险。调研显示，在金融行业使用开源数据库的企业中，银行占比达到六成以上，保险企业也接近三成。

金融行业现阶段开源数据库覆盖率高，未来应用前景广阔。在金融企业中，部署MySQL开源数据库超过数据库总量50%的企业不足三成。近六成企业部署MySQL开源数据库占其数据库部署总量不足30%。从版本看，金融行业用户使用的MySQL版本主要包括5.6、5.7和8.0。

金融行业中，技术人员运维MySQL开源数据库能力不足，六成以上企业需要购买外部技术支持服务。技术团队轻量化是现阶段金融行业企业的主流需求。

MySQL数据库的轻量架构与其拥有的高性能、高可靠性与高灵活性，也是企业的重要参考依据。近年国内开源政策的出台与完善，也增强了金融行业使用MySQL数据库的意愿。性能瓶颈、安全漏洞、闭源与停服风险制约MySQL在金融场景下的进一步应用。

14.4.2 电信行业

电信行业应用集中度高，开源数据库主要应用于移动通信领域。电信运营商拥有庞大客户群体的各类数据，覆盖客户、账户、产品、交易等大量的结构化数据。

电信行业开源数据库应用较为成熟，使用占比高。在电信行业中，部署MySQL开源数据库超过数据库总量50%的企业占比较高。部分企业部署MySQL开源数据库占其数据库部署总量超过80%。从版本看，金融行业用户使用的MySQL版本主要包括5.6、5.7和8.0。

电信行业中，企业运维MySQL开源数据库能力不足，多使用外部技术服务。电信行业企业通过购买外部技术支持服务对MySQL开源数据库进行维护。少量企业仅使用开源版本，不进行专门的维护。

安全漏洞与周期性停服风险是MySQL在电信行业应用的主要痛点。现阶段，MySQL开源数据库存在一些安全漏洞或安全性缺陷，容易受到攻击，需要专门技术支持团队运维。同时，MySQL闭源以及产品周期性停服风险也制约了电信企业对MySQL的使用。

14.4.3 能源行业

能源行业开源数据库逐步应用于电力、钢铁等领域，未来潜力巨大。开源数据库在能源行业数字化转型中发挥着越来越重要的作用，广泛应用于电力监控、电力营销管理、终端时序数据存储等场景中，开源数据库能够满足日益增长和不断变化的市场和需求，实现能源产业从实物资产向数字资产的转化。

在能源行业中，大部分企业MySQL开源数据库部署数量占数据库总量不超过50%，使用的MySQL版本也较为分散，主要包括5.6、5.7，部分为8.0版本。

在能源行业中，企业多使用内部人员运维MySQL开源数据库，以增强数据安全性，降低成本。在能源行业，大规模应用的性能瓶颈与周期性停服风险是MySQL在能源行业应用的现有问题。MySQL闭源以及产品周期性停服风险制约能源企业对MySQL的使用，性能瓶颈也阻碍MySQL开源数据库的大规模应用。同时，MySQL开源数据库可能存在一些安全漏洞或安全性缺陷，容易受到攻击，需要专门技术支持团队运维。

14.5 MySQL 5.7停服迁移升级方案

MySQL 5.7版本已于2023年10月20日停止服务，具体表现如下。

- 不再更新源代码。版本不再开展新技术的研发，意味着对未来应用系统中的其他新技术不再兼容。
- 不再修复产品缺陷。不再修复5.7版本产生的任何自身缺陷，意味着不再解决实际应用中的技术故障。
- 不再维护安全漏洞。不再发布安全漏洞补丁，意味着历史漏洞永远遗留，无法通过行业用户安全扫描。
- 停止常规技术支持。不再对5.7版本的技术问题进行答复，意味着无法得到代码内核级支撑。

由于MySQL 5.7停止服务，对现有用户产生以下方面的影响。
- 不符合国内行业对开源技术应用的要求，如金融行业。监管机构不会允许使用已经停服的开源产品。
- 漏洞风险隐患大。没有持续漏洞更新，随着应用环境的不断提升，5.7版本容易被攻击，造成数据丢失。
- 无法解决内核级故障问题。缺少社区支持，面对重大技术问题，没有能力解决。国内具备MySQL内核改造能力的厂商不多，万里数据库是一家。
- DBA获取支持的技术来源减少。绝大部分用户没有专职DBA，即便有专职DBA，也缺少社区支撑，仍无法解决复杂性问题。

因此，现有用户可以选择替换升级方案来规避MySQL 5.7停服带来的风险。
- MySQL 5.7迁移到国产商用数据库，如GreatDB。
- 迁移升级到国产开源数据库，如GreatSQL。
- 升级到社区高版本数据库，如MySQL 8.0。
- 购买厂商MySQL数据库运维服务。

14.6 国内开源数据库的发展与展望

14.6.1 国产开源数据库社区发展趋势

近年来，以GreatSQL为代表的国内开源数据库已经初步构建多方参与的社区生态。社区在应用落地、社区活跃、代码贡献等层面围绕自身特点进行不断完善，积极探索国产开源数据库社区未来生态发展方向，为开源社区生态建设提供了良好的范例。

在GreatSQL社区中，社区生态建设较为突出。GreatSQL有着较为丰富的应用案例与行业应用场景落地数量。作为OLTP数据库，GreatSQL能够同时满足企业事务处理与分析处理需求。在代码贡献层面，GreatSQL社区贡献者构成多样并逐年稳定增长，同时社区问题互动与拉取请求十分活跃。在活跃度方面，GreatSQL社区活跃度较高，社区响应能力突出，针对社区问题与PR等能够及时反馈，提升社区活力。在更新频率方面，GreatSQL社区更新较高，不断完善自身社区与产品建设，更好地满足不同业务场景需求。

14.6.2 国内开源数据库产业发展展望

开源数据库发展应符合开源生态建设及产业引领要求，积极参与完善开源产业治理。

应充分利用开源激发数据库产业生态活力,利用国内MySQL现有技术生态,结合产业需求,加强独立演进开源分支的能力。未来,国内开源数据库产业将逐步摆脱被动跟随官方MySQL社区持续迭代,进而走向独立演进的开源分支路线。独立演进开源分支能更好地满足国内产业、企业、客户的需求,促进国内开源生态蓬勃发展。

14.7　思考和练习

1. MySQL数据库的发展过程分为哪几个时期?
2. 常见的开源数据库软件风险包括哪几个方面?
3. GreatSQL数据库主要通过哪几种方式保证数据库安全?
4. 数据库传统部署架构存在哪几个痛点?

参考文献

[1] 河南打造前程科技有限公司. MySQL数据库管理与应用[M]. 北京：清华大学出版社，2023.

[2] 张文亮. MySQL 8.0从入门到实战[M]. 北京：清华大学出版社，2023.

[3] 黄文毅. 像程序员一样使用MySQL[M]. 北京：清华大学出版社，2023.

[4] 王金恒，王煜林，等. MySQL数据库原理与应用(微课视频·题库版)[M]. 北京：清华大学出版社，2023.

[5] 梁丽莎、林声伟等. PHP+MySQL动态网站开发基础教程(微课版)[M]. 北京：清华大学出版社，2023.

[6] Silvia Botros，Jeremy Tinley. 高性能MySQL(第4版)[M]. 宁海元，周振兴，张新铭，译. 北京：电子工业出版社，2022.

[7] 郑阿奇. MySQL实用教程[M]. 4版. 北京：电子工业出版社，2021.

[8] Ben Forta. MySQL必会必知[M]. 刘晓霞，钟鸣，译. 北京：人民邮电出版社，2020.

[9] 小孩子4919. MySQL是怎样运行的[M]. 北京：人民邮电出版社，2020.

[10] 李月军. 数据库原理及应用(MySQL版)(微课版)(本科)[M]. 北京：清华大学出版社，2022.

[11] Paul DuBois. MySQL技术内幕(第5版)[M]. 张雪平，何莉莉，陶虹，译. 北京：人民邮电出版社，2015.

[12] 唐汉明，翟振兴，兰丽华，等. 深入浅出MySQL：数据库开发优化与管理维护[M]. 北京：人民邮电出版社，2008.

[13] 西泽梦路. MySQL基础教程[M]. 北京：人民邮电出版社，2020.

[14] 姜承尧. MySQL技术内幕：SQL编程[M]. 北京：机械工业出版社，2012.

[15] 李辉. 数据库系统原理及MySQL应用教程[M]. 2版. 北京：机械工业出版社，2020.

[16] 姜承尧. MySQL技术内幕：InnoDB存储引擎[M]. 2版. 北京：机械工业出版社，2013.

[17] 何玉洁. 数据库原理与应用教程[M]. 北京：机械工业出版社，2016.

[18] 王珊，萨师煊. 数据库系统概论[M]. 5版. 北京：高等教育出版社，2014.

[19] 郑阿奇. SQL Server教程[M]. 3版. 清华大学出版社，2015.

[20] 闪四清. SQL Server 2008基础教程[M]. 北京：清华大学出版社，2010

[21] Paul Atkinson,Robert Vieira. SQL Server 2012编程入门经典(第4版) [M]. 王军,等译. 北京:清华大学出版社,2013.

[22] 明日科技. SQL Server从入门到精通[M]. 2版. 北京:清华大学出版社,2017.

[23] 蒙祖强,许嘉. 数据库原理与应用——基于SQL Server 2014[M]. 北京:清华大学出版社,2018.

[24] 武汉厚溥教育科技有限公司. SQL Server数据库基础[M]. 北京:清华大学出版社,2014.